高职高专计算机类专业系列教材

数 据 结 构

（Java语言）

主　编　　淡海英

副主编　　刘慧梅　周睿　李俊　康馨月

西安电子科技大学出版社

内 容 简 介

本书使用 Java 语言讲解数据结构。全书按照"项目—任务"的模式编写，共设 10 个项目，每个项目下都精心安排了 6 个典型工作任务(全书共 60 个典型工作任务)。这 10 个项目分别是：顺序表——教职工工号管理、链表——商品管理、栈——两栈共享空间、队列——模拟银行客户排队、串——模式匹配、矩阵——核算产品费用、树——家族族谱、图——某职业技术学院校园导航、查找——分数查询、排序——成绩管理。

本书可作为高职院校软件技术、移动应用开发、大数据技术与应用等相关专业学生的教材，也可供相关专业的技术人员参考。

图书在版编目(CIP)数据

数据结构：Java 语言 / 淡海英主编. --西安：西安电子科技大学出版社，2024.1
ISBN 978-7-5606-7123-9

Ⅰ. ①数…　Ⅱ. ①淡…　Ⅲ. ①数据结构—高等职业教育—教材　②JAVA 语言—程序设计—高等职业教育—教材　Ⅳ. ①TP311.12 ②TP312.8

中国国家版本馆 CIP 数据核字(2023)第 233373 号

策　　划　李惠萍
责任编辑　李惠萍
出版发行　西安电子科技大学出版社(西安市太白南路 2 号)
电　　话　(029)88202421　88201467　　　邮　　编　710071
网　　址　www.xduph.com　　　　　　电子邮箱　xdupfxb001@163.com
经　　销　新华书店
印刷单位　咸阳华盛印务有限责任公司
版　　次　2024 年 1 月第 1 版　　2024 年 1 月第 1 次印刷
开　　本　787 毫米×1092 毫米　　1/16　印　张　19
字　　数　449 千字
定　　价　49.00 元
ISBN 978-7-5606-7123-9 / TP
XDUP 7425001-1
***** 如有印装问题可调换 *****

前　言

　　数据结构是计算机类专业一门非常重要的基础课程，它是高职院校软件技术、移动应用开发、大数据技术与应用等相关专业的必修课，也是信息技术相关专业专升本考试的必考科目。所以，无论是从考试的角度还是研究的角度，数据结构都是从事信息技术工作的专业人员必须重视的一门专业基础课。

　　在高等职业教育和互联网技术迅猛发展的背景下，计算机类专业越来越受到高职生的青睐。因此，积极推进教材建设，编写具有高职特色的新型教材，对推进高等职业教育、全面深化改革具有重大意义。

　　本书遵循"以就业为导向""以能力为本位"的职业教育需求，跳出"以学科为中心""以知识为本位"的传统教育理念，遵循理论知识"够用、适用"的原则，以项目为驱动，分解典型工作任务，应用软件开发和软件测试的标准流程，突出学生核心能力的培养，旨在使学生既能写、能阅读软件文档，又能编写高质量的软件程序，还能对源码进行有效测试，并写出规范的测试文档，达到"理实一体""工学结合""岗课赛证融合""课程思政"的多元效果。全书以 Java 语言为基础，设计了 10 个学习项目，其中包括数据结构中的顺序表嵌入教职工工号管理项目、链表嵌入商品管理项目、栈嵌入两栈共享空间项目、队列嵌入模拟银行客户排队项目、串嵌入模式匹配项目、矩阵嵌入核算产品费用项目、树嵌入家族族谱项目、图嵌入某职业技术学院校园导航项目、查找嵌入分数查询项目、排序嵌入成绩管理项目。书中不仅有数据结构的存储结构和算法讲解，还配有清晰的插图，以帮助学生更好地理解相关内容，更有项目的完整源代码，以及使用 JDK 或者 Eclipse 工具运行后的截图，希望生动实用的项目让学生不再对数据结构的学习有畏难心理。书中的每个项目包括项目需求分析、数据结构设计、软件代码设计、软件测试执行、软件文档编写、项目验收交付这 6 大板块，旨在提高学生的综合应用和实践能力。

　　本书由陕西国防工业职业技术学院淡海英老师、刘慧梅老师、周睿老师，以及陕西工业职业技术学院李俊老师、康馨月老师共同编写。其中，淡海英老师编写项目一、项目四、项目八、项目十，刘慧梅老师编写项目二、项目三、项目七，周睿老师编写项目九，李俊老师编写项目六和附录，康馨月老师编写项目五。本书由淡海英老师统稿。

　　特别感谢陕西国防工业职业技术学院计算机与软件学院对本书的大力支持。陕西工业职业技术学院刘引涛教授对本书的编写提出了很多中肯的意见，在此一并表示感谢。同时，也向所有其他帮助和支持本书编写与出版的人员表示感谢。

作　者

2023 年 9 月

目　录

项目一　顺序表——教职工工号管理

项目引导

线性表是最常见也最简单的一种数据结构。这种数据结构的元素之间呈一对一的关系,即线性关系。线性表是具有相同特性的数据元素的有限序列,表中元素排成一列,体现了一对一的逻辑特性,除首结点和尾结点以外,每个元素有且仅有一个前驱和一个后继。有关线性结构的实例在日常生活中随处可见,如每个单位的教职工工号(教工号)、通讯录中按照姓名依次排列的电话号码等。本项目以某职业技术学院计算机与软件学院软件教研室的教工号为例,灵活地使用线性表的术语、存储结构、操作算法等知识以程序的方式为读者展示教工号的存储、增加、移除、修改、查找、获取、显示等操作,遵循软件开发和软件测试的流程,让学生熟悉开发和测试岗位的基本工作任务和能力要求,撰写规范的软件文档,实现"数据+程序+文档"的有效结合,达到学以致用的目的。

知识目标

◇ 掌握线性表的常用概念和术语。
◇ 掌握线性表的逻辑结构及两种不同的存储结构。
◇ 掌握线性表的存储结构的表示方法——顺序表。
◇ 掌握顺序表的 10 种基本操作算法。

技能目标

◇ 能进行项目需求分析。
◇ 会进行线性表的算法分析及编程。
◇ 能用线性表的知识编程解决问题。
◇ 能进行软件测试及项目功能调整。
◇ 能撰写格式规范的软件文档。

思政目标

◇ 按照时间或者某种顺序树立秩序意识。
◇ 锻炼发现问题、分析问题、解决问题的逻辑思维。
◇ 养成严谨求实的学习习惯。

典型工作任务 1.1　顺序表项目需求分析

在一个学校中，教职工工号是每位教职工的重要标识，工号用以区分部门、工龄、重名等信息，也可以作为人事管理系统、教务系统、办公系统、智慧校园、图书借阅系统等的登录账号。教职工工号的规范管理，便于人力资源部门有序、有效、快速、灵活地管理各项工作。

某职业技术学院无论学校在编还是外聘教职工均由教务处分配教工号，新入职的教师也按照相应规则进行工号编制。具体规则如下：

教职工工号由入职年份识别码(4 位数字)、个人姓名顺序识别码(4 位数字)共计 8 位数字构成，其排列顺序如表 1-1 所示。

表 1-1　教职工工号排列表

入职年份识别码	个人姓名顺序识别码
19**	00**
20**	00**

★　**说明**　入职年份识别码是每位教职工入职的年份，如 2021 年或者 2022 年，由 4 位数字构成；个人姓名顺序识别码按照每位教职工的姓名首字母顺序依次排列，如 0001，0002，0003，…。例如，张老师是 2018 年入职的，姓名排序为 29，所以张老师的教工号为 20180029。

为了便于教职工的管理，使用教职工工号作为校内各信息系统的登录账号。本任务以该职业技术学院计算机与软件学院软件教研室为例，使用顺序表对教工号进行管理与操作，如图 1-1 所示，具体功能如下：

(1) 存储教职工工号。该功能可预先分配一定的存储单元，在顺序表中存储教职工工号。

(2) 增加教职工工号。该功能可实现新进教职工工号的增加，需要预先判断顺序表是否已满。如果满了，需要重新分配空间，将原有工号进行复制，再增加新工号；如果顺序表未满，可直接增加工号。

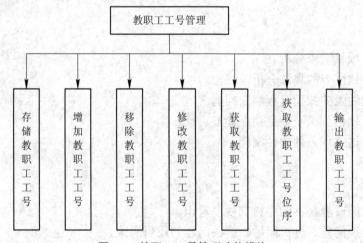

图 1-1　教职工工号管理功能模块

(3) 移除教职工工号。该功能可实现对调出教职工工号的移除。需要预先判断顺序表是否为空，若空，无工号可移除；若不为空，需要对要移除的工号进行筛选，找到后再进行移除。

(4) 修改教职工工号。该功能可实现对信息有误工号的修改。需要预先判断顺序表是否为空，如果为空，无工号可修改；如果不为空，查找工号进行修改。

(5) 获取教职工工号。该功能可实现对某位教职工工号的获取。需要先判断顺序表是否为空，如果为空，无工号可获取；如果不为空，查找工号进行输出。

(6) 获取教职工工号位序。该功能可实现对教职工工号位序的获取，如输出张老师的工号所对应的位序。

(7) 输出教职工工号。该功能可实现教职工工号的输出。例如，对顺序表进行操作、数据元素发生变化后，输出教职工工号。

★ 说明

本任务要求输出的格式符合规范。

本任务采用顺序存储结构存储教职工工号信息(工号为整数类型)。预先分配 6 个教工号，教工号可随着教职工的调入和调出进行适当调整。

本任务要求分别使用满足条件的数据和不满足条件的数据进行程序功能的测试，以保证程序的可靠、稳定和正确。测试用例、测试执行及测试结果均写在测试文档中，作为再次开发和修改的依据。

典型工作任务 1.2　顺序表数据结构设计

线性表是一种最简单的数据结构，在实际应用中使用较为广泛。线性表具备线性结构的特点，并且表中数据元素属于同一数据对象，数据元素之间是一种序偶关系。

1.2.1　数据结构中的术语和概念

为了更好地理解和掌握算法及程序，下面介绍数据结构中使用的相关术语和概念。

1. 数据

数据(Data)是所有能输入计算机中的描述客观事物的符号，其中包含数值型数据和非数值型数据(多媒体信息)。数值型数据如整数、实数、字符等；非数值型数据如声音、视频、图像等。

2. 数据项

数据项(Data Item)可以是字母、数字或两者的组合，通过数据类型(逻辑的、数值的、字符的等)及数据长度来描述。数据项用来描述实体的某种属性。数据项是数据不可分割的最小单位。数据项是数据记录中最基本的、不可分的、可命名的数据单位，是具有独立含义的最小标识单位。

3. 数据元素

数据元素(Data Element)是数据的基本单位，由数据项组成。在不同的条件下，数据元素又可称为元素结点、顶点、记录等。一个数据元素可由若干数据项组成。例如，一本书的书目信息为一个数据元素，而书目信息的每一项(如书名、作者名等) 为一个数据项。

　★ **注意**　以上三者的数据关系为：数据 > 数据元素 > 数据项。例如，学生表> 个人记录 > 学号 > 姓名。

4. 数据对象

数据对象(Data Object)是指具有相同特性的数据元素的集合，是数据的一个子集。例如，一个实型数组、一个字符型数组都是一个数组对象。

【**例 1-1**】 表 1-2 所示为学生信息表。

表 1-2　学生信息表

专　业	班　级	学　号	姓　名	联系方式
软件技术	软件 3201	33020200101	李强	1377249****
软件技术	软件 3202	33020200205	武哲	1819225****
软件技术	软件 3203	33020200321	王国栋	1530935****
移动应用开发	移应 3201	33120200120	郝丽梅	1348902****
移动应用开发	移应 3202	33120200232	张威伟	1820928****

表 1-2 中，每一行学生的信息是一个数据元素，每个数据元素包含 5 个数据项，即专业、班级、学号、姓名和联系方式。如果对表中姓名按照首字母升序进行排序，则排序时比较的是各个数据元素中姓名这一数据项，整个表中的数据元素就是待处理的数据对象。

5. 数据结构

数据结构(Data Structure)是指相互之间存在一种或多种特定关系的数据元素的集合。数据结构是带"结构"的数据元素的集合，"结构"就是指数据元素之间存在的关系。也就是说，数据结构包含两个方面的内容：一是数据对象，二是数据对象中数据元素之间的内在关系。数据结构通常有以下 4 种形式：

(1) **集合结构**：结构中的数据元素除了同属于一种类型外，再无其他关系。

【**例 1-2**】 空调、洗衣机、微波炉等家用电器构成集合结构，如图 1-2 所示。

图 1-2　集合结构

(2) **线性结构**：数据元素之间为一对一的关系。

【**例 1-3**】 一周内从星期一到星期天的时间顺序就是一种线性结构。

星期一—星期二—星期三—星期四—星期五—星期六—星期日

(3) **树形结构**：数据元素之间为一对多的关系。

【例 1-4】　分院和专业的组织就是一种树形结构，如图 1-3 所示。

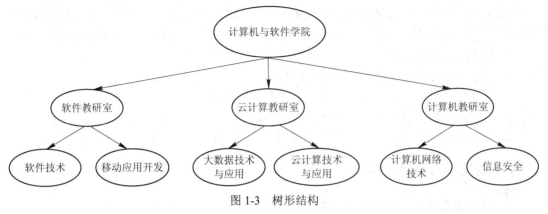

图 1-3　树形结构

(4) **图状结构或网状结构**：结构中的数据元素之间存在多对多的关系。

【例 1-5】　教师授课的数据关系为图状结构，如图 1-4 所示。

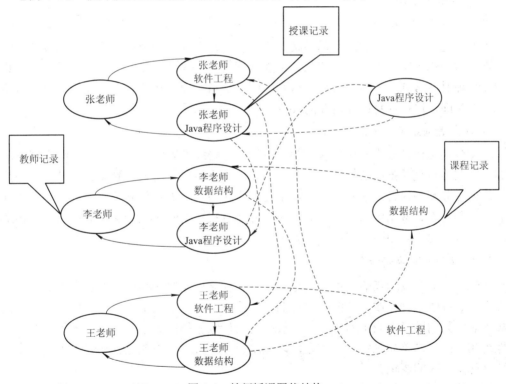

图 1-4　教师授课图状结构

6. 线性表

线性表(List)是 n 个元素的有限序列($n \geq 0$)，其元素可以是一个数、一个符号，也可以是由多个数据项组成的复合形式，甚至可以是一页书或其他更复杂的信息。例如，26 个大写英文字母表(A，B，C，D，E，F，…，Z)就是一个线性表。

线性表中的数据元素可以由多个**数据项**构成。例如，表 1-2 所示的学生信息表中，每一行是一个数据元素，代表一个学生的基本信息，它由专业、班级、学号、姓名和联系方式等数据项组成，称为一个**记录**。通常把含有大量记录的线性表称为**文件**。

一般来说，线性表的数据元素可以是任何一种类型，不过同一线性表的每一个元素都必须属于同一类型。例如，小写字母序列(a, b, c, d, e, f)就是一个线性表，它的数据类型是字符。

有序列表的定义如下：

➢ 有序列表可以写成空集合，也可以写成(a₁, a₂, a₃, ···, a_{n-1}, a_n)。
➢ 存在唯一的第一个元素 a_1 与唯一的最后一个元素 a_n。
➢ 除了第一个元素 a_1 外，每一个元素都有唯一的前驱。例如，a_i 的前驱为 a_{i-1}。
➢ 除了最后一个元素 a_n 外，每一个元素都有唯一的后继。例如，a_{i+1} 是 a_i 的后继。

1.2.2 线性表的存储结构

1. 线性表按内存的存储方式分类

线性表按内存的存储方式可以分为以下两种。

1) 静态数据结构

静态数据结构也称为密集表，它将有序列表中的数据使用连续分配空间来存储。例如，数组类型就是一种典型的静态数据结构。它的优点是设计相当简单，读取与修改列表中任何元素的时间都固定；缺点则是移除或增加数据时需要移动大量的数据。另外，静态数据结构在编译时就必须分配给相关变量内存。因此数组在建立初期必须事先声明最大可能的固定存储空间，这样容易造成内存的浪费。

2) 动态数据结构

动态数据结构又称为链接列表，简称链表，它将线性表的数据使用不连续存储空间来存储。它的优点是数据的增加或移除都相当方便，不需要移动大量数据。另外，动态数据结构的内存分配在执行时才发生，所以不需要事先声明，能够充分节省内存。动态数据结构的缺点则是设计数据结构时较为麻烦。另外在查找数据时，也无法像静态数据结构那样可随机读取，而必须顺序找到该数据为止。

2. 线性表的顺序表示

线性表的顺序表示指的是用一组地址连续的存储单元依次存储线性表中的数据元素。线性表的这种表示称作线性表的顺序存储结构或顺序映像。通常称这种存储结构的线性表为顺序表。采用顺序表表示的线性表，表中逻辑位置相邻的数据元素将存放到存储器中物理地址相邻的存储单元之中。换言之，以元素在计算机内"物理位置相邻"来表示线性表中数据元素之间的逻辑关系。

假设线性表中的每个元素需占用 L 个存储单元，并以所占的第一个单元的存储地址作为数据元素的存储位置，则线性表中第 $i+1$ 个数据元素的存储位置 $LOC(a_{i+1})$ 和第 i 个数据元素的存储位置 $LOC(a_i)$ 之间满足下列关系：

$$LOC(a_{i+1}) = LOC(a_i) + L$$

一般地，线性表的第 i 个数据元素 a_i 的存储位置为

$$LOC(a_i) = LOC(a_1) + (i-1)*L$$

式中，$LOC(a_1)$ 是线性表的第一个数据元素 a_1 的存储位置，通常称作线性表的起始位置或基地址。线性表的顺序存储结构示意图如图 1-5 所示。

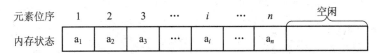

图 1-5　线性表的顺序存储结构示意图

由上可知，在顺序表中，任一数据元素的存放位置是从起始位置开始的，与该数据元素的位序成正比的对应存储位置，可以借助上述存储位置的公式确定。因此，可以根据顺序表中数据元素的位序，随机访问表中的任一元素。换言之，顺序表是一种随机存取的存储结构。

【思考】　顺序表中数据元素的存储位置与数据元素的位序是否相同？为什么？

3. 顺序表的操作算法

在 Java 程序设计语言中，数组具有随机存取的特性，所以可使用数组描述顺序存储结构下的线性表(顺序表)。顺序表泛型类的定义如下：

```
class  sequenceList<T> {                        //顺序表泛型类
    final int maxSize=10;                       //初始化数组的长度
    private T[ ] listArray;                      //一维数组存放顺序表中数据元素
    private int length;                          //定义顺序表的长度(元素个数)
    public sequenceList ( ){  }                  //构造空线性表
    public sequenceList (int n){   }             //构造有参顺序表
    public boolean add(T obj,int pos){   }       //在第 pos 位置上增加数据 obj
    public T remove(int pos){   }                //移除第 pos 位置上的数据元素
    public int find(T obj){    }                 //查找数据 obj 在顺序表中的位置
    public T value(int pos){   }                 //获取第 pos 个位置上的数据
    public boolean modify(T obj,int pos){   }    //将第 pos 位置上的数据修改为 obj
    public boolean isEmpty( ){   }               //判断顺序表是否为空表
    public int size( ){   }                      //统计顺序表中数据的个数
    public void nextOrder( ){   }                //访问线性表中的每个数据并输出
    public void clear( ){   }                    //清空顺序表
}
```

上述存储结构的定义可实现对顺序表的 10 种操作，各方法体暂时为空，具体的实现过程如下所述。

1) 构造空的顺序表

构造空的顺序表就是为顺序表分配一个预先定义大小的数组空间，无参数时设置顺序表的长度为 maxSize，有参数时设置顺序表的长度为形参 n。初始化时顺序表中无数据元素，元素个数 length 为 0。算法的实现如图 1-6 所示。

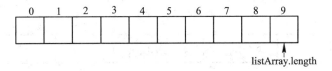

图 1-6　构造无参固定长度的空的顺序表

【算法 1-1】 构造空的顺序表。

```
//建立无参顺序表
public sequenceList ( ){
    length=0;                          //表长为 0
    listArray=(T[ ])new Object[maxSize];    //为顺序表分配空间
}
//建立有参顺序表
public sequenceList (int n ){
    if(n<=0)
    {                              //表长为 0 无法建表，直接退出
        System.out.println("error");
        System.exit(1);
    }
    length=0;                          //元素个数为 0
    listArray=(T[ ])new Object[n];          //为顺序表分配 n 个空间
}
```

图 1-7 是以形参为 8 构造的一个数组长度为 8 的空顺序表。当 *n* 为其他形参时，则可构造其他数组长度的空顺序表。

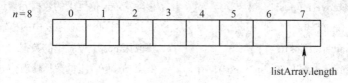

图 1-7　构造有参可变长度的空的顺序表

2) 在顺序表的 pos 位置上增加数据元素 obj

在顺序表中增加数据元素是指在指定的第 pos − 1 个元素和第 pos 个元素之间增加一个新数据元素 obj，此时需要移动顺序表中数据元素的位置，数据元素之间的逻辑关系也将发生变化。

当 pos = *n* + 1 时，不需要移动数据元素的位置。具体实现过程如图 1-8 所示。

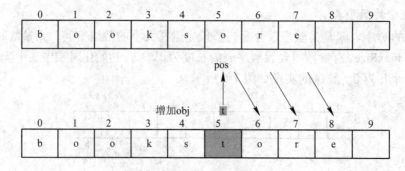

图 1-8　顺序表中增加数据元素

```
public boolean add(T obj,int pos){          //在第 pos 位置上增加数据元素 obj
    if(pos<1 || pos>length+1)  {            //判断位置的合法性：首元素之前和尾元素之后位置不合法
        System.out.println("pos 值不合法");
        return false;
    }
    if(length==listArray.length)  {         //顺序表已满
        T[ ] p=(T[ ]) new Object[length*2]; //重新申请分配 2 倍的空间
        for(int i=0;i<length;i++)           //将原有数据元素复制到新数组
            p[i]=listArray[i];
            listArray=p;                    //修改数组的地址
    }
    for(int i=length;i>=pos;i--)            //从左向右移动，寻找第 pos 个位置
        listArray[i]=listArray[i-1];
        listArray[pos-1]=obj;               //将数据元素 obj 移动到第 pos 个位置
        length++;                           //数据元素的个数增加 1
        return    true;
}
```

在顺序表中增加数据元素时需要注意以下几个方面：

(1) 要查验增加的数据元素的位置是否合适。代码中 pos 的有效数据为 1≤pos≤length + 1，其中 length 为顺序表的长度。

(2) 由于顺序表中有 listArray.length 个存储单元，因此在表中增加数据元素时首先要判断顺序存储单元是否已满，如果表满则必须重新分配 2 倍的存储空间，将原有数据全部复制到新空间。

(3) 向顺序表中增加数据元素时需要将部分数据元素移动，并注意数据元素移动的方向。从顺序表尾部依次往右移，一次移动一个数据元素，最后将要增加的数据元素 obj 添加于下标为 pos − 1 的位置。

(4) 顺序表中每个数据元素的位序比下标多 1。

(5) 数据元素在顺序表中增加成功后，顺序表的长度增加 1。

3) 移除顺序表中第 pos 位置上的数据元素

移除顺序表中第 pos 个位置上的数据元素后，数据元素原来的位置暂时为空，此时需要将后面的数据依次往左移动，一次移动一个数据元素。移除过程如图 1-9 所示。

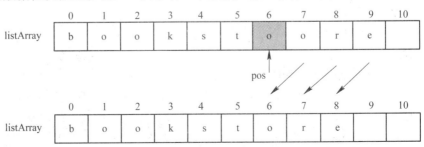

图 1-9　在顺序表中移除数据元素

```java
public T remove(int pos){                        //移除第 pos 个位置上的数据元素
    if(isEmpty( ))  {                            //判空：若顺序表为空，则无数据元素可移除
        System.out.println("顺序表为空，无法执行移除操作");
        return null;
    }else{
        if(pos<1 || pos>length)
        {  //判断移除位置是否合法：首元素之前和尾元素之后无数据元素可移除
            System.out.println("pos 值不合法");
            return    null;
        }
        T x=listArray[pos-1];        //将第 pos 位置上的数据存储于 x
        for(int i=pos; i<length; i++)    //将右边的数据向左移动，占据被移除数据留下的空位置
            listArray[i-1]=listArray[i];
        length--;                    //移除数据后元素个数减 1
        return  x;                   //返回移除的数据元素
    }
}
```

在顺序表中移除数据元素时需要注意以下几个方面：

(1) 若顺序表为空，则无数据可移除。

(2) 要移除第 pos 个元素，必须查验被移除数据的位置是否合适。pos 的取值为 $1 \leqslant$ pos$\leqslant$length，当 pos < 1 或者 pos > length 时无数据元素。

(3) 注意数据元素移动的方向。pos 位置上的数据元素被移除后，pos 之后的数据依次前移一个位置，一次移动一个数据元素。

(4) 顺序表中的数据元素被移除一个，顺序表的长度减 1。

(5) 返回已存储的被移除元素。

★小结　从增加数据元素和移除数据元素的两个算法来看，当在顺序表中的某个位置增加或移除一个数据元素时，其时间主要花费在元素的移动上。在顺序表中增加或移除一个数据元素，需平均约移动表中的一半数据元素。

4) 查找数据元素 obj 在顺序表中的位置

在顺序表中查找数据元素是指在顺序表中查找某个值等于给定值的数据元素的位置，而不是查找数据元素。实现的方法是：将指定值 obj 和顺序表中的数据元素逐个比较，具体实现算法如下：

```java
public int find(T obj){                      //查找数据 obj 在顺序表中的位置
    if(isEmpty( )) {                          //判空：若顺序表为空，则无数据可查找
        System.out.println("顺序表为空");
        return    -1;
    }else {
        for(int i=0;i<length;i++)            //从首元素开始
            if(listArray[i].equals(obj))    //判断 obj 是否找到
```

```
            return   i+1;                        //找到 obj 后返回 obj 所在的位置
        return -1;                               //未找到 obj，则返回-1
    }
}
```

在顺序表中查找数据元素时需要注意以下几个方面：

(1) 若顺序表为空，则无数据可查找。

(2) 对数据元素值进行比较，若找到和指定元素 obj 相同的元素，则返回数据元素所在的位序(比元素所在的下标多 1)。

(3) 指定数据 obj 和顺序表中数据比较的次数为 $i(1 \leqslant i \leqslant length)$。

5) 获取顺序表中第 pos 位置上的数据元素

由于顺序表中数据元素的位序比数据元素的下标多 1，所以第 pos 个数据元素在数组 listArray 中的下标为 pos-1，算法中 $1 \leqslant pos \leqslant length$。当指定 pos 值有效时，返回数据元素 listArray[pos-1]，否则返回 null，具体算法实现如下：

```
public T value(int pos){                         //获取第 pos 个位置的数据
    if(isEmpty( )) {                             //判空：若顺序表为空，则无数据可获取
        System.out.println("顺序表为空");
        return null;
    }else{
        if(pos<1 || pos>length)
        {        //判断位置是否合法：首元素之前和尾元素之后无数据可获取
            System.out.println("pos 值不合法");
            return   null;
        }
        return   listArray[pos-1];              //找到合法位置返回数据
    }
}
```

在顺序表中获取数据元素时需要注意以下几个方面：

(1) 若顺序表为空，则无数据元素可获取。

(2) 顺序表中首元素之前和尾元素之后无数据元素可获取。

(3) 获取的数据元素的下标比元素所在位序少 1。

6) 将顺序表 pos 位置上的数据元素值修改为 obj

在顺序表中如果指定位置 pos 未越界，则可将指定 pos 位置上的数据元素修改为 obj。具体算法实现如下：

```
public boolean modify(T obj,int pos){            //将第 pos 位置上的数据修改为 obj
    if(isEmpty( )) {                             //判空：如果顺序表为空，则无数据可修改
        System.out.println("顺序表为空，无法执行修改操作");
        return false;
    }else{
```

```
    if(pos<1||pos>length){              //判断不合法的位置：首元素之前和尾元素之后无数据
        System.out.println("error");
        return false;
    }
    listArray[pos-1]=obj;               //找到第 pos 个位置，并将其上的数据修改为 obj
    return    true;
    }
}
```

修改数据元素值的过程如图 1-10 所示。

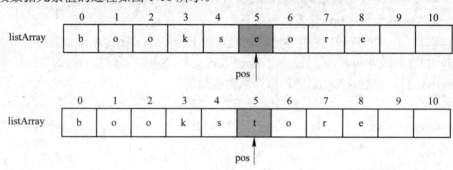

图 1-10　顺序表中数据元素的修改过程

在顺序表中修改数据元素时需要注意以下几个方面：

(1) 若顺序表为空，则无数据元素可修改。

(2) 顺序表中首元素之前和尾元素之后无数据元素可修改。

(3) 指定位置 pos 合法的范围为 $1 \leqslant pos \leqslant length$，当 pos 越界时，修改失败，返回 false。

7) 判断顺序表是否为空

在顺序表中，判断顺序表是否为空的算法有较多。如果顺序表的长度 length 为 0，则顺序表为空；如果顺序表的长度 length 不为 0，则顺序表非空。

```
public boolean isEmpty( ){          //判断顺序表是否为空表
    return    length==0;            //数据个数为 0
}
```

★ **注意**　顺序表中 length 的值随数据元素的增加或移除而变化。当在顺序表中成功增加数据元素后，length 加 1；当在顺序中成功移除数据元素后，length 减 1。

8) 统计顺序表数据元素的个数

顺序表中数据元素的个数就是顺序表的长度，即 length 的值，具体算法如下：

```
public int size( ){                 //统计顺序表中数据元素的个数
    return length;                  //返回数据个数
}
```

9) 正序输出顺序表中数据元素

为了显示顺序表的数据元素，经常需要输出数据元素，即按照逻辑次序依次访问顺序表中的每一个数据元素。具体算法如下：

```
public void nextOrder( ){
    for(int i=0;i<length;i++)
        System.out.println(listArray[i]);        //按顺序输出顺序表中的数据
}
```

10）清空顺序表

将顺序表中 length 的值设置为 0，则顺序表被清空，此时顺序表中无数据元素。

```
public void clear( ){
    length=0;                                //顺序表中数据个数为 0 即为空表
}
```

典型工作任务 1.3　顺序表软件代码设计

以某职业技术学院软件教研室教职工工号的处理为主，设计本系统的程序。程序由两部分组成，第 1 部分为顺序表的 11 种操作算法，包含顺序表的无参初始化、有参初始化、增加数据、移除数据、查找数据、获取数据、修改数据、判空、判断数据个数、输出数据、清空顺序表；第 2 部分为主程序 Test1，该程序实现顺序表操作算法的调用和数据输出及显示。程序框图如图 1-11 所示。

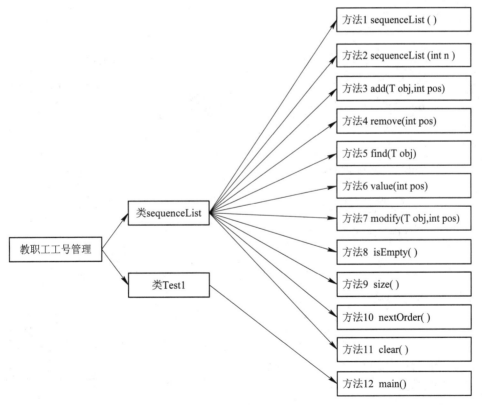

图 1-11　教职工工号管理程序框图

教职工工号管理以顺序表的算法为主，通过 12 个方法实现其功能，具体代码如下：

```java
class sequenceList<T> {
    final int maxSize=10;
    private T[ ] listArray;
    private int length;
    //1. 初始化(建立无参顺序表)
    public sequenceList ( ){
        length=0;
        listArray=(T[ ])new Object[maxSize];
    }
    //2. 初始化(建立有参顺序表)
    public sequenceList (int n ){
        if(n<=0){
            System.out.println("error");
            System.exit(1);
        }
        length=0;
        listArray=(T[ ])new Object[n];
    }
    //3. 增加数据元素
    public boolean add(T obj,int pos){
        if(pos<1 || pos>length+1)   {
            System.out.println("pos 值不合法");
            return false;
        }
        if(length==listArray.length)   {
            T[ ] p=(T[ ]) new Object[length*2];
            for(int i=0;i<length;i++)
                p[i]=listArray[i];
            listArray=p;
        }
        for(int i=length;i>=pos;i--)
            listArray[i]=listArray[i-1];
        listArray[pos-1]=obj;
        length++;
        return    true;
    }
    //4. 移除数据
    public T remove(int pos){
```

```
        if(isEmpty( ))    {
            System.out.println("顺序表为空，无法执行移除操作");
            return null;
        }
        else {
            if(pos<1 || pos>length)
            {
                System.out.println("pos 值不合法");
                return    null;
            }
            T x=listArray[pos-1];
            for(int i=pos;i<length;i++)
                listArray[i-1]=listArray[i];
            length--;
            return    x;
        }
    }
//5. 查找数据元素
public int find(T obj){
        if(isEmpty( ))
        {
            System.out.println("顺序表为空");
            return    -1;
        }
        else {
            for(int i=0; i<length; i++)
                if(listArray[i].equals(obj))
                    return    i+1;
            return -1;
        }
    }
//6. 获取数据元素
public T value(int pos){
        if(isEmpty( ))
        {
            System.out.println("顺序表为空");
            return null;
        }else{
            if(pos<1 || pos>length){
```

```
            System.out.println("pos 值不合法");
            return    null;
        }
        return    listArray[pos-1];
    }
}
//7. 修改数据
public boolean modify(T obj,int pos){
    if(isEmpty( ))    {
        System.out.println("顺序表为空，无法执行修改操作");
        return false;
    }else{
        if(pos<1 || pos>length){
            System.out.println("error");
            return false;
        }
        listArray[pos-1]=obj;
        return    true;
    }
}
//8. 判空
public boolean isEmpty( ){
    return    length==0;
}
//9. 判断数据个数
public int size( ){
    return length;
}
//10. 输出数据
public void nextOrder( ){
    for(int i=0;i<length;i++)
        System.out.println(listArray[i]);
}
//11. 清空顺序表
public void clear( ){
    length=0;
}
}
//12. 主程序
```

```
public class Test1 {
    public   static void main(String[ ] args) {
        sequenceList<Integer>L=new sequenceList<Integer>( );
        int e,i;                          //编写的规则：入职年份+入职编号
        int   [ ]a={19960003,20010005,20030006,20040003,20090012,20150028};
                                          //编号的规则：入职年份 + 入职编号
        System.out.println("*************************************************");
        for(i=0;i<a.length;i++)
            L.add(a[i],i+1);              //将 6 名教师的工号存储于顺序表
        System.out.println("计算机与软件学院-软件教研室 6 名教师工号为：");
        L.nextOrder( );                   //顺序输出 6 名教师工号
        System.out.println("*************************************************");
        //System.out.println("\n");
        L.add(20020016,3);          //调入 1 名教师后，在第 3 个位置上增加 1 个教工号 20020016
        System.out.println("计算机与软件学院-软件教研室调入 1 名教师后工号为：");
        L.nextOrder( );                   //顺序输出 7 名教师工号
        System.out.println("*************************************************");
        //System.out.println("\n");
        e=L.remove(5);                    //1 名教师调出
        System.out.println("计算机与软件学院-软件教研室调出 1 名教师后工号为：");
        L.nextOrder( );                   //顺序输出调出后的 6 名教师工号
        System.out.println("*************************************************");
        //System.out.println("\n");
        i=L.find(20090012);               //查找教师工号 20090012 的位序
        System.out.println("软件教研室教师工号 20090012 的位序为:"+i);
        System.out.println("*************************************************");
        System.out.println("\n");
    }
}
```

典型工作任务 1.4　顺序表软件测试执行

初学者可以使用 JDK 对教职工工号项目源代码进行编译和运行。执行遍历算法可显示 6 名教师的 8 位工号；执行增加和遍历算法后，可显示调入 1 名教师后 7 名教师的 8 位工号；执行删除和遍历算法后，可显示调出 1 名教师后剩余 6 名教师的 8 位工号；执行查找算法后，可显示位于第 5 名教师的 8 位工号。由此可见，通过顺序表算法实现了教职工工号的输出、增加、移除和查找等功能，如图 1-12 所示。

由于图 1-12 中各输出结果之间未有间隔，导致可读性不强，只需要在各输出结果之间

添加分隔符"*"和换行符，在对应行增加代码 System.out.println("*************"); 和 System.out.println("\n");，就可使得各个功能之间有了间隔，也会便于阅读，如图 1-13 所示。

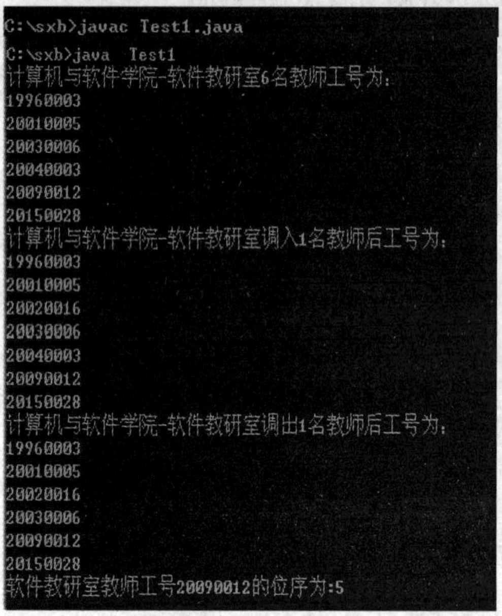

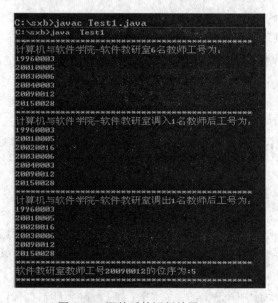

图 1-12　教职工工号管理运行结果 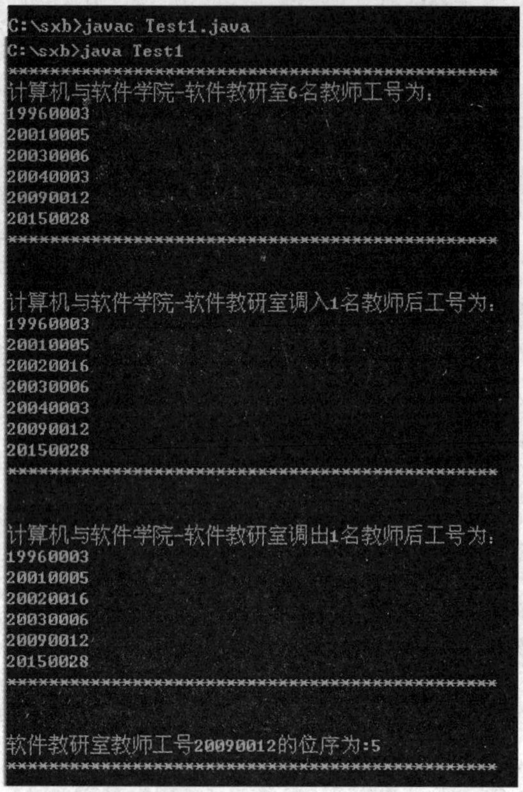　　　　图 1-13　增加分隔符和换行符的运行结果

在图 1-13 中，虽然各输出结果已用带"*"的符号和换行符号分隔开了，但间距较大，去掉多余的换行符并做适当调整后，则使得显示格式更规范，如图 1-14 所示。

图 1-14　调整后的运行结果

典型工作任务 1.5　顺序表软件文档编写

为了更好地掌握顺序表的存储结构和 11 种操作算法，充分理解教职工工号管理项目中的需求分析、结构设计以及功能测试，养成良好的编程习惯和测试能力，下面主要从软件规范及模块测试的角度来编写文档。

1.5.1　初始化模块测试

在顺序表的初始化模块中，编者写代码时往往容易忽略数据元素个数的初值、未分配存储单元、未确定存储单元的个数等，对上述可能出现的缺陷或错误测试如表 1-3 所示。

表 1-3　初始化模块测试表

编号	摘要描述	预期结果	正确代码
sxb-sch-01	数据元素个数变量未置 0	未受影响	增加代码：length=0;
sxb-sch-02	数组未分配存储单元	程序报错	增加代码： listArray=(T[ ])new Object[maxSize];
sxb-sch-03	未给数组指定存储空间数 listArray=(T[ ])new Object[ ]	程序报错	修改代码： listArray=(T[ ])new Object[maxSize];

1.5.2　增加数据元素模块测试

在顺序表的增加数据元素模块中，可能未判断不合法增加数据元素的位置、未判断顺序表已满、移动数据的方向不正确、增加数据元素的位置有误、增加数据元素成功后未修改顺序表中元素总个数，对上述可能出现的缺陷测试如表 1-4 所示。

表 1-4　增加数据元素模块测试表

编号	摘要描述	预期结果	正确代码
sxb-zj-01	未判断首元素之前和尾元素后继之后的位置	在这两个位置增加数据元素时程序报错	增加代码： if(pos<1 || pos>length+1)

sxb-zj-02	未判断顺序表已满的条件	顺序表已满时无法在指定位置增加数据元素	增加代码：
			if(length==listArray.length)
			T[ ] p=(T[ ]) new Object[length*2];
			for(int i=0;i<length;i++)
			p[i]=listArray[i];
			listArray=p;

sxb-zj-03	未移动数据元素寻找指定位置	部分数据元素可能被覆盖	增加代码：
			for(int i=length;i>=pos;i--)
			listArray[i]=listArray[i-1];

sxb-zj-04	被增加数据元素所在下标有误	未将 obj 增加于指定位置 pos	修改代码： listArray[pos-1]=obj;
sxb-zj-05	数据增加成功后未修改数据元素个数	未统计数据元素个数，程序报错	增加代码： length++;

1.5.3　移除数据元素模块测试

　　顺序表移除数据元素模块中，可能未对顺序表判空、未排除首元素之前和尾元素之后的不合适移除位置、未保存已移除的数据元素、未移动数据元素、未统计移除后数据元素的个数、未返回被移除的数据元素等，对上述可能出现的缺陷测试如表 1-5 所示。

表 1-5　移除数据元素模块测试表

编号	摘要描述	预期结果	正确代码

sxb-sc-01	未判断顺序表是否为空	顺序表为空时无数据可移除，程序报错	增加代码：
			if(isEmpty( ))
			{
			　System.out.println(" 顺 序 表 为空，无法执行移除操作");
			　return null;
			}

sxb-sc-02	未排除非法的移除位置	移除数据元素的位置不合法无数据可移除，程序报错	增加代码：
			if(pos<1 || pos>length)
			{
			　System.out.println("pos 值不合法");
			　return　null;
			}

sxb-sc-03	未将被移除的数据元素保存	无法返回被移除的数据元素	增加代码： 　T x=listArray[pos-1];

sxb-sc-04	移除数据元素后，未移动剩余的数据元素	被移除的数据元素所在位置为空	增加代码：
			for(int i=pos;i<length;i++)
			listArray[i-1]=listArray[i];

sxb-sc-05	数据元素移除后未修改数据元素个数	未统计数据元素个数，程序报错	增加代码： length--;
sxb-sc-06	未返回被移除数据元素	无法获取被移除的数据元素	增加代码： return　x;

1.5.4　查找数据元素模块测试

　　顺序表查找数据元素模块中，可能未对顺序表判空、获取的数据元素位置不正确、未及时处理未找到数据等，对上述可能出现的缺陷测试如表 1-6 所示。

表 1-6　查找数据元素模块测试表

编号	摘要描述	预期结果	正确代码

sxb-cz-01	未判断顺序表是否为空	顺序表为空时无数据可查找，程序报错	增加代码：
			if(isEmpty( ))
			{
			　System.out.println("顺序表为空，无法执行查找操作");
			　return null;
			}

sxb-cz-02	未获取被查找数据元素的位置	无法返回数据元素所在位置	增加代码： return　i+1;
sxb-cz-03	被查找数据元素的位置不正确	返回数据元素的位置有误	数据元素的位置比其下标多 1； 将源代码： return i; 修改为： return i+1;
sxb-cz-04	对未找到的数据元素未做处理	无数据元素位置信息，程序报错	增加代码： return -1;

1.5.5　获取数据元素模块测试

　　顺序表获取数据元素模块中，可能未对顺序表判空、未排除首元素之前和尾元素之后的不合适移除位置、返回的数据元素不正确等，对上述可能出现的缺陷测试如表 1-7 所示。

表 1-7　获取数据元素模块测试表

编号	摘要描述	预期结果	正确代码
sxb-hq-01	未判断顺序表是否为空	顺序表为空时无数据可获取，程序报错	增加代码： if(isEmpty( )) { System.out.println("顺序表为空"); return null;　　}
sxb-hq-02	未排除非法的获取位置	获取数据元素的位置不合法无数据可获取，程序报错	增加代码： if(pos<1 || pos>length){ System.out.println("pos 值不合法"); return　null;　　}
sxb-hq-03	返回的数据元素不正确	被获取数据元素的下标有误，程序报错	数据元素的下标比其位置少 1； 将源代码： return listArray[pos]; 修改为： return listArray[pos-1];

1.5.6　修改数据元素模块测试

顺序表修改数据元素模块中，可能未对顺序表判空、未排除首元素之前和尾元素之后的不合适移除位置、被修改数据元素的下标不正确等，对上述可能出现的缺陷测试如表 1-8 所示。

表 1-8　修改数据元素模块测试表

编号	摘要描述	预期结果	正确代码

sxb-xg-01	未判断顺序表是否为空	顺序表为空时无数据可修改，程序报错	增加代码：
			if(isEmpty( ))
			{
			　System.out.println("顺序表为空，无法执行修改操作");
			　return null;
			}

sxb-xg-02	未排除修改数据元素的不合适位置	修改数据元素的位置不合法，无数据可修改，程序报错	增加代码：
			if(pos<1 || pos>length)
			{
			　System.out.println("error");
			　return false;
			}

sxb-xg-03	被修改数据元素的下标不正确	指定位置的数据元素值未被正确修改，程序报错	数据元素的下标比其位置少 1；
			将源代码：
			listArray[pos]=obj;
			修改为：
			listArray[pos-1]=obj;

1.5.7　判空模块测试

顺序表判空模块中，可能出现方法的返回值类型不正确、未修改数据元素个数变量等，对上述可能出现的缺陷测试如表 1-9 所示。

表 1-9　判空模块测试表

编号	摘要描述	预期结果	正确代码
sxb-pk-01	返回值类型不正确	程序报错	方法首部为： public boolean isEmpty(　)
sxb-pk-02	未对统计数据元素个数的变量置 0	无法判断顺序表是否为空，程序报错	增加代码： return　length==0;

1.5.8　统计数据元素个数模块测试

顺序表统计数据元素个数模块中，可能出现方法的返回值类型不正确、未返回数据元素个数的变量等，对上述可能出现的缺陷测试如表 1-10 所示。

表 1-10　统计数据元素个数模块测试表

编号	摘要描述	预期结果	正确代码
sxb-tj-01	返回值类型不正确	程序报错	修改代码为：　public int size( )
sxb-tj-02	未返回数据元素个数的变量	无法获取顺序表中数据元素的个数	增加代码： return length;

1.5.9　正序输出数据元素模块测试

顺序表正序输出数据元素模块中，可能出现方法的返回值类型不正确、未使用循环结构输出数据元素、未正序输出所有数据元素等，对上述可能出现的缺陷测试如表 1-11 所示。

表 1-11　正序输出数据元素模块测试表

编号	摘要描述	预期结果	正确代码
sxb-sc-01	返回值类型不正确	程序报错	修改代码为：public void nextOrder( )
sxb-sc-02	未使用循环结构输出数据元素	顺序表中数据元素未全部输出	增加代码： for(int i=0;i<length;i++) System.out.println(listArray[i]);
sxb-sc-03	正序输出即为从第一个至最后一个输出数据元素	按正序输出所有数据元素	for(int i=0;i<length;i++)

1.5.10　清空顺序表模块测试

顺序表清空模块中，可能未对数据元素个数变量置 0，对上述可能出现的缺陷测试如表 1-12 所示。

表 1-12　清空顺序表模块测试表

编号	摘要描述	预期结果	正确代码
sxb-qk-01	未对统计数据元素个数的变量置 0	程序报错	增加代码： length=0;

典型工作任务 1.6　顺序表项目验收交付

经过数据结构设计和代码编写后，实现了教职工工号管理项目的各项功能，但在提交给使用者之前，还需要准备本项目交付验收的清单，如表 1-13 所示。

表 1-13　教职工工号管理项目验收交付表

验收项目		验收标准	验收情况
验收测试	功能	项目主要功能： (1) 建立教职工工号表； (2) 增加教职工工号； (3) 移除教职工工号； (4) 查找教职工工号的位序； (5) 获取教职工工号； (6) 修改教职工工号； (7) 判断教职工工号表是否为空； (8) 统计教职工工号的数量； (9) 正序遍历教职工工号； (10) 清空教职工工号表	
		数据及界面要求： (1) 教职工工号为 8 位数字，符合编码规则； (2) 输出界面上信息清晰、完整、正确无误	
	性能	运行代码后响应时间小于 3 秒。 (1) 该标准适用于所有功能项； (2) 该标准适用于所有被测数据	
软件设计	需求规范说明	需求符合正确； 功能描述正确； 语言表述准确	
	设计说明	描述方法的定义、功能、参数和返回值	
	数据结构说明	说明顺序表的存储结构； 顺序表的操作算法特性：有穷、确定、可行、输入、输出	
程序	源代码	类、方法的定义与文档相符； 类、方法、变量、数组等命名规范符合"见名知意"； 注释清晰、完整，语言准确、规范； 代码质量较高，无明显功能缺陷； 冗余代码少	
测试	测试数据	覆盖全部需求； 测试数据完整； 测试结果功能全部实现	
用户使用	使用说明	覆盖全部功能； 运行结果正确； 建议使用软件 Eclipse 或者 JDK	

项目二　链表——商品管理

项目引导

　　链表是一种在逻辑上连续的、顺序的，但是物理存储单元上非连续的、非顺序的存储结构。链表中数据元素的逻辑顺序是通过指针链接次序实现的，数据元素的存储地址可以不相邻，所以链表不需要一块连续的内存空间。为了能够访问后续结点，链表中每个结点既存储当前数据元素的值，又存储下一个结点的地址。链表本身并没有大小的限制。它的缺点是随机访问时需要从前往后访问每个数据元素，所以效率低；而它的优点则是可以快速插入、删除数据元素。与线性表的顺序结构相比，链表的操作相对复杂一些。本项目来源于商店中商品的日常管理。商品种类和数量繁多，流动性大，商店需要频繁进货、卖货，所以本项目选用链表存储结构并借助链表的操作算法来实现商品的添加、修改、删除和查询。本项目包括系统需求分析、数据结构设计、类的设计和实现、系统功能实现和系统测试，学生在学习过程中能体会到软件开发的整个流程，从而熟悉软件开发岗位的需求。

知识目标

　　◇　掌握链表的相关术语。
　　◇　掌握链表的存储结构。
　　◇　掌握结点类、链表类的设计。
　　◇　掌握链表的基本算法实现。

技能目标

　　◇　能够分析问题，针对问题特点选择合理的数据结构。
　　◇　具备一定的程序调试能力。
　　◇　能够灵活应用链表解决实际问题。

思政目标

　　◇　养成做事细心、有条理、勤于思考的习惯。
　　◇　形成持之以恒、遇困难迎难而上的品德。
　　◇　培养对所从事职业的使命感、责任感。

典型工作任务 2.1　链表项目需求分析

在商店或商场中，商品的数据动态变化，作为商店或商场的管理者需要掌握商品的信息，根据商品数据做出一些管理策略。比如，对于即将售完的商品，需要及时补货；对于热销商品，需要加大进货量；对于过季的商品，需要退库，以腾出货架，摆放新货等。只有实时了解商品数据才能更好地管理商店或商场的日常营业。因为数据量大，变化快，人工统计这些数据是不及时的，所以需要借助计算机来管理商品信息。

根据客户需求开发的商品管理系统能实现商品的编号、名称、价格等重要信息的存储，在营业过程中能够方便地进行数据更新，能够按备选条件查询商品信息，以便为管理者进行决策提供帮助。依据需求分析，商品管理系统的功能包括添加新进商品、修改商品信息(如价格、数量等)、删除已售完的商品、对商品进行备选条件的查询这四大功能模块，如图 2-1 所示。

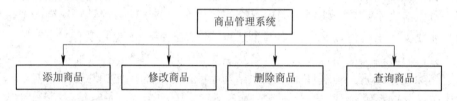

图 2-1　商品管理系统的功能模块

★ 说明
- 添加商品：进购商品时，需要将新进入的商品信息添加到系统中，以方便后续管理。
- 删除商品：对售完或不再进货的商品，可从系统中将商品信息删除。
- 修改商品：对商品的价格、数量等信息，根据实际销售情况进行修改。
- 查询商品：商品信息是商品管理系统的主要数据，是管理人员决策的关键，应提供各种需求的信息查询功能。

典型工作任务 2.2　链表数据结构设计

商品管理系统中有大量的商品信息需要存储，随着商品不断进货和销售，商品数据会随时更新，系统需要具备存储商品信息和随时添加、删除、查询商品信息的功能。数据的存储是操作的基础，不同的存储结构其操作方法不一样。为了提高系统效率，需要选择一种合适的存储结构。

顺序表是一种简单、常用的数据结构，但是其本身具有一定的局限性。第一，改变顺序表的大小需要重新创建一个新的顺序表，并把原来的数据都复制到新的顺序表中。第二，顺序表的物理存储空间是连续的，表中通过物理位置上的相邻关系表示线性结构中元素的逻辑关系，在插入、删除元素时需要大量移动元素。由于商品管理系统货物流通性大，需要随时进货、销售，为了克服顺序表无法改变长度的缺点，并满足系统经常插入或删除新数据的需求，鉴于顺序表的以上缺点，本任务采用链式存储结构。

2.2.1　链表结构设计

通常将数据元素的存储地址称为指针，不同的高级语言实现指针的方法不同。Java 语言用对象引用表示指针，将新创建的对象赋值给一个对象引用，这时该对象引用指向了新建对象，也可以说对象引用是新建对象的别名，通过对象引用可以找到该新建对象。我们用指针表示逻辑上元素的存储位置，用对象引用表示 Java 语言实现的指针。

链式存储结构是基于指针实现的，将线性表按链式存储结构存储就形成链表。链表由多个结点构成，每个结点包含数据域和指针域，分别用于存储数据和其他结点的指针(即数据和数据间的相互关系)。各结点不必像顺序表那样存放在地址连续的存储空间，可以分散放在不连续的存储空间，由指针将结点按线性关系(直接前驱结点和直接后继结点)链接起来。根据指针域的不同链表分为单链表、双向链表和循环链表。此任务中选用单链表。

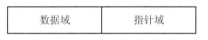

图 2-2　链表结点示意图

若链表中的每个结点包含一个指向直接后继结点的指针，则这样的链表称为单链表。单链表中每个结点的结构如图 2-2 所示。

单链表有带头结点的和不带头结点的两种。头结点中不存放数据元素，指针域存放链表中第一个结点的地址。指向单链表的指针称为单链表的头指针。头指针在带头结点的单链表中指向头结点，在不带头结点的单链表中指向第一个结点。一般采用带头结点的单链表，如图 2-3 所示。

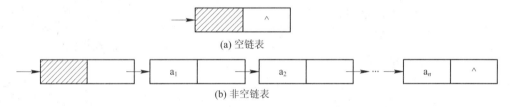

图 2-3　空链表和非空单链表示意图

在顺序存储结构中，需要向系统申请一块地址连续的存储空间，用于按序存储数据元素，逻辑上相邻的数据元素在物理存储位置上也要相邻。链式存储结构中，当需要添加一个元素时才向系统动态申请结点的存储空间，不同时间申请的空间一般情况下其存储位置并不连续，因此，在链式存储结构中，线性表中元素的关系是由结点中的指针域确定的。

2.2.2　项目数据结构设计

商品信息管理系统借助链表中的结点存储商品数据，一个结点存储一件商品数据，商品数据在结点数据域存储，结点指针域指向另一商品结点的地址。定义商品类来描述商品编号、名称、价格、数量等信息，链表中结点的数据域即为商品类对象。商品的链表结构示意图如图 2-4 所示。

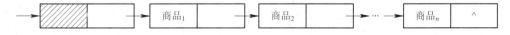

图 2-4　商品的链表结构示意图

在商品信息管理系统中，要添加商品，应在链表中添加一个新结点；要删除商品，应先在链表中查找到该商品结点，再从链表中删除该结点；要修改商品，应先在链表中查找到该商品结点，再修改该结点的数据域的值；要查询商品，应在链表中从前往后依次浏览商品结点，与查询条件进行比较，找到满足条件的商品。

典型工作任务 2.3   链表软件代码设计

2.3.1   链表基本操作

和顺序表一样，单链表也有其基本的操作算法，用以实现对链表中数据的操作。与顺序表不同的是，单链表不需要预先分配存储单元，而随着结点的增删动态分配。

1. 链表操作

单链表有六种操作算法，包括插入元素、删除元素、获取元素、修改元素、判空、获取表长。

★ 说明
- 插入元素：在表中任意位置(除头结点)插入新元素。
- 删除元素：删除表中任意位置(除头结点)上的元素，并返回被删除的元素。
- 获取元素：获取表中某一位置(除头结点)上的元素。
- 修改元素：修改表中某一位置(除头结点)上元素的值。
- 判空：判断单链表是否为空表。
- 获取表长：获取表中数据元素的个数。

2. 单链表类设计

在单链表中，要先定义结点类(包含数值域 data 和指针域 next 两部分)，再定义单链表类。

```java
public class Node {
    public Object data;
    public Node next;
    public Node( ) {
    }
    public Node(Object data) {
        this.data = data;
    }
    public Node(Object data, Node next) {
        this.data = data;
        this.next = next;
    }
}
```

单链表类包含头指针、尾指针、结点个数和链表上实现的操作。

```java
public class LinkList {
```

```
private Node head;              //头指针
private Node tail;              //尾指针
private int size;               //结点个数
public void insert(int i,Object obj){ }   //在位置 i 添加元素
public void showList( ){ }      //按顺序输出链表中的值
public Object delete(int i){ }  //删除第 i 个元素
public Object getData(int i){ } //查询第 i 个元素
public void update(int i,Object obj){ }   //修改第 i 个元素
public boolean isEmpty( ){ }    //判断是否为空表
public int getLength( ) { }     //获取表的长度
}
```

3. 链表操作的实现

1) 创建空表

首次创建的单链表为空表，用 LinkList 类添加构造方法并进行初始化，将构造方法中的 head 设置为头结点，表尾 tail 设置为 null，表长 size 值置为 0。

【算法 2-1】 创建空链表。

```
public LinkList( ) {
    this.head=new Node(null,null);
    this.tail=null;
    this.size=0;
}
```

2) 插入元素

要将新结点插入到链表中的指定位置 i，首先要查找到链表中的第 i 个结点，为给定的值创建一个新的结点，再将新结点插入到链表中第 i 个元素之前，使新结点成为第 i 个结点。操作时定义指向结点的指针 p、q，两个指针从链表头结点开始顺序移动，直到 p 指向第 i 个结点，q 指向第 $i-1$ 个结点，使 p 结点成为新结点的直接后继结点，新结点成为 q 结点的直接后继结点，即实现了新结点插入到位置 i 上的操作，再将链表中 size 的值增加 1。以上插入元素的过程如图 2-5 所示。

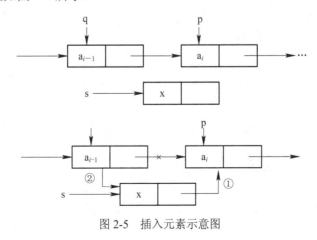

图 2-5　插入元素示意图

【算法 2-2】 在位置 *i* 上添加元素。

```java
public void insert(int i, Object obj) {
    Node p,q;
    if(i<=0||i>size+1) {
        System.out.println("插入位置错误！ ");
    }else {
        Node s=new Node(obj,null);
        p=head.next;
        q=head;
        int j=1;
        while(p!=null&&j<i) {
            q=p;
            p=p.next;
            j++;
        }
        if(p!=null) {
            s=p.next;
        }
        q.next=s;
        size++;
    }
}
```

3) 按顺序输出元素

从单链表中的第一个结点开始顺序输出每个结点中数据元素的值。

【算法 2-3】 按顺序输出元素。

```java
public void showList( ) {
    Node p;
    p=head.next;
    while(p!=null) {
        System.out.print("\t"+p.data.toString( ));
        p=p.next;
    }
    System.out.println( );
}
```

4) 删除第 *i* 个元素

如果单链表非空，则在单链表中查找到第 *i* 个结点，将该结点从链表中删除。操作时定义指向结点的引用 p、q，使 p 指向第 *i* 个结点，q 指向第 *i* - 1 个结点，再将 p 结点的直接后继作为 q 结点的直接后继，此时链表中不存在 p 结点，将链表中 size 的值减 1。以上删除元素的过程如图 2-6 所示。

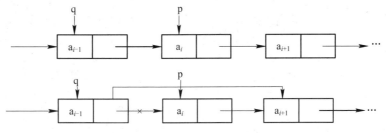

图 2-6 删除元素操作示意图

【算法 2-4】 删除位置 i 上元素的值。

```java
public Object delete(int i) {
    if(i<=0||i>size) {
        System.out.println("删除位置错误！");
        return null;
    }
    Node p,q;
    p=head.next;
    q=head;
    int j=1;
    while(p!=null&&j<i) {
        q=p;
        p=p.next;
        j++;
    }
    q.next=p.next;
    size--;
    return p.data;
}
```

5) 修改元素

在非空单链表中查找到第 i 个结点，修改该结点数据域的值为给定值。操作时定义指向结点的引用 p，使 p 指向第 i 个结点，将给定值设置为 p 结点的数据域。

【算法 2-5】 修改位置 i 上的元素。

```java
public void update(int i, Object obj) {
    if(i<=0 || i>size) {
        System.out.println("查询位置错误！");
    }
    Node p,q;
    p=head.next;
    q=head;
```

```
    int j=1;
    while(p!=null&&j<i) {
        q=p;
        p=p.next;
        j++;
    }
    p.data=obj;
}
```

6) 获取第 *i* 个元素

在非空链表中查找到第 *i* 个结点，返回该结点中存储的数据。操作时定义指向结点的引用 p，使 p 指向第 *i* 个结点，返回 p 结点的数据域。

【算法 2-6】 获取位置 *i* 上的元素。

```
public Object getData(int i) {
    if(i<=0 || i>size) {
        System.out.println("查询位置错误！");
        return null;
    }
    Node p,q;
    p=head.next;
    q=head;
    int j=1;
    while(p!=null&&j<i) {
        q=p;
        p=p.next;
        j++;
    }
    return p.data;
}
```

7) 判空

根据 size 的返回值可判断单链表是否为空表。如果 size 的返回值为 true，则为空表；如果返回值为 false，则为非空表。

【算法 2-7】 判断单链表是否为空表。

```
public boolean isEmpty( ) {
    if(size==0)
        return true;
    else
        return false;
}
```

8) 获取表的长度

单链表中 size 的值为链表中元素的个数，也是链表的长度。

【算法 2-8】　获取链表长度。

```
public int getLength( ) {
    return size;
}
```

2.3.2　项目代码实现

在商品信息管理系统中，用链表中的结点存储某个商品信息，用链表存储所有商品信息。代码实现时，先定义类描述商品信息，再定义链表中的结点类型，最后由结点类定义商品链表类。

1. 商品类

商品类中存储着商品的主要信息，其中包括商品编号、商品名称、商品价格、商品类型、商品数量。为了统一规范和操作方便，商品类型用整数表示，1 表示食物类，2 表示电器类，3 表示服装类，4 表示蔬菜类。

```
public class Goods {
    private int goodsId;      //商品编号
    private String title;     //商品名称
    private double price;     //商品价格
    private int type;         //商品类型：1—食物类，2—电器类，3—服装类，4—蔬菜类
    private int number;       //商品数量
    public Goods( ) {
    }
    public Goods(int goodsId, String title, double price, int type, int number) {
        this.goodsId = goodsId;
        this.title = title;
        this.price = price;
        this.type = type;
        this.number=number;
    }
}
```

2. 商品链表类

首先定义链表的结点类 Node，将它定义为链表类 LinkListGoods 的内部类。Node 类包含数据域和指针域。数据域的类型是 Goods，存储一件商品信息；指针域存储下一个商品结点的地址。

```
public class Node{
    Goods data;          //商品信息
    Node next;           //下一个商品引用
```

```
    public Node( ) {
    }
    public Node(Goods data) {
        this.data=data;
    }
    public Node(Goods data,Node next) {
        this.data=data;
        this.next=next;
    }
}
```

在链表 LinkListGoods 类中定义头指针、尾指针、商品总数量，用构造方法初始化链表为空表，并定义链表中数据处理的各种成员方法。

```
public class LinkListGoods {
    private Node head;                          //头指针
    private Node tail;                          //尾指针
    private int size;                           //不同商品的总数量
    public LinkListGoods( ){ }                  //定义构造方法，初始化空表
    public void insertGoods(Goods goods){ }     //插入商品信息
    public boolean deleteGoods(int id){ }       //删除商品信息
    public Goods queryById(int id){ }           //根据商品编号查询商品信息
    public Goods queryByTitle(String title){ }  //根据商品名称查询商品信息
    public List<Goods> queryByType(int type){ } //根据商品类型查询商品信息
    public List<Node> getAll( ){ }              //浏览所有商品信息
    public boolean updateGoods(Goods goods){ }  //修改商品信息
    public boolean isEmpty( ){ }                //判断商品链表是否为空表
    public Node getHead( ){ }                   //获取商品链表的头指针
    public int getCount( ){ }                   //获取商品总数量，不同商品的总和不是商品个数的总量
}
```

3. 商品链表类中各操作的实现

1) 商品链表初始化

商品链表中的头指针指向头结点，表长 size 设置为 0，表尾 tail 设置为 null。

```
public LinkListGoods( ) {
        this.head=new Node(null, null);
        size=0;
        this.tail=null;
}
```

2) 添加商品

将存储商品信息的 Goods 对象作为结点的数据域来创建新的结点，将新结点插入到链

表末尾，同时将链表中表长 size 的值增加 1。

```
//将商品插入到链表末尾
public void insertGoods(Goods goods) {
    Node node=new Node(goods,null);        //创建新的商品结点
    if(tail==null) {
        head.next=node;                    //如果商品链表为空表，则新结点是第一个商品结点
    }else {
        tail.next=node;                    //如果商品链表不空，则新结点作为商品链表尾结点
    }
    tail=node;                             //尾指针指向新结点
    size++;                                //商品总数量增加 1
}
```

3) 浏览所有商品信息

依次浏览商品链表中的所有结点，将结点的数据域添加到集合中，最后将集合作为结果返回。

```
//获取所有商品信息，将商品信息从链表中取出并存储到集合中
public List<Node> getAll( ) {
    Node p;
    List<Node> allGoods=new ArrayList<Node>( );        //创建存储商品的集合
    p=head.next;
    if(p==null) {
        System.out.println("空表");
        return null;
    }
    while(p!=null) {
        allGoods.add(p);           //将商品链表结点中的商品对象存入集合
        p=p.next;
    }
    return allGoods;
}
```

4) 修改商品

依次访问商品结点，并对结点的商品编号与接收的 Goods 对象的商品编号进行比较，如果比较结果相等，则将新的 Goods 对象赋值给结点的数据域，方法返回值 true，如果没有找到商品，方法返回值 false。

```
//根据商品编号，查询商品然后修改除编号外的信息
public boolean updateGoods(Goods goods) {
    Node p;
    if(head.next==null) {          //空表
```

```
    System.out.println("空表，没有商品");
    return false;
}
p=head.next;                    //如果表非空，则 p 引用第一个商品
while(p!=null&&p.data.getGoodsId( )!=goods.getGoodsId( )) {
    p=p.next;                   // p 引用下一个商品
}
if(p!=null) {
    p.data=goods;
    return true;
}
else {
    System.out.println("表中未找到该商品");
    return false;
}
}
```

5) 删除商品

根据要删除的商品编号找到要删除的商品结点，将结点从链表中删除，size 的值减 1。删除成功返回 true，如果为空链表或未找到该商品则返回 false。操作时用 while 循环依次访问各个商品结点，根据商品编号找到要删除的商品，指针 p 和 q 分别指向要删除结点和它的前驱结点，最后将 p 结点从商品链表中删除，链表 size 减 1。删除成功，方法返回值 true；未找到要删除的商品，方法返回值 false。

```
//删除商品——按商品编号查找，然后删除
public boolean deleteGoods(int id) {
    Node p,q;
    if(head.next==null) {           //空表
        System.out.println("空表，没有商品");
        return false;
    }
    q=head;
    p=head.next;
    while(p!=null&&p.data.getGoodsId( )!=id) {
        q=p;
        p=p.next;
    }
    if(p!=null) {           //p 结点即为要删除的结点
        q.next=p.next;
        if(p.next==null) tail=q;
        size--;
```

```
            return true;
        }else {                    //没找到要删除的结点
            System.out.println("表中未找到要删除的商品");
            return false;
        }
    }
```

6) 按商品编号查询商品

通过 while 循环顺序浏览商品结点，并对结点的商品编号与查询的商品编号进行比较，如果比较结果相等，则查找成功，返回该结点数据域的值。

```
//按商品编号查询
public Goods queryById(int id) {
    Node p;
    if(head.next==null) {       //空表
        System.out.println("空表，没有商品");
        return null;
    }
    p=head.next;
    while(p!=null&&p.data.getGoodsId( )!=id) {    //从商品链表第一个商品结点开始，依次访问
                                                 //每个结点，并判断结点中商品编号与查询的
                                                 //商品编号是否相符

        p=p.next;
    }
    if(p!=null) {               //查询到商品
        return p.data;
    }else
    {
        System.out.println("表中未找到该商品");
        return null;

    }
}
```

7) 按商品名称查询商品

通过 while 循环顺序访问商品结点，并对结点的商品名称与查询的商品名称进行比较，如果比较结果相等，则该结点的数据域作为方法值返回。

```
//按商品名称查询
public Goods queryByTitle(String title) {
    Node p;
    if(head.next==null) {                   //空表
        System.out.println("空表，没有商品");
```

```
        return null;
    }
    p=head.next;
    while(p!=null&&!(p.data.getTitle( ).equals(title))) {    //依次访问每个商品结点，并判断商品名称
                                                             //是否为要查询的商品名称
        p=p.next;
    }
    if(p!=null) {    //找到所查商品
        return p.data;
    }else
    {
        System.out.println("表中未找到该商品");
        return null;
    }
}
```

8) 按商品类型查询商品

顺序访问商品链表中各结点，并对结点的商品类型与接收的商品类型进行比较，如果比较结果相等，则将商品结点的数据域(即商品对象)存入集合，最后将集合作为方法值返回。

```
//按商品类型查询
public List<Goods> queryByType(int type) {
    Node p;
    List<Goods> listGoods=new ArrayList< >( );
    if(head.next==null) {                    //商品链表为空表
        System.out.println("空表，没有商品");
        return null;
    }
    p=head.next;
    while(p!=null) {
        if(p.data.getType( )==type) {    //找到了该类型的商品
            listGoods.add(p.data);       //结点中商品对象添加到集合中
        }
        p=p.next;
    }
    return listGoods;
}
```

9) 判断商品链表是否为空表

判断商品链表的头结点的后继 head.next 是否为空，如果为空，则为空表，返回 true；

否则为非空表，返回 false。

```
//判断商品链表是否为空表
 public boolean isEmpty( ) {
     if(head.next!=null) {
         return false;
     }else {
         return true;
     }
}
```

10) 获取商品链表头指针

商品链表中必须有头结点，用 getHead( )方法可返回商品链表头指针 head 的值。

```
//获取商品链表头指针
public Node getHead( ) {
     return head;
}
```

11) 获取不同商品的总数量

每个商品都有数量，此结果统计的是不同商品的总数量，不是同一商品的总数量。

```
//获取不同商品的总数量
public int getCount( ) {
     return size;
}
```

4. 系统测试类的实现

商品链表类实现了商品信息的存储结构和对商品的基本操作功能，可通过商品链表类实现商品管理系统。下面通过创建包含 main( )方法的 GoodsTest 类，在类中按项目需求实现系统功能。

1) 系统菜单实现

系统运行时首先显示主菜单，用户可以通过菜单提示进行操作。输入菜单项前的序号，即可选择对应的操作。

```
public static int menu( ) {
     Scanner scan=new Scanner(System.in);
     int xz;
     System.out.println("\t============================");
     System.out.println("\t\t1-----添加商品");
     System.out.println("\t\t2-----浏览商品信息");
     System.out.println("\t\t3-----修改商品");
     System.out.println("\t\t4-----删除商品");
     System.out.println("\t\t5-----查询商品");
     System.out.println("\t\t0-----退出系统");
```

```
    System.out.println("\t==========================");
    System.out.println("请输入选项: ");
    xz=scan.nextInt( );
    return xz;
}
```

2) 系统主框架

通过类的主方法实现系统主框架，执行后显示主菜单，用户通过菜单项的选择，可以实现添加商品、浏览商品、修改商品、删除商品和查询商品这 5 种操作。主菜单可以重复显示，需要结束运行时，输入菜单项"0"，即可退出系统。主方法中使用 do-while 语句和 switch 语句实现系统流程控制，使用 do-while 语句控制系统的主流程，循环体中使用 switch 语句判断用户选择的菜单项，case 分支上实现对应的功能。

```
public class GoodsTest{
public static void main(String[ ] args) {
    int xz;
    Scanner scan=new Scanner(System.in);
    LinkListGoods linkListGoods=new LinkListGoods( );        //创建空的商品链表
    do {
        xz=menu( );             //显示菜单
        switch(xz) {
          case 1:               //添加商品
            insert(linkListGoods);
            break;
          case 2:               //浏览商品信息
          if(!linkListGoods.isEmpty( ))
          {
              showAllGoods(linkListGoods);
          }else {
              System.out.println("没有商品信息! ");
          }
            break;
          case 3:               //修改商品信息
            update(linkListGoods);
            break;
          case 4:               //删除商品
          if(!linkListGoods.isEmpty( ))
          {
              showAllGoods(linkListGoods);
              delete(linkListGoods);
          }else {
```

```
                System.out.println("没有商品信息！");
            }
            break;
        case 5:                    //查询商品信息
            query(linkListGoods);
            break;
        case 0:                    //退出系统
            System.out.println("谢谢使用，再见！");
            break;
        }
    }while(xz!=0);
}
}
```

3) 添加商品

当界面上显示需要输入商品信息时，用户依据提示输入新商品的信息，将商品信息存入 Goods 对象中，再调用 LinkListGoods 类中 insertGoods(Goods goods)方法将新商品添加到链表中。

```
public static void insert(LinkListGoods linkListGoods) {
    Scanner scan=new Scanner(System.in);
    Goods goods=new Goods( );
    System.out.println("请输入商品编号");
    System.out.print("\t");
    goods.setGoodsId(scan.nextInt( ));
    System.out.println("请输入商品名称");
    System.out.print("\t");
    goods.setTitle(scan.next( ));
    System.out.println("\t 请输入商品价格");
    System.out.print("\t");
    goods.setPrice(scan.nextDouble( ));
    System.out.println("\t 请选择商品类型");
    System.out.print("\t");
    System.out.println("1—食物类   2—电器类  3—服装类   4—蔬菜类");
    System.out.print("\t");
    int t=scan.nextInt( );          //将商品类型转换为整数进行存储
    goods.setType(t);               //商品类型在对象中存储的是整数
    //调用商品链表类中的添加商品方法，将新商品添加到商品链表中
    linkListGoods.insertGoods(goods);
    System.out.println("添加成功！");
}
```

4) 浏览商品信息

调用 LinkListGoods 类中的 getAll( )方法获取商品对象集合，按行输出每个商品对象的信息(注意对象中存储整型数据)，调用 typeChangeString(int *i*)方法将整数转换为对应的类型名称再输出。

```java
public static void showAllGoods(LinkListGoods linkListGoods) {
    List<LinkListGoods.Node> listGoods=linkListGoods.getAll( );
    //取出链表中各商品信息存入集合
    System.out.println("商品编号\t 商品名称\t 商品价格\t 商品类型");
    for(Node goodsNode:listGoods)
    {           //输出所有商品信息
        String type=typeChangeString(goodsNode.data.getType( ));
        System.out.print("\t");
        System.out.println(goodsNode.data.getGoodsId( )+"\t"+goodsNode.data.getTitle( )+"\t"+
                goodsNode.data.getPrice( )+"\t"+type);
    }
    System.out.println( );
}
public static String typeChangeString(int i) {          //商品类型的值由整数转换为字符串
    String type="";
    switch(i)
    {
        case 1:
            type= "食物类";
            break;
        case 2:
            type="电器类";
            break;
        case 3:
            type="服装类";
        break;
        case 4:
            type="蔬菜类";
            break;
    }
    return type;
}
```

5) 修改商品

按提示输入商品更新信息，调用 LinkListGoods 类中的 updateGoods(Goods goods)方法，

将商品信息替换成新的数据。

```
public static void update(LinkListGoods linkListGoods) {
    Scanner scan=new Scanner(System.in);
    Goods goods=new Goods( );
    System.out.println("请输入要修改的商品编号");
    System.out.print("\t");
    goods.setGoodsId(scan.nextInt( ));
    System.out.println("请输入商品名称");
    System.out.print("\t");
    goods.setTitle(scan.next( ));
    System.out.println("请输入商品价格");
    System.out.print("\t");
    goods.setPrice(scan.nextDouble( ));
    System.out.println("请选择商品类型");
    System.out.println("1—食物类　2—电器类 3—服装类　4—蔬菜类");
    System.out.print("\t");
    int t=scan.nextInt( );
    goods.setType(t);
    boolean b=linkListGoods.updateGoods(goods);      //调用商品链表类中的修改商品方法
    if(b)
    {
        System.out.println("修改成功！");
    }
}
```

6) 删除商品

输入待删除的商品编码，调用 LinkListGoods 类中的 deleteGoods(int id)方法，将指定商品从商品链表中删除。

```
public static void delete(LinkListGoods linkListGoods) {
    Scanner scan=new Scanner(System.in);
    System.out.println("请输入要删除的商品编号");
    System.out.print("\t");
    int id=scan.nextInt( );
    boolean b=linkListGoods.deleteGoods(id);      //调用商品链表类中的删除商品方法
    if(b)
    {
        System.out.println("删除成功！");
    }
}
```

7) 查询商品

商品管理系统实现按商品编码查询、按商品名称查询和按商品类型查询 3 种查询方式。在二级菜单时会提示用户选择查询方式,根据查询方式调用 **LinkListGoods** 类中的不同方法查询商品。按商品编码查询时,调用 queryById(int id)方法,返回一个商品对象;按商品名称查询时,调用 queryByTitle(String title)方法,返回一个商品对象;按商品类型查询时,调用 queryByType(int type)方法,返回一个包含多个商品对象的集合,最后输出查询到的结果。

```java
public static void query(LinkListGoods linkListGoods) {
    Scanner scan=new Scanner(System.in);
    System.out.println("请输入查询条件(1-商品编号,2-商品名称,3-商品类型):");
    int n=scan.nextInt( );
    Goods goods=null;
    String type;
    List<Goods> goodsList;
    switch(n) {
     case 1:                                   //按商品编号查询
       System.out.println("\t 请输入商品编号:");
       int id=scan.nextInt( );
       goods=linkListGoods.queryById(id);      //调用商品链表类中的方法查询商品
       if(goods!=null)
       {                                       //查询到商品后,输出商品信息
          System.out.println("商品编号\t 商品名称\t 商品价格\t 商品类型");
          type=typeChangeString(goods.getType( ));   //商品类型转换成字符
          System.out.println(goods.getGoodsId( )+"\t"+goods.getTitle( )+"\t"+goods.getPrice( )+
          "\t"+type);
       }
       break;
     case 2:                                   //按商品名称查询
       System.out.println("请输入商品名称:");
       System.out.print("\t");
       //scan.nextLine( );
       //String name=scan.nextLine( );
       String name=scan.next( );
       goods=linkListGoods.queryByTitle(name); //调用商品链表类的方法进行查询
       if(goods!=null)
       {                                       //查询到商品后输出商品信息
          type=typeChangeString(goods.getType( ));
          System.out.println("商品编号\t 商品名称\t 商品价格\t 商品类型");
          System.out.println(goods.getGoodsId( )+"\t"+goods.getTitle( )+"\t"+goods.getPrice( )+
```

```
                    "\t"+type);
        }
        break;
    case 3:                 //按商品类型查询，查询结果是一个或多个商品对象
        System.out.println("请输入商品类型：1-食物类  2-电器类 3-服装类  4-蔬菜类");
        System.out.print("\t");
        int t=scan.nextInt( );
        goodsList=linkListGoods.queryByType(t);        //调用商品链表类中的方法进行查询
        if(goodsList!=null)
        {                                    //如果查询结果不为空
            System.out.println("商品编号\t 商品名称\t 商品价格\t 商品类型");
            type=typeChangeString(goodsList.get(0).getType( ));
            for(Goods g:goodsList)
            {                                //输出集合中的商品信息
                System.out.println(g.getGoodsId( )+"\t"+g.getTitle( )+"\t"+g.getPrice( )+"\t"+type);
            }
            System.out.println( );
        }
        break;
    }
}
```

典型工作任务 2.4　链表软件测试执行

1. 菜单功能运行测试

使用单链表设计商品管理系统的程序运行后显示主菜单界面，界面中的菜单项提示系统可实现的功能，用户按提示输入菜单项前面的序号，就可进行相应的操作。所选择的某个操作完成后，主菜单再次显示，直到用户输入菜单项"0"后，系统退出。主菜单运行界面如图 2-7 所示。

```
===========================
          1-----添加商品
          2-----浏览商品信息
          3-----修改商品
          4-----删除商品
          5-----查询商品
          0-----退出系统
===========================
请输入选项：
```

图 2-7　系统主菜单运行结果图

2. 添加商品功能运行测试

商品管理系统中的商品信息由用户输入到系统中。在主菜单界面中输入菜单选项"1"，按界面提示输入商品编号、名称、价格和类型。当商品添加成功后，界面就会有"添加成功!"提示信息。添加商品运行结果如图 2-8 所示。

程序运行后，按界面提示，将商品编码为 10001 的商品成功添加到了商品链表中。

```
请输入选项：
1
请输入商品编号
10001
请输入商品名称
面包
请输入商品价格
2.5
请选择商品类型
1--食物类    2---电器类  3--服装类    4--蔬菜类
1
添加成功！
```

图 2-8　添加商品运行结果图

3. 浏览商品功能运行测试

商品管理系统需要提供能够浏览所有商品信息的功能。在主菜单界面中输入菜单选项"2"，能够显示商品链表中所有商品的各数据项信息。浏览商品运行结果如图 2-9 所示。

```
=========================
        1-----添加商品
        2-----浏览商品信息
        3-----修改商品
        4-----删除商品
        5-----查询商品
        0-----退出系统
=========================
请输入选项：
2
商品编号    商品名称    商品价格    商品类型
10001      面包        2.5        食物类
20003      电视机      3500.0     电器类
20004      洗衣机      4100.0     电器类
```

图 2-9　浏览商品运行结果图

程序运行后，选择"浏览商品信息"菜单项后，能够清晰显示商品链表中所有商品的信息。

4. 修改商品功能运行测试

商品管理系统可以根据需求，修改已经添加的商品信息。在主菜单界面中选择菜单项"3"，输入要修改的商品编号和商品更新信息即可完成系统修改商品链表中的商品信息操作。修改商品运行结果如图 2-10 所示。

```
==========================
        1-----添加商品
        2-----浏览商品信息
        3-----修改商品
        4-----删除商品
        5-----查询商品
        0-----退出系统
==========================
请输入选项:
3
请输入要修改的商品编号
10001
请输入商品名称
面包
请输入商品价格
3.5
请选择商品类型
1--食物类   2---电器类  3--服装类   4--蔬菜类
1
修改成功!
```

图 2-10　修改商品运行结果图

程序运行后,选择菜单项"修改商品",输入要修改的商品编号 10001 和该商品更新信息,即面包的价格从 2.5 改为 3.5,修改成功。修改后可以选择菜单项"浏览商品信息",浏览修改后的信息。

5. 删除商品功能运行测试

商品管理系统可以根据需求删除不需要的商品。在主菜单界面中输入菜单选项"4",再输入要删除的商品编号,即可以将该商品从商品链表中删除。删除商品成功后,运行结果如图 2-11 所示;删除商品时未找到该商品,运行结果如图 2-12 所示。

```
==========================
        1-----添加商品
        2-----浏览商品信息
        3-----修改商品
        4-----删除商品
        5-----查询商品
        0-----退出系统
==========================
请输入选项:
4
商品编号   商品名称   商品价格   商品类型
10001     面包       2.5       食物类
20003     电视机     3500.0    电器类
20004     洗衣机     4100.0    电器类

请输入要删除的商品编号
20003
删除成功!
```

```
==========================
        1-----添加商品
        2-----浏览商品信息
        3-----修改商品
        4-----删除商品
        5-----查询商品
        0-----退出系统
==========================
请输入选项:
4
商品编号   商品名称   商品价格   商品类型
10001     面包       2.5       食物类
20004     洗衣机     4100.0    电器类

请输入要删除的商品编号
20005
表中未找到要删除的商品
```

图 2-11　删除商品成功的运行结果图　　　　图 2-12　删除商品失败的运行结果图

程序运行后,选择菜单项"删除商品",将先显示所有商品信息,再根据提示信息输入要删除的商品编号 20003,则电视机从商品链表中删除成功。

再次执行删除操作,输入商品编号 20005,由于商品链表中无该商品,界面输出"表中未找到要删除的商品"。

6. 查询商品功能运行测试

1) 按商品编码查询

商品管理系统可以按商品编码进行商品信息查询。用户在主菜单界面中输入"5"选择查询商品菜单项，然后输入查询条件"1"，依提示输入要查询的商品编号，若找到查询的商品，界面输出该商品信息，若未找到该商品，则输出提示信息。按商品编号查询成功的运行结果如图 2-13 所示，按商品编号查询不成功的运行结果如图 2-14 所示。

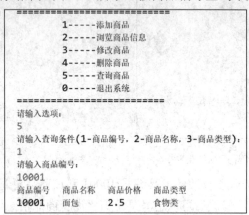

```
========================
    1-----添加商品
    2-----浏览商品信息
    3-----修改商品
    4-----删除商品
    5-----查询商品
    0-----退出系统
========================
请输入选项:
5
请输入查询条件(1-商品编号，2-商品名称，3-商品类型):
1
请输入商品编号:
10001
商品编号   商品名称   商品价格   商品类型
10001     面包      2.5       食物类
```

```
========================
    1-----添加商品
    2-----浏览商品信息
    3-----修改商品
    4-----删除商品
    5-----查询商品
    0-----退出系统
========================
请输入选项:
5
请输入查询条件(1-商品编号，2-商品名称，3-商品类型):
1
请输入商品编号:
10003
表中未找到该商品
```

图 2-13　商品编码查询成功的运行结果图　　　　图 2-14　商品编码查询失败的运行结果图

程序运行后，在主菜单界面中输入菜单项"5"，再根据提示选择查询条件"1"，输入商品编号 10001，如果能输出商品面包的编号、名称、价格和类型信息，则查询成功。

再次进行商品编号查询，输入商品编号 10003，输出"表中未找到该商品"的提示信息则查询失败。

2) 按商品名称查询

还可以按商品名称进行查询，输入查询条件"2"，再输入要查询的商品名称，如果该商品存在，则输出商品信息，不存在则输出提示信息。按商品名称查询商品成功的运行结果如图 2-15 所示。

```
========================
    1-----添加商品
    2-----浏览商品信息
    3-----修改商品
    4-----删除商品
    5-----查询商品
    0-----退出系统
========================
请输入选项:
5
请输入查询条件(1-商品编号，2-商品名称，3-商品类型):
2
请输入商品名称:
洗衣机
商品编号   商品名称   商品价格   商品类型
20004     洗衣机     4100.0    电器类
```

图 2-15　商品名称查询成功的运行结果图

程序运行后，在主菜单中选择查询菜单项，输入查询条件"2"，再输入商品名称"洗衣机"，如果能输出洗衣的商品信息，则查询成功。

3) 按商品类型查询

还可以按类型查询商品，选择查询条件"3"，输入商品类型编号，即可查看该类型的所有商品信息。按商品类型查询商品的运行结果如图 2-16 所示。

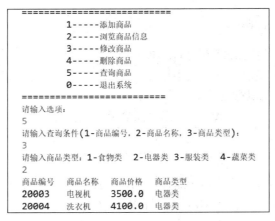

图 2-16　商品类型查询运行结果图

程序运行后，在主菜单界面中选择查询商品菜单项，输入查询条件"3"，再输入商品类型"2"，如果能显示此类型电器的商品信息，则查询成功。

典型工作任务 2.5　链表软件文档编写

为了更深入地理解商品管理系统的需求分析、功能设计、功能实现和功能测试，也为了更好地掌握链表在解决实际问题中的应用，下面将从软件功能需求、模块设计、代码设计、功能测试这几方面来编写软件文档。

商品管理系统主要是用来帮助商品管理人员进行商品信息管理的，它包含添加商品、浏览商品信息、修改商品信息、删除商品、查询商品这五个功能模块。其中查询商品模块实现了三种查询方式，即按商品编号、按商品名称和按商品类别查询。考虑到经常要做添加商品、删除商品的操作，并且商品数据本身变化快，数量也不固定，所以决定系统采用单链表存储商品信息。

商品管理系统代码中包含三个类 Goods、LinkListGoods 和 GoodsTest。Goods 类用来封装某件商品的信息；LinkListGoods 类是重点，该类构建了商品链表存储结构，实现了链表中商品信息的增、删、改、查等操作；GoodsTest 类实现了数据的输入、输出、显示等界面交互操作。在类中调用 LinkListGoods 类的算法能实现商品的数据处理，将最终实现商品管理系统的功能。

2.5.1　初始化模块测试

初始化模块对商品链表中的数据进行定义，头指针指向头结点，无数据结点。本模块中可能出现元素个数未置 0 的错误或缺陷，其测试如表 2-1 所示。

表 2-1　初始化模块测试表

编号	摘要描述	预期结果	正确代码
xpgl-csh-01	商品链表初始化时，size 未置 0	报错	LinkListGoods 类中构造方法中添加：size=0;

2.5.2　添加商品模块测试

添加商品模块需要将商品信息的 Goods 对象作为数据域创建新结点，将新结点插入到链表末尾。本模块中可能出现在空表中增加新商品而未作头结点、新增商品后数量未增加等错误或缺陷，其测试如表 2-2 所示。

表 2-2　添加商品模块测试表

编号	摘要描述	预期结果	正确代码
xpgl-tj-01	LinkListGoods 类的 insertGoods(Goods goods)方法添加商品时，没有考虑在空表中插入新商品时，新结点要作为链表头结点的后继结点	第一个商品没有成为头结点的后继，随后添加商品形成的链表，头指针的后继指向该结点，无法被访问	添加商品操作代码改为：if(tail==null) {　　head.next=node;}else {　　tail.next=node}tail=node;
xpgl-tj-02	添加商品后， size 值未增加 1	size 的值与链表中商品结点的数量不一致	insertGoods( )方法添加：size++;

2.5.3　浏览商品信息模块测试

浏览商品信息模块能实现访问商品链表中所有结点的功能。在本模块中可能出现商品链表数据处理不到位、非空链表形成死循环等错误或缺陷，其测试如表 2-3 所示。

表 2-3　浏览商品信息模块测试表

编号	摘要描述	预期结果	正确代码
xpgl-ll-01	LinkListGoods 类的 getAll( )方法将商品链表中的所有商品结点取出存储到集合中,输出商品信息时，需要从结点中取出数据域，再取出商品的数据输出	商品链表类数据处理不到位，致使外部引用麻烦	方法首部：public List<Goods> getAll( )存储商品的集合：List<Goods> allGoods=new ArrayList<Goods>( );往集合中添加商品对象：allGoods.add(p.data);方法返回值：return allGoods;
xpgl-ll-02	LinkListGoods 类的 getAll( )方法读取商品时指针未移动	非空链表时，进入死循环	循环体中添加：p=p.next;

2.5.4　修改商品模块测试

修改商品模块可实现对某一结点商品值修改的功能。本模块中可能出现未判断链表是否为空、未找到要修改的商品等错误或缺陷，其测试如表 2-4 所示。

表 2-4　修改商品模块测试表

编号	摘要描述	预期结果	正确代码

xpgl-xg-01	LinkListGoods 类中的 updateGoods( ) 方法修改商品时，未考虑空表情况	空表上执行修改商品操作出现空指针引用异常	添加判断是否为空表代码：
			if(head.next==null) {
			　System.out.println("空表，没有商品");
			　return false;
			}
			或者查询商品时的循环条件改为
			　p!=null&&p.data.getGoodsId()
			!=goods.getGoodsId()

xpgl-xg-02	LinkListGoods 类中的 updateGoods (Goods goods)方法未考虑找不到要修改的商品这种情况	链表中没有要修改的商品时，报空指针引用错误	修改代码：
			if(p!=null) {
			　p.data=goods;
			　return true;
			}else {
			　System.out.println("表中未找到该商品");
			　return false;
			}

2.5.5　删除商品模块测试

删除商品模块可实现对某一结点商品删除功能。本模块可能出现删除商品后未移动指针、定义的指针未指向头结点等错误或缺陷，其测试如表 2-5 所示。

表 2-5　删除商品模块测试表

编号	摘要描述	预期结果	正确代码
xpgl-sc-01	LinkListGoods 类的 deleteGoods (int id)方法删除元素时，没有考虑删除链表中最后一个商品时，尾指针要指向新的尾结点	如果删除的是最后一个商品，尾指针指向错误了，再添加的商品将无法加入链表中	删除元素操作代码： 　if(p.next==null)　tail=q;
xpgl-sc-02	LinkListGoods 类的 deleteGoods (int id) 方法删除元素时，q= head.next; q 指针初始值未指向头结点	如果表中只有一个商品时，执行删除操作将无法删除该商品	q 设置初始值代码修改： q=head;

2.5.6 查询商品模块测试

查询商品模块可实现对某一结点商品查询功能。本模块可能出现误将回车符当成有效字符、商品类型值不规范等错误或缺陷，其测试如表 2-6 所示。

表 2-6 查询商品模块测试表

编号	摘要描述	预期结果	正确代码
xpgl-cx-01	GoodsTest 类的 query (Link ListGoods linkListGoods)方法按商品名称查询时，不能输入查询的商品名称	用 Scanner 类的 next Line( )接收商品名称，会将前次输入的回车当成有效字符串接收	修改输入商品名称代码： String name=scan.next( );

xpgl-cx-02	Goods 类中商品类型值的数据类型是 String，而这个值是由用户输入的，名称不规范	商品类型值不规范，致使按类型查询商品时无法操作	商品类型用整数表示。需要输出商品类型名称时，将整数对应的类型名称输出。
			商品类中商品类型成员定义：
			private int type; //商品类型
			GoodsTest 类中输出商品信息时，根据类型输出对应的名称：
			String type=typeChangeString(goods getType());
			public static String typeChangeString(int i) {
			　String type="";
			　switch(i) {
			　　case 1: type= "食物类";
			　　break;
			　　case 2: type="电器类";
			　　break;
			　　case 3: type="服装类";
			　　break;
			　　case 4: type="蔬菜类";
			　　break;
			　}
			　return type;
			}

典型工作任务 2.6 链表项目验收交付

商品管理系统主要实现了商品的添加、删除、修改、查询等功能，验收时需要围绕这些功能的实现情况进行检验，具体如表 2-7 所示。

表 2-7 链表项目验收交付表

验收项目	验收标准	验收结果
项目菜单功能	(1) 项目菜单显示友好； (2) 项目菜单项提示清晰； (3) 能够连续选择操作； (4) 用户控件程序结束	
添加商品功能	(1) 操作提示清晰； (2) 能够添加商品到商品链表中； (3) 是否添加成功有结果提示	
浏览商品功能	(1) 商品信息显示规范、整齐； (2) 能够显示商品链表中所有商品信息； (3) 商品各数据有标题	
修改商品功能	(1) 操作提示清晰； (2) 能够在链表中查找到要修改的商品； (3) 能够将商品从商品链表中删除； (4) 修改是否成功有结果提示	
删除商品功能	(1) 能够按商品编码找到要删除的商品； (2) 能够将商品从链表中删除； (3) 删除是否成功有结果提示	
查询商品功能	(1) 能够实现按商品编码查询； (2) 能够实现按商品名称查询； (3) 能够实现按商品类型查询； (4) 查询结果显示整齐、规范	
项目规范性	(1) 项目分成功能模块实现； (2) 各模块功能划分清晰； (3) 各功能正常执行，无错误； (4) 代码中类、方法的封装性好； (5) 代码有必要的注释	

项目三 栈——两栈共享空间

项目引导

栈作为一种数据结构，只允许在表的一端进行插入和删除操作，是一种运算受限的线性表。它按照后进先出的原则存储数据，先进入的数据在栈底，最后进入的数据在栈顶，只允许在栈顶进行数据的插入和删除。插入元素称为入栈，删除元素称为出栈。日常生活中经常会遇到类似栈的应用，比如给盒子中装卡片和取卡片，往往后装入的会被先取。程序设计中栈是非常重要的概念，在函数调用时，将主调函数用到的数据入栈保护现场，当执行完被调函数后，返回主调函数，恢复现场继续执行主调函数。本项目将主要解决顺序栈空间利用的问题。栈的存储结构有顺序结构和链式结构。顺序栈使用方便、操作简单，它采用一维数组存储数据元素，定义数组时必须确定空间大小，数组定义太大浪费存储空间，太小使用时会出现栈满情况。所以提出两栈共享空间，对于数据元素类型相同的两个栈，完全可以共享一个数组存储空间，从而避免了空间的浪费。学习栈及在两种存储结构下栈的实现及操作算法。根据顺序栈在使用中存在的问题，采用两栈共享空间来解决问题。按发现问题、分析问题和解决问题的思路学习本项目。

知识目标

◇ 熟悉栈的特点。
◇ 掌握顺序栈的表示和实现。
◇ 掌握链式栈的表示和实现。

技能目标

◇ 能够分析栈的应用场合。
◇ 能够根据问题选择合理的存储结构。
◇ 能够熟练使用栈解决问题。

思政目标

◇ 养成勤俭节约的品德。
◇ 养成自觉遵守公共秩序的行为。
◇ 养成良好的文明礼仪。
◇ 培养做事严谨、认真的态度。

典型工作任务 3.1　栈项目需求分析

在日常生活中，类似栈的应用经常能见到。比如，我们往桶里放积木，取积木时，往往先放入的后取出，后放入的先取出。坐电梯时先进去的人最后出来。浏览器浏览网页时，点击后退按钮会按访问的顺序逆序后退。数学计算时也会遇到栈的应用，例如进制转换问题，一个十进制数转换为二进制数的方法，是十进制数除以 2 取余数，再用商作为被除数继续计算除以 2 的余数，以此类推，直到商数为 0，转换成的二进制数是得到余数的逆序，即第一个余数为最低位，最后一个余数为二进制数的最高位。还有算术表达式括号匹配问题，在算术表达式中包含数字、运算符、各种括号，其中各类括号左括号和右括号要成对出现，并且右括号出现的顺序是左括号出现的逆序，这样括号才匹配，比如表达式[2 × (3 + 4)] / 6 + 9，括号出现的顺序是，左方括号、左圆括号、右圆括号(与左圆括号抵消)、右方括号(与左方括号抵消)，在这个表达式中括号匹配正确，而表达式[2 × (3 + 4]) / 6 + 9，左圆括号和右方括号遇见，这个表达式中括号匹配错误。以上问题的共同特点都是先进去的元素后出来，后进去的元素先出来，这在数据结构中就是栈的应用问题。利用栈的顺序存储结构解决实际问题时，可能会出现空间溢出或者空间浪费的情况，为了解决这一问题，提出了数据元素类型相同的两个栈可以共享空间，而本项目将实现共享栈的类型定义及基本操作。

典型工作任务 3.2　栈数据结构设计

3.2.1　栈的定义

栈是一种特殊的线性表，限定只能在表的一端进行插入元素和删除元素的操作。允许插入、删除元素的一端称为栈顶，另一端称为栈底，如图 3-1 所示。栈的插入操作通常称为入栈，栈的删除操作通常称为出栈。栈中不含任何数据元素的时候称为空栈。

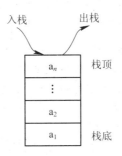

图 3-1　栈的示意图

根据栈的定义，入栈的数据元素均放在栈顶成为新的栈顶元素，出栈的元素是当前栈顶元素，这样最后进入栈的数据元素总是最先退出，因此栈也称为后进先出的线性表。如图 3-2 所示，元素入栈、出栈过程。

图 3-2　栈中数据元素入栈、出栈示意图

入栈和出栈是栈的两个主要操作，栈顶随着数据元素的入栈和出栈发生变化，因此需要一个指示器来指示当前栈顶位置。

3.2.2　栈的基本操作

栈的基本操作算法有 7 种，分别为初始化、入栈、出栈、取栈顶元素、判空、求长度和清空。

★ 说明

初始化：初始化一个空栈。

入栈：在栈顶位置插入新元素。

出栈：删除栈顶元素。

取栈顶元素：获取栈顶元素的值。

判空：判断当前栈是否为空栈。

求长度：统计栈中元素个数。

清空：使栈成为空栈。

3.2.3　顺序栈

栈中可以存储数据元素。栈是运算受限的线性表，栈的存储结构有两种：顺序存储结构和链式存储结构。栈的顺序存储结构称为顺序栈，栈的链式存储结构称为链栈。

1. 顺序栈概念

顺序栈利用一维数组来存储数据，数组下标为 0 的一端作为栈底，定义变量 top 来指示栈顶元素在顺序栈中的位置。top 初始值为 -1，指向栈底，top==-1 也可以作为栈空的标志。当新的数据元素入栈时，先把栈顶指针 top 加 1，再把新元素放到 top 指示的位置。删除元素时，先取出 top 指示的栈顶元素，再将栈顶指示器 top 的值减 1。因此，对于非空的顺序栈，栈顶指示器 top 始终指向栈顶元素的位置。入栈、出栈时 top 位置变化，见图 3-3。

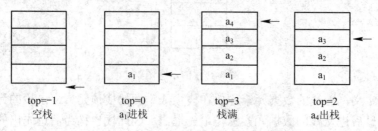

图 3-3　入栈、出栈时 top 位置示意图

2. 顺序栈类的定义

顺序栈类的定义和顺序表类似，需要定义栈的存储空间，还需定义栈顶指示器及 7 种操作算法，具体如下：

```
public class SeqStack {
    private final int maxSize=10;          //默认栈的空间大小
    private Object[ ] stack;                //栈的存储空间
    private int top;                         //栈顶指示器
    public SeqStack( ) { }                  //按默认大小初始化栈
    public SeqStack(int n) { }              //按指定大小初始化栈
    public void push(Object obj) { }        //数据元素入栈
    public Object pop( ) { }                //栈顶元素出栈
    public Object getTop( ) { }             //取栈顶元素
    public boolean isEmpty( ) { }           //判断栈是否为空栈
    public int getLength( ) { }             //求栈中数据元素的个数
    public void clear( ) { }                //清空栈中元素
}
```

3. 顺序栈的基本操作实现

1) 栈的初始化

栈的初始化有两种：固定空间的顺序栈和可变空间的顺序栈，具体实现算法如下所述。

【算法 3-1】　创建空栈。

```
public SeqStack( ) {
    top=-1;
    stack=new Object[maxSize];   //初始化栈空间大小为默认值 10
}
public SeqStack(int n) {          //初始化栈空间大小为 n
    if(n<=0)
    {
        System.out.println("栈空间大小非法！");
        System.exit(1);
    }
    top=-1;
    stack=new Object[n];
}
```

2) 入栈

入栈前先判断栈空间是否已满，如果已满，则重新申请原空间 2 倍大的新数组，将栈中原来的数据元素拷贝到新数组中，新数组作为栈的存储空间，再执行入栈操作。入栈时，top 先增加 1，再将新元素放到 top 指示的位置上。

【算法 3-2】 入栈。

```java
public void push(Object obj) {
    if(top==stack.length-1) {                    //如果栈满，将栈存储空间扩大到原来的 2 倍
        Object[ ] temp=new Object[stack.length*2];
        for(int i=0;i<stack.length;i++) {   //原栈数组中的元素复制到新数组中
            temp[i]=stack[i];
        }
        stack=temp;                  //栈引用新数组
    }
    top++;                           //栈顶指示器增 1
    stack[top]=obj;                  //元素入栈
}
```

3) 出栈

出栈前先判断栈是否为空栈，若为空时不能进行出栈操作，否则数组引用会出错。数据出栈后，使得 top 减 1，返回已出栈的数据。

【算法 3-3】 出栈。

```java
public Object pop( ) {
    if(top==-1) {
        System.out.println("空栈！");
        return null;
    }
    Object t=stack[top];
    top--;
    return t;
}
```

4) 取栈顶元素

先判断栈是否为空栈，若为空栈，无法取栈顶元素；若为非空栈，则直接返回栈顶数据元素。

【算法 3-4】 取栈顶元素。

```java
public Object getTop( ) {
    if(top==-1) {
        System.out.println("\t 空栈！");
        return null;
    }
    return stack[top];    //返回栈顶元素
}
```

5) 判断是否为空栈

判断栈顶指针 top 的值是否为 -1，若为 -1 即为空栈。

【算法 3-5】　判断是否为空栈。

```
public boolean isEmpty( ) {
    return top==-1;
}
```

6）求栈长度

求栈中元素的个数时，将栈顶指针加 1 即为栈中数据元素的总个数。

【算法 3-6】　求栈长度。

```
public int getLength( ) {
    return top+1;
}
```

7）置空栈

将栈顶指针置为 -1，即顺序栈为空栈。

【算法 3-7】　置空栈。

```
public void clear( ) {
    top=-1;
}
```

4. 顺序栈类的测试

根据顺序栈的 7 种操作算法，编写测试类 TestSeqStack 程序，通过调用算法实现对顺序栈的操作。

```java
public class TestSeqStack {
    public static void main(String[ ] args) {
        SeqStack myStack=new SeqStack();    //创建空栈，存储空间为默认大小 10
        myStack.push(2);                    //入栈操作
        myStack.push(3);
        myStack.push(4);
        System.out.println("\t 栈顶元素： "+myStack.getTop());    //取栈顶元素并输出
        System.out.println("\t 出栈元素： "+myStack.pop());       //出栈操作
        System.out.println("\t 出栈元素： "+myStack.pop());
        //获取栈中元素个数并输出
        System.out.println("\t 栈中元素个数： "+myStack.getLength());
        for(int i=0;i<15;i++) //入栈元素超过栈的存储空间时，栈空间扩大到原来 2 倍
            myStack.push(100);
        }
        System.out.println("\t 扩充空间后栈中元素个数： "+myStack.getLength());
        myStack.clear( );    //置空栈
        System.out.println("\t 置空后栈中元素个数： "+myStack.getLength());
    }
}
```

测试类中调用了顺序栈的入栈、取栈顶元素、出栈、获取栈中元素个数等操作算法，运行结果如图 3-4 所示。

```
栈顶元素：4
出栈元素：4
出栈元素：3
栈中元素个数：1
扩充空间后栈中元素个数：16
置空后栈中元素个数：0
```

图 3-4　顺序栈运行结果图

3.2.4　链栈

当顺序栈中存储的数据元素少而剩余空间多时会造成空间的闲置，这时为了节约空间就需要引入链栈。链栈是区别于顺序栈的另外一种特殊的线性表，数据元素的入栈和出栈不受存储空间的限制。

1. 链栈的概念

栈的链式存储结构称为链栈。链栈是运算受限的单链表，它的插入和删除被限制在表头位置上进行，表尾是栈底。每个结点都有数据域和指针域，它们分别存储数据元素和直接后继的存储位置。栈顶指针就是链表的头指针，用它确定唯一的一个链栈。链栈示意图如图 3-5 所示。

链栈空间可随时申请，并没有栈满的问题。插入与删除操作在栈顶指针处执行。当插入一个元素时，新元素的指针域指向原栈顶元素，栈顶指针指向新元素。当删除元素时，只能删除栈顶元素，栈顶指针指向原栈顶元素的直接后继。插入和删除操作如图 3-6 所示。

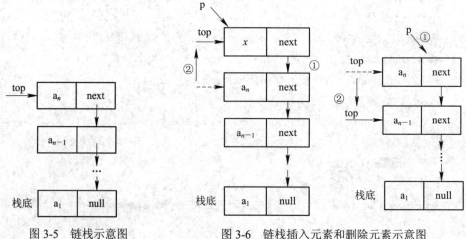

图 3-5　链栈示意图　　　　图 3-6　链栈插入元素和删除元素示意图

2. 链栈类的定义

先定义链栈中的结点类(包含定义结点的数据域和指针域)和 2 个构造方法。

```
public class Node {
    public Object data;
    public Node next;
    public Node() {
    }
    public Node(Object data) {
        this.data = data;
        next=null;
    }
    public Node(Object data, Node next) {
        this.data = data;
        this.next = next;
    }
}
```

再定义链栈类，包含栈顶指针、栈的长度、空栈等链栈的 8 种操作算法，代码如下：

```
public class LinkStack {
    public Node top;                        //栈顶指针
    private int length;                     //栈的长度
    public LinkStack( ) { }                 //构造一个空栈
    public void push(Object obj) { }        //入栈
    public Object pop( ) { }                //出栈
    public Object getHead( ) { }            //取栈顶元素
    public boolean isEmpty( ) { }           //判断栈是否为空
    public void getAll( ) { }               //输出栈中所有元素
    public int getLength( ) { }             //取栈的长度
    public void clear( ) { }                //清空栈
}
```

3. 链栈的基本操作实现

1) 构造一个空链栈

构造一个只有栈顶指针的空链栈，并设数据元素个数为 0，其具体实现算法如下所述。

【算法 3-8】 构造空链栈。

```
public LinkStack( ) {
    top=null;
    length=0;
}
```

2) 入栈

在链栈中增加一个数据元素即为入栈，新结点将成为栈顶元素，数据元素个数增加 1。

【算法 3-9】 链栈入栈。

```
public void push(Object obj) {
    Node p=new Node(obj);
    p.next=top;
    top=p;
    length++;
}
```

3) 出栈

【算法 3-10】 链栈出栈。

从非空链栈中删除栈顶元素即为出栈，删除后下移栈顶指针，数据元素个数减 1。

```
public Object pop( ) {
    if(top==null) {
        System.out.println("空栈，无法删除元素！");
        return null;
    }
    Node p=top;
    top=top.next;
    length--;
    return p.data;
}
```

4) 取栈顶元素

在非空链栈中获取栈顶元素且返回其值，具体算法实现如下所述。

【算法 3-11】 取链栈栈顶元素。

```
public Object getHead( ) {
    if(top==null) {
        System.out.println("空栈，无法读取栈顶元素！");
        return null;
    }
    return top.data;
}
```

5) 判断栈是否为空

如果链栈中栈顶指针悬空且无数据元素，则为空栈，具体实现算法如下所述。

【算法 3-12】 判断链栈是否为空。

```
public boolean isEmpty( ) {
    return top==null;
}
```

6) 输出栈中所有元素

如果链栈非空，可以从栈顶开始向下依次输出数据元素，具体实现算法如下所述。

【算法 3-13】 输出链栈所有元素。

```
public void getAll( ) {
    if(top==null) {
        System.out.println("空栈，无法输出元素！");
    }
    Node p=top;
    while(p!=null) {
        System.out.println(p.data);
        p=p.next;
    }
}
```

7) 取栈的长度

链栈中数据元素的个数就是链栈的长度，具体实现算法如下所述。

【算法 3-14】 获取链栈长度。

```
public int getLength( ) {
    return length;
}
```

8) 清空栈

链栈中无数据元素的称为空栈，其栈顶指针悬空，具体实现算法如下所述。

【算法 3-15】 置空链栈。

```
public void clear( ) {
    top=null;
}
```

4. 链栈操作测试类

根据链栈的 8 种操作算法，编写 TestLinkStack 程序，对 LinkStack 类中的算法操作功能进行测试。

```
public class TestLinkStack {
    public static void main(String[ ] args) {
        LinkStack stack=new LinkStack( );
        stack.push("one");
        stack.push("two");
        stack.push("three");
        stack.push("four");
        System.out.println("执行 4 次入栈后，当前栈中从栈顶到栈底的元素：");
        stack.getAll( );
        stack.pop( );
        stack.pop( );
        System.out.println("执行 2 次出栈后，栈中元素个数："+stack.getLength( ));
        System.out.println("执行 2 次出栈后，栈中从栈顶到栈底的元素：");
```

```
        stack.getAll( );
        stack.clear( );
        System.out.println("清空栈后，当前栈是否为空栈？"+stack.isEmpty( ));
    }
}
```

测试类调用了链式栈的入栈、获取栈中元素个数、判断栈是否为空、清空栈、输出栈中所有元素等操作，运行结果如图 3-7 所示。

```
执行4次入栈后，当前栈中从栈顶到栈底的元素：
four
three
two
one
执行2次出栈后，栈中元素个数：2
执行2次出栈后，栈中从栈顶到栈底的元素：
two
one
清空栈后，当前栈是否为空栈？true
```

图 3-7　链栈运行结果图

典型工作任务 3.3　栈软件代码设计

3.3.1　两栈共享空间设计

顺序栈的操作比较简单，但是顺序栈有一个很大的缺陷，即一维数组作为顺序栈的存储空间，数组的大小在定义时必须确定。如果数组定义太大，存储的数据少，则造成空间浪费；如果定义太小，空间不够，就需要用代码来扩展数组的容量，非常麻烦。因此对于一个栈，只能尽量考虑周全，设计出大小合适的数组。

如果两个栈存储的数据元素类型相同，为它们各自分配数组空间，可能会出现第一个栈已经满了但还有元素需要入栈，而再入栈空间就会溢出，另一个栈却存在存储空间空闲的情况。在两个栈存储的数据元素类型相同的情况下，完全可以共用一个数组空间，这样能够避免一个栈空间溢出而另一个栈空间闲置的情况，并能够充分利用存储空间。两栈共用一个数组即两栈共享空间。

数组有两个端点，两个栈有两个栈底。数组的起始端(即下标为 0 处)作为一个栈的栈底，数组的最后一个元素(即下标 $n-1$ 处，设数组大小为 n)作为另一个栈的栈底。这样，如果栈中元素增加，就是两端点向中间延伸，两个栈的存储结构如图 3-8 所示。

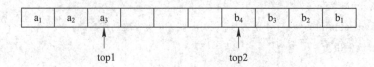

图 3-8　两栈共享空间示意图

两个栈在一维数组的两端，top1 和 top2 是栈 1 和栈 2 的栈顶指示器，top1 等于 -1 时，栈 1 为空栈，top2 等于数组大小时，栈 2 为空栈。只要 top1+1 不等于 top2，两个栈就可以一直使用。

★ **特殊情况** 当栈 1 为空栈时，top2 为 0，栈 2 满了；当栈 2 为空栈时，top1 等于数组大小减 1，栈 1 满了；当两个栈顶指示器的值差 1，即 top1+1= =top2 时，栈满了。

3.3.2 两栈共享空间的代码实现

1. 类的设计

两栈共享的类为 Both StackShared，定义所使用的变量和方法，代码如下：

```
public class BothStackShared {
    private Object[ ] stack;
    private final int stackSize=10;
    private int top1;
    private int top2;
    public BothStackShared( ) {    }
    public boolean push(int stackNum,Object obj) {    }    //入栈
    public Object pop(int stackNum) {    }                //出栈
    public boolean isEmpty(int i) {    }                  //判断是否空栈
    public Object getTop(int i) {    }                    //取栈顶元素
}
```

2. 类的实现

1) *初始化栈*

申请一维数组空间，大小为默认值 10。

```
public BothStackShared( ) {
    stack=new Object[stackSize];
    top1=-1;
    top2=stackSize;
}
```

2) *入栈*

入栈时要明确哪个栈入栈、入栈的数据元素、push()方法的两个参数(一个接收栈的编号，另一个接收入栈元素)。入栈前先判断是否还有存储空间，即栈是否已满，如果未满再进行入栈操作。如果参数 stackNum 的值是 1，则栈 1 要入栈，top1 先增 1，将数据元素 obj 放到 top1 指示的位置；如果 stackNum 值是 2，则栈 2 入栈，top2 先减 1，再将元素 obj 放到 top2 指示的位置。

```
public boolean push(int stackNum,Object obj) {
    if(top1+1==top2) {                //判断栈空间是否已满
        System.out.println("栈满，无法入栈！");
        return false;
    }
```

```
    if(stackNum==1) {          //栈 1 入栈
        top1++;
        stack[top1]=obj;
    }else {                    //栈 2 入栈
        top2--;
        stack[top2]=obj;
    }
    return true;
}
```

3) 出栈

出栈时要确定哪个栈出栈，用 pop()方法接收一个参数，即栈的编号。不论哪个栈出栈，应先判断是否为空栈，如果是空栈，则返回 null。栈 1 出栈，top1 减 1，栈 2 出栈，top2 增 1，最后将栈顶元素作为方法值返回。

```
public Object pop(int stackNum) {
    Object temp;
    if(stackNum==1&&top1==-1) {
        System.out.println("栈为空");
        return null;
    }
    if(stackNum==2&&top2==stackSize) {
        System.out.println("栈为空");
        return null;
    }
    if(stackNum==1) {          //栈 1 出栈
        temp=stack[top1];
        top1--;
    }else {                    //栈 2 出栈
    temp=stack[top2];
        top2++;
    }
    return temp;
}
```

4) 判断是否为空栈

先确定哪个栈判空，再判断栈顶指示器的位置。栈 1 为空的条件是 top1= =-1，栈 2 为空的条件是 top2= =stackSize。

```
public boolean isEmpty(int stackNum) {
    if(stackNum==1) {          //判断栈 1 是否为空栈
        if(top1==-1) {
```

```
            return true;
        }else {
            return false;
        }
    }else {                    //判断栈2是否为空栈
        if(top2==stackSize) {
            return true;
        }else {
            return false;
        }
    }
}
```

5) 取栈顶元素

先判断是否为空栈，再取栈顶元素。栈 1 的栈顶元素为 stack[top1]，栈 2 的栈顶元素为 stack[top2]。

```
public Object getTop(int stackNum) {
    if(stackNum==1) {
        if(top1==-1) {
            System.out.println("栈为空");
            return null;
        }
        return stack[top1];        //取栈 1 的栈顶元素
    }else {
        if(top2==stackSize)
        {
            System.out.println("栈为空");
            return null;
        }
        return stack[top2];        //取栈 2 的栈顶元素
    }
}
```

3. 测试类实现

BothStackShared 类实现了两栈共享空间，但两个栈能否正确使用，还需要进行测试运行。编写测试类调用 BothStackShared 类中的操作，实现两栈共享空间功能。

```
public class TestBothStackShared {
    public static void main(String[ ] args) {
        BothStackShared stack=new BothStackShared( );
        stack.push(1,1);
```

```
        System.out.println("栈 2 是否为空："+stack.isEmpty(2));
        stack.push(2,2);
        System.out.println("栈 1 是否为空："+stack.isEmpty(1));
        stack.push(2,4);
        stack.push(1,3);
        stack.push(1,5);
        System.out.println("栈 2 出栈元素："+stack.pop(2));
        stack.push(2,6);
        stack.push(2,8);
        System.out.println("栈 1 出栈元素："+stack.pop(1));
        System.out.println("栈 1 栈顶元素："+stack.getTop(1));
        System.out.println("栈 2 栈顶元素："+stack.getTop(2));
        for(int i=0;i<5;i++)
            stack.push(2, 10);
        stack.push(1, 7);
    }
}
```

　　分别对栈 1 和栈 2 进行入栈、出栈、判空、获取栈顶元素等操作算法，实现了两栈共享空间的功能，运行结果如图 3-9 所示。

```
栈2是否为空: true
栈1是否为空: false
栈2出栈元素: 4
栈1出栈元素: 5
栈1栈顶元素: 3
栈2栈顶元素: 8
栈满，无法入栈！
```

图 3-9　两栈共享运行结果图

典型工作任务 3.4　栈软件测试执行

　　两栈共享空间的测试主要用于判断两个栈能否正常使用并且合理利用空间。借助前面测试类 TestBothStackShared 的输出结果，分析栈 1 和栈 2 的各种功能的实现情况，如表 3-1 所示。

表 3-1　两栈共享空间测试表

测试的功能	执行的操作	输出的结果
栈 1 数据元素入栈	栈 1 中元素 1、3、5 入栈后，执行出栈	"栈 1 出栈元素：5"，说明 1、3、5 均入栈 1，并且 5 为栈顶元素
栈 2 数据元素入栈	栈 2 中元素 2、4 入栈后，执行出栈	"栈 2 出栈元素：4"，说明 2、4 均入栈 2，并且 4 为栈顶元素

测试的功能	执行的操作	输出的结果
栈 1 数据元素出栈	栈 1 中元素 1、3、5 入栈后，执行出栈	"栈 1 出栈元素：5"，说明栈 1 出栈成功
栈 2 数据元素出栈	栈 2 中元素 2、4 入栈后，执行出栈	"栈 2 出栈元素：4"，说明栈 2 出栈成功
判断栈 1 是否为空	栈 1 中元素 1 入栈后，判断栈 1 是否为空栈	"栈 1 是否为空：false"，说明当栈 1 中有元素 1 时判断栈 1 是否为空的操作执行正确
判断栈 2 是否为空	栈 2 为空栈时，判断栈 2 是否为空栈	"栈 2 是否为空：true"，说明当栈 2 为空时判断栈 2 是否为空的操作执行正确
栈 1 中获取栈顶元素	栈 1 中元素 1、3、5 入栈，5 出栈后，取栈顶元素	"栈 1 栈顶元素：3"，5 出栈后，栈 1 的栈顶元素变为 3，说明栈 1 取栈顶元素的操作正确
栈 2 中获取栈顶元素	栈 2 中元素 2、4 入栈，4 出栈，6、8 入栈后，取栈顶元素	"栈 2 栈顶元素：8"，说明栈 2 取栈顶元素的操作正确
当栈满时，入栈是否成功	栈 1 有 2 个元素，分别是 1、3，栈 2 有 8 个元素，分别是 2、6、8、10、10、10、10、10 时，执行栈 1 入栈 7	"栈满，无法入栈！"，栈 1 元素和栈 2 元素之和为 10，已经将栈的共享空间占满，说明判断栈满的操作执行正确

典型工作任务 3.5　栈软件文档编写

　　为了深入理解栈的存储、栈的操作以及两栈共享空间的实现过程，从两栈共享的需求、存储结构的设计出发，通过功能实现和功能测试来编写软件文档。

　　栈有两种存储结构：顺序存储和链式存储。顺序存储即顺序栈，它利用一维数组空间存储数据元素，数组下标为 0 的一端为栈底，另一端为栈顶，空栈条件是 top==-1，栈满条件是 top==数组大小 -1。

　　顺序栈中，数组的大小在定义时就需要确定。如果栈在使用的过程中空间不够，则需要代码专门处理，所以提出相同类型的两个顺序栈可以共享存储空间。两栈共用同一个数组空间，数组的两端分别是两个栈的栈底，当元素入栈时，栈顶指针向数组中间移动，这样就可以充分利用存储空间。

　　两栈共享程序包含两个类 BothStackShared 和 TestBothStackShared。BothStackShared 类定义共享栈类，类中定义了一个数组成员作为栈的存储空间，两个指示器 top1、top2 指示栈 1 和栈 2 的栈顶，类中实现了入栈、出栈、判断是否为空栈、取栈顶元素等算法。这些算法都需要通过参数接收栈的编号，入栈还需要接收入栈元素。TestBothStackShared 类中创建 BothStackShared 类的对象，通过对象调用共享栈类中的算法，实现两个栈的共享使用。两栈共享系统的功能测试如表 3-2 所示。

表 3-2　两栈共享系统的功能测试表

编号	摘要描述	预期结果	正确代码
gxz-csh-01	BothStackShared 类初始化栈时，栈 1 的栈顶指示器的初始化位置是 0，不正确	共享存储空间位置 0 的存储单元无法存储数据，即栈 1 的栈底元素始终为 null	top1=0;修改为 top1=-1;
gxz-rz-01	BothStackShared 类中的入栈 push()方法，判断栈满的条件 top1==top2 不正确	在栈满的情况下，一个栈还可以进行入栈操作，并且覆盖了另一个栈的栈顶元素	栈满条件为 top1+1==top2 或 top1==top2-1
gxz-cz-01	BothStackShared 类中的出栈 pop()方法，栈 2 的栈顶元素出栈后，栈顶指针 top2--，移动方向错误	top2 并未指向新的栈顶元素，当栈 2 的所有元素出栈时，程序报数组越界异常	栈顶指针移动的代码为 top2++;
gxz-pkz-01	BothStackShared 类中的判断空栈 isEmpty()方法，栈 1 判空的条件 top1=-1 写成置栈空的条件	编译报错	栈 1 判空的条件为 top1==-1

典型工作任务 3.6　栈项目验收交付

两栈共享空间项目通过两个栈共用一个数组空间实现栈中数据元素的操作。栈的操作主要是入栈和出栈。项目验收主要围绕这两个功能来进行，如表 3-3 所示。

表 3-3　两栈共享空间项目验收表

验收项目	验收标准		验收结果
入栈功能	在非栈满情况下，新数据元素能够正确入栈	栈 1	
		栈 2	
出栈功能	在非空栈情况下，栈顶元素能够正确出栈	栈 1	
		栈 2	
取栈顶元素	在非空栈情况下，能够获取正确的栈顶元素	栈 1	
		栈 2	
栈的存储空间能够充分利用	只要共享存储空间不满，就可以进行入栈操作	栈 1	
		栈 2	
判断空栈功能	能够正确判断是否为空栈	栈 1	
		栈 2	
共享空间判满功能	共享存储空间满时，可提示空间已满，无法入栈		
代码的规范性	模块清晰，代码规范，有必要的注释		

项目四　队列——模拟银行客户排队

项目引导

队列也是一种受限制的线性表，所有增加与删除的数据元素都发生在队列的两端，即从队列的头部删除数据元素，从队列的尾部增加数据元素，并且符合先进先出的特性，先进来的数据先出队，后进来的数据后出队，不允许在队列的头部增加数据元素，也不允许删除除队头以外的其他数据。在日常生活中，我们经常会遇到为了维护社会秩序而需要排队的情景，如等车、买票等，这些都是队列的典型应用。本项目将灵活使用队列的术语、存储结构、操作算法等知识，以程序的方式为读者模拟银行客户排队抽号的存储、入队、出队、获取、显示、统计等过程，遵循软件开发和软件测试的流程，让学生熟悉开发和测试岗位的基本工作任务和能力要求，学习撰写规范的软件文档，实现"数据+程序+文档"的有效结合，达到学以致用的目的。

知识目标

- ◇ 掌握队列的常用概念和术语。
- ◇ 掌握队列的逻辑结构及两种不同的存储结构。
- ◇ 掌握两类存储结构的表示方法：顺序队列和链队列。
- ◇ 掌握顺序队列的 8 种算法。
- ◇ 掌握链队列的 8 种算法。

技能目标

- ◇ 能进行项目需求分析。
- ◇ 会进行队列的算法设计及编程。
- ◇ 能用队列的知识编程解决问题。
- ◇ 能进行软件测试及项目功能分析。
- ◇ 能撰写格式规范的软件文档。

思政目标

- ◇ 遵守社会秩序和社会公德。

 ◇ 锻炼发现问题、分析问题、解决问题的能力。
 ◇ 养成严谨、细致、勤学苦练的学术素养。
 ◇ 学以致用，养成严谨、求实的学习习惯。

典型工作任务 4.1　队列项目需求分析

在日常生活中，我们常常去银行办理相关业务，到银行后首先抽号排队，先到的人抽到的号在前，后到的人抽到的号在后，按照抽到的号从小到大依次排队办理业务，即遵循"先来先服务"的原则。本项目以模拟银行客户排队为例，使用顺序队列对客户排队进行管理。模拟银行客户排队的模块图如图 4-1 所示。

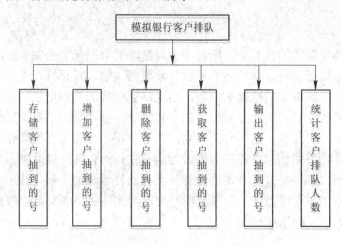

图 4-1　模拟银行客户排队的模块图

★ 说明

在图 4-1 中：

· 存储客户抽到的号：该功能可预先分配一定的存储单元，在顺序队列中存储银行客户抽到的号。

· 增加银行客户抽到的号：该功能可增加新进银行客户抽到的号，但需要预先判断顺序队列是否已满。如果已满，则需要重新分配空间，复制原有的号，再入队新抽到的号；如果顺序队列未满，可直接入队新增的号。

· 删除客户抽到的号：该功能可删除银行客户抽到的号，但需要预先判断顺序队列是否为空。若空，则无号可出队；若非空，则直接将队头的号出队即可。

· 获取客户抽到的号：该功能可获取银行客户排在队头的号，但需要预先判断顺序队列是否为空。若空，则无号可获取；若非空，则输出队列中队头的号。

· 输出客户抽到的号：该功能可实现从首位客户到末位客户抽到的号的显示输出。

· 统计客户排队人数：该功能可统计正在排队的客户人数并显示输出。

本任务要求输出格式规范并符合要求。

本任务采用顺序存储结构存储客户抽到的号。其中，抽到的号为整数类型，预先分配 5 个号，可随着客户的入队和出队适当调整。

本任务要求分别使用满足条件的数据和不满足条件的数据进行程序功能的测试，以保证程序的可靠、稳定和正确。测试用例、测试执行及测试结果均写在测试文档中，作为再次开发和修改的依据。

典型工作任务 4.2　队列数据结构设计

队列是一种受限制的线性表，在日常生活中队列很常见。例如，我们经常排队购物或购票，排队体现了"先来先服务"(即"先进先出")的原则。队列在计算机系统中的应用非常广泛，如操作系统中的作业排队。在多道程序运行的计算机系统中，可以有多个作业同时运行，它们的运算结果都需要通过通道输出。若通道尚未完成输出，则后面来的作业应排队等待；每当通道完成输出时，就会从队列的队头退出作业输出操作。凡申请该通道输出的作业都应从队尾进入该队列。

4.2.1　队列的定义

队列是一种只允许在一端增加数据元素而在另一端删除数据元素的线性表，它是一种受限制的线性表。在表中，只允许增加的一端称为队尾(rear)，只允许删除的一端称为队头(front)。队列中增加数据元素的操作称为入队列或进队列，而队列的删除操作则称为出队列或退队列。当队列中无数据元素时，称为空队列。

根据队列的定义可知，新入队的数据元素只能增加在队尾，出队的数据元素只能是队头的数据元素。队列的特点是先进入队列的元素先出队，后进入队列的元素后出队。所以队列也称作先进先出表或 FIFO(First In First Out)表。

假若队列 $q = (a_1, a_2, \cdots, a_n)$，那么 a_1 就是队头元素，a_n 就是队尾元素。队列 q 中的数据元素按照 $a_1, a_2, \cdots, a_n$ 的顺序进入队列，出队也只能按照这个次序依次退出，也就是只有 $a_1, a_2, \cdots, a_{n-1}$ 都退出队列后，队尾元素 a_n 才能退出队列。队列的示意图如图 4-2 所示。

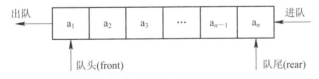

图 4-2　队列示意图

通常用下标 front 来指示队头的位置，用下标 rear 来指示队尾。

4.2.2　队列的基本操作

可以在队列上执行的操作共有 8 种，具体如下：
(1) 初始化：构造一个空的队列。
(2) 入队：在队列的尾部增加一个新数据元素。
(3) 出队：删除队列的队头数据元素。
(4) 获取队头元素：取队列的队头数据元素。
(5) 求长度：统计队列中数据元素的个数。

(6) 判空：判断当前队列是否为空。

(7) 正序遍历：依次访问队列中每个数据元素并输出。

(8) 清空：清空一个已经存在的队列。

4.2.3 队列的顺序存储结构

按照数据元素在队列中的存储，可以将数据存储于顺序结构中，也可以将数据存储于链式结构中。

1. 顺序队列的数组表示

顺序存储的队列简称为顺序队列，它利用一组地址连续的存储单元依次存放队列中的各个数据元素。一般情况下，使用一维数组作为队列的顺序存储空间，并设两个下标：一个指向队头元素位置的下标 front，另一个指向队尾元素位置的下标 rear。

在 Java 语言中，数组的下标从 0 开始，因此为了算法设计的方便，在此规定：初始化队列时，令 front=rear = −1，当增加新的数据元素时，队尾元素下标 rear 加 1；当队头元素出队列时，队头元素下标 front 加 1。**另外还约定，在非空队列中，队头元素下标 front 总指向队列中实际队头元素的前一个位置，而元素的下标 rear 总指向队尾元素。图 4-3 为队列中首尾元素下标的变化示意图。**

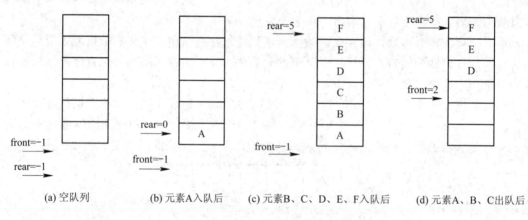

| (a) 空队列 | (b) 元素A入队后 | (c) 元素B、C、D、E、F入队后 | (d) 元素A、B、C出队后 |

图 4-3   队列中头尾元素下标的变化

★ **注意**   在队列中，若 6 个空间已经存储了 6 个元素，空间已满，如图 4-3(c)所示，则此时队列不可以再增加新的队尾元素 G，否则会因数组越界而导致程序代码被破坏，产生溢出。

2. 循环队列

在顺序队列中，当队尾元素的下标已经指向数组的最后一个位置时，若再有元素入列，就会发生溢出。在图 4-3(c)中，队列空间已满，若再有元素入列，则会发生溢出；在图 4-3(d)中，虽然队尾指针已经指向最后一个位置，但事实上数组中还有 3 个空位置，也就是说，队列的存储空间并没有满，但队列却发生了溢出，这种现象称为假溢出。解决这个问题有 2 种可行的方法：

(1) 采用平移元素的方法。当发生假溢出时，就把整个队列的元素都平移到存储区的首部，然后增加新元素。这种方法需移动大量的元素，因而效率很低。

(2) 将顺序队列的存储区假想为一个首尾相接的环状空间。如图 4-4 所示，可假想 queueArray[0] 接在 queueArray[maxSize-1]的后面，当发生假溢出时，将新元素插入到第一个位置上，这样虽然物理上队尾在队首之前，但逻辑上队首仍然在队尾之前，入列和出列仍按"先进先出"的原则进行，这就是循环队列。

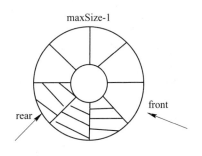

图 4-4　顺序队列的环状存储区

很显然，方法(2)不需要移动元素，操作效率高，空间利用率也很高。

在循环队列中，设存储循环队列的数组长度为 queueArray.length，则循环队列在初始化时执行语句 rear=front=0，如图 4-5(a)所示。进队时，将队尾元素的下标 rear 增加 1，如图 4-5(b)所示。但当 rear 指向队列的最后一个位置时，如图 4-5(d)所示，如果再增加元素 H，则 rear 指向 0，队尾元素的下标沿顺时针方向移动一个位置，即

rear=(rear+1)%queueArray.length

退队时，先将队头元素下标 front 增加 1，再将 front 所指元素取出。如图 4-5(c)所示，A、B、C、D、E 退队，但当 front 指向队列的最后一个位置时，如图 4-5(g)所示，如果再退队 H，则 front 应指向 0，故队头元素的下标沿顺时针方向移动一个位置，即

front=(front+1)%queueArray.length

另外，队中元素的长度应为

(rear-front+queueArray.length)%queueArray.length

循环队列中，对于队列是空还是满的判断是个主要的问题。在图 4-5(f)中，如果再加入一个元素，则 rear 将指向位置 5，这时有 front = rear。由此可见，用单纯的等式 front= =rear 并不能判断队列空间是空的还是满的，那么应如何来处理呢？

一般而言，可以采用以下 2 种方法。

(1) 设定一个标志位 flag，初始为 0，队列中每进队一个数据，flag 就增加 1，队列中每出队一个数据，flag 就减去 1，这样通过判断 flag 是否为一个大于零的数，再结合等式 front = =rear，就能知道当前循环队列是满的还是空的。但是这种方法要多设定一个参数，还要一直对这个参数执行运算，相对来说增加了系统的开销，所以一般不推荐使用这种方法。

(2) 在循环队列中少使用一个元素的存储空间，约定队尾元素下标加 1 等于队头元素下标时队列已满。此时只允许队列最多存放 queueArray.length-1 个元素，也就是牺牲数组的最后一个存储空间来避免无法分辨空队列和满队列的问题。

图 4-5(f)所示为循环队列已满，判断一个循环队列是否队满的代码如下：

(rear+1)%queueArray. length == front

判断一个队列是否为空可用表达式 rear==front。图 4-6 所示为循环队列队空、队满的几种情况。其中，图 4-6(a)所示为队空；当依次进队 A、B、C、D、E、F 时，队满如图 4-6(b)所示；当退队 A 并进队 G 时，队满，如图 4-6(c)所示；当退队 B，进队 G，再退队 C 到 G 的所有元素后，队空，如图 4-6(d)所示。

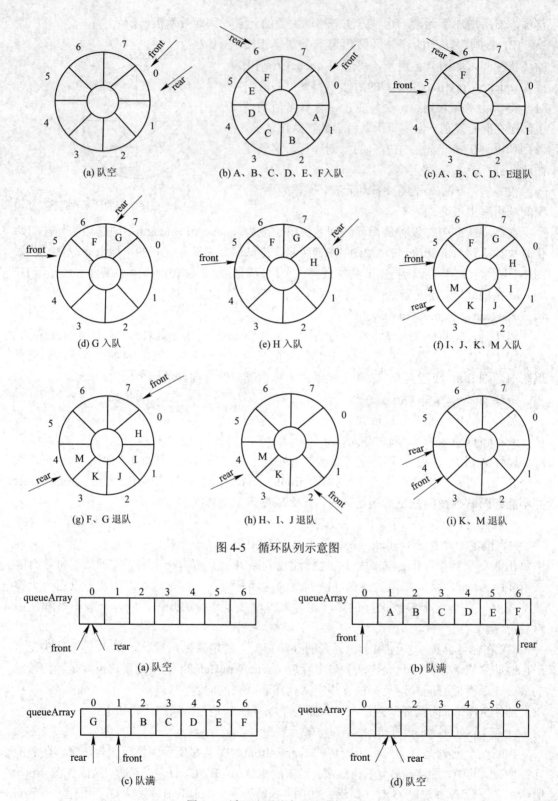

图 4-5 循环队列示意图

图 4-6 循环队列队空和队满的判定

3. 顺序循环队列的基本算法

在 Java 程序设计语言中，数组具有随机存取的特性，所以可使用数组来描述队列存储结构下的顺序队列。其泛型类的定义如下：

```
class   sequenceQuene<T> {                    //顺序表泛型类
    final int maxSize=10;                     //初始化数组的长度
    private T[ ] queueArray;                  //一维数组存放顺序队列中的数据元素
    private int front,rear;         //front 下标为队头元素(队列中的第一个数据)的前一个位置
                                    //rear 下标为队尾元素的位置

    public   sequenceQueue ( ){  }            //构造空顺序队列
    public   void   EnQueue (T obj){ }        //在队列的队尾增加一个新数据元素
    public   T   DeQueue ( ){    }            //删除队列的队头元素
    public   T   getHead( ){    }             //获取队头元素
    public   boolean  isEmpty( ){    }        //判断顺序队列是否为空
    public   int size( ){    }                //统计顺序队列中数据元素的个数
    public   void   nextOrder( ){    }        //访问顺序队列中的每个数据元素并输出
    public void clear( ){    }                //清空一个已经存在的顺序队列
}
```

上述存储结构的定义可实现顺序队列的 8 个操作，各方法体暂时为空，具体的实现过程如下所述。

1) 构造空的顺序队列

构造一个空的顺序队列，为顺序队列分配一个预先定义大小的数组空间，无数据元素，无参数构造方法，设置顺序表的长度为 MaxSize，队列为空时队头元素的下标和队尾元素的下标同时为 0。如图 4-7 所示，具体算法实现如下：

```
public   sequenceQueue( ){
    front=rear=0;                   //front 和 rear 下标均指向 0 处
                                    //只要 front 和 rear 指向同一个位置，队列必为空
    queueArray=(T[ ])new Object[MaxSize]; //定义一个数组，存储单元个数为 10，最多存放 9 个数据
}
```

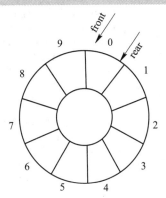

图 4-7　构造无参固定长度的空顺序队列

★ **注意**　建立空顺序队列时，队头元素下标 front 和队尾元素下标 rear 同时指向下标 0 处。

2) 入队(从队尾增加数据元素 obj)

在循环队列中，若队列已满，则需要重新为队列分配 2 倍的空间；若原队尾元素在队列长度 1 的下标处，则从下标 1 处开始将原数据元素一一复制，直到队尾元素；若原队尾元素不在队列长度减 1 的下标处，则需对队列中的数据元素按两部分复制，先复制队头元素直到队列长度减 1 的下标处元素，再复制下标 0 处的元素直到队尾元素，具体算法实现如下：

```
public void EnQueue(T    obj){
    if((rear+1)%queueArray.length==front)
    {  //队尾元素的下标 rear 加 1 后对数组长度求余数刚好等于队头元素下标的前一个位置，
       则表示队列已满
       T[ ] p=(T[ ])new Object[queueArray.length*2];
                                    //如果队列满了，则重新分配原来存储单元的 2 倍的空间
       if(rear==(queueArray.length-1))   //队尾元素的下标刚好等于数组长度减 1
       {
           for(int   i=1; i<=rear; i++)
               p[i]=queueArray[i];     //将原有数组的数据从下标为 1 的位置开始复制，一直到 rear
       }
       else
       {
           int   i, j=1;
           for(i=front+1;i<queueArray.length; i++,   j++)     //复制 front 以右的数据
               p[j]=queueArray[i];
           for(i=0;i<=rear;i++,j++)                           //复制 front 以左的数据
               p[j]=queueArray[i];
           front=0;                        //front 指向新数组下标为 0 的位置
           rear=queueArray.length-1;       //rear 指向数组下标为数组长度减 1 的位置
       }
       queueArray=p;                       //将 p 数组的名称更换为 queueArray
    }
    rear=(rear+1)%queueArray.length;        //队尾元素下标向右移动一个位置
    queueArray[rear]=obj;                   //在队尾添加 obj 数据
}
```

在顺序队列中入队时需要注意：

(1) 由于队列中有 queueArray.length 个存储单元，所以需要先判断队列是否已满，如果满了，重新分配 2 倍的存储空间，将原数据全部复制到新空间。

(2) 复制数据需要判断数据的分布，如果队尾元素的下标刚好等于数组长度减 1，则直接复制所有数据元素；如果队尾元素的下标不等于数组长度减 1，则先复制 front 以右的数据元素，再复制 front 以左的数据元素。

(3) 原队列数据元素已全部被复制于新队列，则移动队尾元素的下标 rear，将新数据 obj 入队于 rear 处。

(4) 顺序队列中只能从队尾增加数据元素，其他位置不可入队。

3) 出队(从队头删除数据元素)

从顺序队列中出队是指若队列非空，则可删除队头元素，同时队头元素的下标向右移动一个位置且返回队头元素，具体算法实现如下：

```
public   T   DeQueue(   ){
    if(isEmpty( ))
    {
        System.out.println("队列为空，无数据可出队");
        return null;
    }
    front=(front+1)%queueArray.length; //front 向右移动一个位置，使得 front 指向第一个数据(队头元素)
    return   queueArray[front];          //直接返回队头元素
}
```

在顺序队列中数据元素出队时需要注意：

(1) 顺序队列为空，无数据元素可出队。

(2) 如果顺序队列非空，则将队头元素的下标 front 右移一个位置，返回其位置上的数据元素即可。

(3) 顺序队列中，只能从队头删除数据，其他位置不可出队。

4) 取队头元素(获取队头元素并输出)

在顺序队列中获取队头元素是指当顺序队列非空时，获取队头元素并返回其值，具体算法实现如下：

```
public   T   getHead( )
{
    if(isEmpty( ))
    {
        System.out.println("队列为空，无数据可取");
        return   null;
    }
    return   queueArray[(front+1)%queueArray.length];
                                //一定要和"从队头删除数据元素"中的 front 移动区分开
                                //front 没有移动，只是引用 front 的值而已
}
```

在顺序队列中获取数据元素时需要注意：

(1) 顺序队列为空，无数据元素可获取。

(2) 从顺序队列中只能获取队头元素，其余元素不可获取。

(3) 从顺序队列中获取队头元素的值并不改变队头元素下标 front 的值，也不移动 front。

5) 队列的判空(判断队列是否为空)

在顺序队列中，当元素的个数等于零时，顺序队列称为空队列。判断顺序队列是否为空需要比较队头元素下标的前一个位置 front 和队尾元素的下标 rear 是否相等。如果两个下标相等，则队列为空；否则队列非空。具体算法实现如下：

```
public  boolean  isEmpty( )
{
    return  front= =rear;        //队头 front 和队尾 rear 指向同一个位置即可
                                //不要限制 front 和 rear 同时指向下标
}
```

★ 注意 顺序队列为空时队列中无数据元素，队头元素的下标和队尾元素的下标指向同一个位置，队列中数据元素的入队或出队，使得 front 和 rear 可同时指向 0，也可不指向 0。

6) 计算队列长度(统计队列中数据元素个数)

顺序队列中数据元素的个数就是顺序队列的长度，具体算法实现如下：

```
public  int  size( ){
    return(rear-front+queueArray.length)%queueArray.length;
}
```

★ 注意 统计顺序队列中数据元素的个数不需要单独定义变量 *length*，而是通过队尾元素下标与队头元素下标的差值加顺序队列的存储单元数量，再对存储单元数量求余获得。

7) 遍历(正序输出队列中的数据元素)

为了显示顺序队列中的数据元素，经常需要输出数据元素，即按照逻辑次序依次访问顺序队列中的每一个数据元素。具体算法如下：

```
public  void  nextOrder( )
{
    int  i, j=front;
    for(i=1;i<=size( );i++)
    {
        j=(j+1)%queueArray.length;
        System.out.println(queueArray[j] );
    }
}
```

★ 注意 遍历顺序队列中的数据元素时，不能更改元素的位置，不移动 front 和 rear 下标，而是通过设置变量 *j*，获取队头元素及其之后的元素并逐个输出。

8) 清空(清空队列)

清空队列是指队列元素个数置为 0，无数据元素。具体算法如下：

```
public void   clear( )
{
    front=rear=0;
}
```

★ **注意** 清空顺序队列中的数据元素后，队头元素下标和队尾元素下标均指向 0，不指向其他位置。

4.2.4 队列的链式存储结构

队列除了能以数组即顺序结构的方式来实现外，也可以用链表实现，故称为链队列。链队列中无假溢出的问题，本节讨论非循环队列。和单链表类似，链队列由结点和其他结点构成。链队列中必须有指向队头和队尾的指针，即 front 和 rear。当链队列为空时，队头指针和队尾指针均指向头结点，如图 4-8(a)所示。当数据元素 X 和数据元素 Y 入队时，需要设置一个指针 p 指向待入队元素，入队后修改队尾指针 rear.next=p，如图 4-8(b)、(c)所示。当链队列执行出队操作时，需要修改队头指针 front.next=front.next.next，如图 4-8(d)所示。

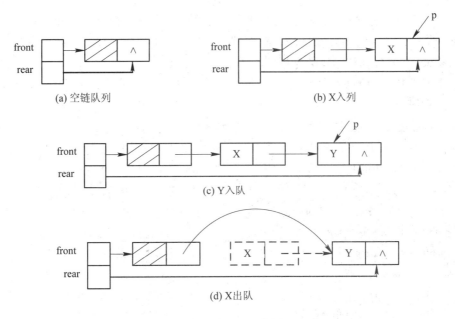

图 4-8 链队列示意图

在链队列中，使用一组任意的存储单元来存放数据元素，这组存储单元可以连续，也可以不连续。对数据元素 a_i 既要存储其本身的信息，还需存储一个指示其直接后继存放位置的指针。这两部分信息组成数据元素 a_i 的存储映像，称为结点(Node)。它包含数据域 data，即存储数据元素的信息；指针域 next，即存储直接后继存放位置的域。结点的泛型类定义如下：

```
public   class   Node<T>{
    T   data;
    Node<T>   next;
    public   Node( Node<T>   n) {
        next=n;
    }
    public   Node( T obj,   Node<T>   n) {
        data=obj;
        next=n;
    }
    public   T   getHead( ) {
        return   data;
    }
    public   Node<T> getNext( ) {
        return   next;
    }
}
```

在上述泛型类的定义中，构造器有两个，二者的区别是参数个数不同。有一个参数的构造器用参数 n 初始化 next 指针域，数据域不存储有效的数据元素。有两个参数的构造器根据形参 obj 和 n 分别初始化数据域 data 和指针域 next。

在链队列中，用结点来存储数据元素的信息，并且头结点带有队头指针 front 和队尾指针 rear，链队列的泛型类定义如下：

```
public   class   linkQueue<T> {                    //链队列泛型类
    private   Node<T> front,rear;                   //定义队头指针和队尾指针
    private   int   length;                         //统计链队列数据元素个数
    public   linkQueue ( ){  }                       //构造空链队列
    public   void   EnQueue (T obj ){   }            //在队列的队尾增加一个新数据元素
    public   T   DeQueue ( ){   }                    //删除队列的队头数据元素
    public   T   getHead( ){   }                     //获取队头数据元素
    public   boolean   isEmpty( ){   }               //判断链队列是否为空
    public   int   size( ){   }                      //统计链队列中数据元素的个数
    public   void   nextOrder( ){   }                //访问顺序队列中的每个数据元素并输出
    public   void   clear( ){   }                    //清空一个已经存在的顺序队列
}
```

上述存储结构的定义可实现链队列的 8 个操作，各方法体暂时为空，具体的实现过程如下所述。

1. 初始化(构造空链队列)

在链队列中，构造只有头结点没有其他结点的链队列为空链队列，此时队头指针和队尾指针均悬空，头结点也是链队列存在的标志，具体算法实现如下：

```
public    linkQueue ( )
{
    length=0;
    front=rear=new    Node<T>(null);            //带有头结点的链队列
}
```

★ **注意** 建立空链队列时只建立一个头结点，并且队头指针和队尾指针均指向头结点，头结点无数值域，指针域悬空。

2. 入队(在队列的队尾增加一个新数据元素)

在链队列中，要入队一个新的结点，需要为新结点分配存储单元，新结点的数值域为obj，指针域悬空，并且新入队的数据链接在队列的尾部，具体算法实现如下：

```
public    void    EnQueue (T obj )
{
    rear=rear.next=new Node<T>(obj,null);
    length++;
}
```

在链队列中入队时需要注意：

(1) 给将要入队的数据元素分配存储空间，数值域的值为 obj，指针域悬空。

(2) 在链队列中，队头指针恒指向头结点，且不能移动。当队列为空时，队头指针和队尾指针均指向头结点，新数据元素入队后队尾指针从指向头结点处移动至新结点处。当队列不为空时，队头指针指向头结点，队尾指针指向尾结点，新数据元素入队后成为新的队尾结点，队尾指针指向新结点处。

(3) 无论入队之前队列是否为空，新数据元素入队后队头指针仍然指向头结点。

(4) 入队新数据元素后，链队列元素总个数增加 1。

3. 出队(删除队列的队头数据元素)

如果链队列非空，可删除队列中的首结点即出队，同时修改头结点的后继指针使其指向新的首结点，若删除了队列中唯一的结点(即首结点)，则头结点的后继指针悬空，具体算法实现如下：

```
public    T    DeQueue ( )
{
    if(isEmpty( ))
    {
        System.out.println("队列已空，无法出队！ ");
        return    null;
    }
```

```java
    Node<T> p=front.next;
    T   x=p.data;
    front.next=p.next;
    length--;
    if(front.next==null)
        rear=front;
    return   x;
}
```

在链队列中出队数据元素时需要注意:

(1) 如果链队列为空,无数据元素可出队。

(2) 在链队列中,队头指针只指向头结点,不可移动,非空队列中,头结点的指针域指向首结点,通过单独设置一个新指针 p 指向首结点使首结点出队,修改队头指针使其指向 p 指针所指结点的后继。

(3) 如果队列中只有一个数据元素,出队后队列为空,则队尾指针和队头指针均为头结点,即 rear=front。

(4) 数据元素出队后,链队列元素总个数减少 1。

4. 获取队头数据元素

在链队列中获取队头元素是指链队列非空时获取队头数据元素并返回其值,具体算法实现如下:

```java
public   T   getHead( )
{
    if(isEmpty( )){
        System.out.println("队列已空,无法获取数据元素! ");
        return   null;
    }
    return   front.next.data;
}
```

在链队列中获取数据元素时需要注意:

(1) 链队列为空,无数据元素可获取。

(2) 链队列中只能获取队头元素,其余元素不可获取。

(3) 链队列中获取队头元素的值并不改变队头指针和队尾指针的指向。

(4) 链队列非空时,可获取首结点并返回其值。

5. 统计链队列中数据元素的个数

链队列中数据元素的总个数就是链队列的长度,具体算法实现如下:

```java
public   int   size( )
{
    return   length;
}
```

★　**注意**　由于链队列不需要预先分配存储空间，并且数据元素入队和出队动态变化，所以定义变量 length 来统计元素个数，执行入队后 length 值增加，执行出队后 length 值减少。其余操作算法不改变 length 的值。

6. 判断链队列是否为空

在链队列中，数据元素的总个数等于零时称为空队列，具体算法实现如下：

```
public  boolean  isEmpty( )
{
    return  front.next=null;
}
```

★　**注意**　链队列为空时只有头结点而无其他结点，队头指针和队尾指针均指向头结点，头结点的后继指针悬空。

7. 访问顺序队列中的每个数据元素并输出

为了显示链队列中的数据元素，经常需要输出数据元素，即按照逻辑次序依次访问链队列中的每一个数据元素，具体算法实现如下所示：

```
public  void  nextOrder( )
{
    Node<T> p=front.next;
    while(p!=null)
        System.out.println(p.data);
    p=p.next;
}
```

★　**注意**　遍历链队列数据元素时，不能改变元素的位置，更不能移动队头指针和队尾指针的指向，而是需要新设置指针 p 使其指向首结点，通过移动 p 指针获取及输出数据元素，直到 p 指针悬空为止。

8. 清空队列

清空队列是指队列元素个数为 0，无数据元素，为空链队列，具体算法实现如下：

```
public  void  clear( )
{
    front.next=rear.next=null;
}
```

★　**注意**　清空队列后，队列中只有头结点而无其他结点，队头指针和队尾指针均指向头结点，队头结点的后继指针悬空。

典型工作任务 4.3　队列软件代码设计

根据队列的特点及模拟银行客户排队办理业务的需求，使用队列中的算法设计本系统的程序。其由两部分组成：第 1 部分为顺序队列的 8 个算法，具体为顺序队列的初始化、入队、出队、获取队头数据、队列的判空、统计队列元素、输出数据、消空队列;第 2 部分为主程序 Test4,该程序将实现顺序循环队列操作算法的调用和数据输出及显示。整个程序框图如图 4-9 所示。

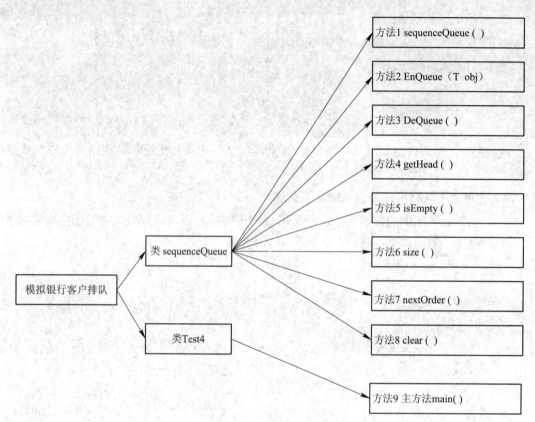

图 4-9　模拟银行客户排队的程序框图

使用 Java 语言编写模拟银行客户排队的程序,具体实现如下:

```java
class    sequenceQueue<T>
{
    final int MaxSize=10;
    private T queueArray[ ];
    private int    front , rear;

    // 1. 初始化(建立队列)
    public    sequenceQueue( ){
        front=rear=0;
        queueArray=(T[ ])new Object[MaxSize];
    }
    //2. 入队
    public    void    EnQueue(T    obj){
```

```
        if((rear+1)%queueArray.length==front)
    {
        T[ ] p=(T[ ])new Object[queueArray.length*2];
        if(rear==(queueArray.length-1))
        {
            for(int    i=1;i<=rear;i++)
                p[i]=queueArray[i];
        }
        else
        {
            int    i,j=1;
            for(i=front+1;i<queueArray.length;i++,j++)
                p[j]=queueArray[i];
                for(i=0;i<=rear;i++,j++)
                    p[j]=queueArray[i];
                front=0;
                rear=queueArray.length-1;
        }
        queueArray=p;
    }
    rear=(rear+1)%queueArray.length;
    queueArray[rear]=obj;
}

//3. 出队
public    T    DeQueue( ){
    if(isEmpty( ))
    {
        System.out.println("队列为空，无数据可出队");
        return null;
    }
    front=(front+1)%queueArray.length;
    return    queueArray[front];
}

//4. 取队头元素
public    T    getHead( )
{
    if(isEmpty( ))
    {
```

```
            System.out.println("队列为空，无数据可取");
            return null;
        }
        return    queueArray[(front+1)%queueArray.length];
    }

    //5. 队列的判空
    public   boolean   isEmpty( )
    {
        return   front==rear;
    }

    //6. 计算队列长度
    public   int    size( ){
        return(rear-front+queueArray.length)%queueArray.length;
    }

    //7. 遍历
    public   void   nextOrder( )
    {
        int   i,j=front;
        for(i=1;i<=size( );i++)
        {
            j=(j+1)%queueArray.length;
            System.out.println(queueArray[j] );
        }
    }
}

//8. 销毁
public   void   clear( )
{
    front=rear=0;
}

//9. 主程序
public   class Test4{
    public   static void main(String[ ] args) {
        sequenceQueue<Integer> L=new sequenceQueue<Integer>( );
        int   i;
        int   [ ]a={01,02,03,04,05};        //银行客户办理业务前抽到的号
        for(i=0; i<a.length; i++)
```

```
        L.EnQueue(a[i]);                    //将 5 位客户的号存储于顺序队列
        System.out.println("模拟银行排队中的序号为：");
        L.nextOrder( );                     //顺序输出 5 名客户抽到的号
        L.EnQueue(6);                       //第 6 名客户入队
        System.out.println("模拟银行排队中增加一个客户后整个队列的序号为：");
        L.nextOrder( );                     //输出 6 名客户抽到的号
        L.DeQueue( );                       //队头客户开始办理业务
        System.out.println("模拟银行排队中队头客户办理业务后整个队列的序号为：");
        L.nextOrder( );                     //输出队列中其余客户抽到的号
        i=L.getHead( );                     //获取队列中首位客户的号
        System.out.println("模拟银行排队中获取首位客户抽取的顺序号为:"+i);
    }
}
```

以上是顺序循环队列模拟银行客户排队的代码，大家可以参考链队列的 8 个操作算法对客户排队的程序进行修改，以期实现同样的功能。

典型工作任务 4.4　队列软件测试执行

使用数据结构中的顺序队列编写模拟银行客户排队的程序，通过 JDK 编译和运行，首次执行后如图 4-10 所示，队列中有 5 名客户可以获取队首客户抽取的号，新来 1 名客户后队列中显示 6 名客户，队首客户办理完业务后显示剩余的 5 名客户。

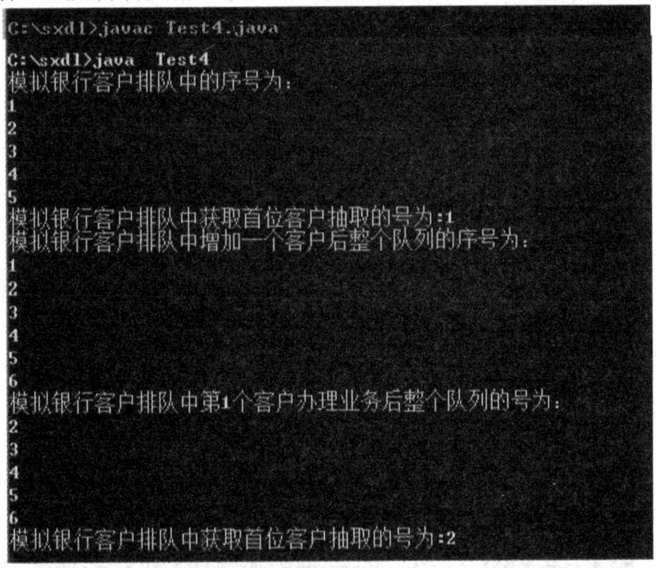

图 4-10　模拟银行客户排队运行的结果图

由于图 4-10 中各输出结果之间未有分隔，导致界面可读性不强，这时只需要在各输出结果之间添加分隔符"*"和换行符即可，在对应行增加代码 System.out.println("*************");

和 System.out.println("\n"); 使得各个功能之间产生分隔，以便于阅读，如图 4-11 所示。

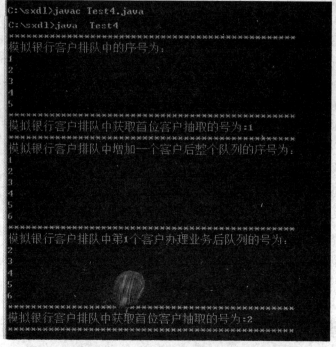

图 4-11　增加分隔符后模拟银行客户排队运行的结果图

在图 4-11 中未统计队列中数据元素的个数，可通过增加代码来实现，如图 4-12 所示。图中既实现了顺序队列的入队、出队和获取队头元素的操作，也统计出剩余元素的个数。

图 4-12　统计模拟银行客户排队人数运行的结果图

图 4-11 和图 4-12 的执行结果可参考下列主程序中部分代码自行分析或讨论。

```java
public    class Test4{
    public   static void main(String[ ] args) {
        sequenceQueue<Integer> L=new sequenceQueue<Integer>( );
        int i,m;
        int [ ]a={01,02,03,04,05};               //银行客户办理业务前抽到的号
        for(i=0;i<a.length;i++)
        L.EnQueue(a[i]);                         //将 5 位客户的号存储于顺序队列
        System.out.println("*******************************************");
        System.out.println("模拟银行客户排队中的序号为：");
        L.nextOrder( );                          //顺序输出 5 名客户抽到的号
        System.out.println("*******************************************");
        i=L.getHead( );                          //获取队列中首位客户的号
        System.out.println("模拟银行客户排队中获取首位客户抽取的号为:"+i);
        System.out.println("*******************************************");
        L.EnQueue(6);                            //第 6 名客户入队
        System.out.println("模拟银行客户排队中增加一个客户后整个队列的序号为：");
        L.nextOrder( );                          //输出 6 名客户抽到的号
        System.out.println("*******************************************");
        L.DeQueue( );                            //队头客户开始办理业务
        System.out.println("模拟银行客户排队中第 1 个客户办理业务后队列的号为：");
        L.nextOrder( );                          //输出队列中其余客户抽到的号
        System.out.println("*******************************************");
        i=L.getHead( );                          //获取队列中首位客户的号
        System.out.println("模拟银行客户排队中获取首位客户抽取的号为:"+i);
        System.out.println("*******************************************");
        m=L.size( );
        System.out.println("模拟银行客户排队人数:"+m);
        System.out.println("*******************************************");
    }
}
```

典型工作任务 4.5　队列软件文档编写

为了更好地掌握队列的存储结构和 8 种操作算法，充分理解模拟银行客户排队项目的需求分析、结构设计以及功能测试，养成良好的编程习惯和测试能力，下面主要从软件规

范及模块测试的角度来编写文档。

4.5.1　初始化模块测试

使用顺序队列的算法来实现模拟银行客户排队的功能，在初始化模块中有可能出现未设置数据元素个数的变量、未初始化队头和队尾元素下标等错误或缺陷，如表 4-1 所示。

表 4-1　初始化模块测试表

编号	摘要描述	预期结果	处理结果
dl-sch-01	数据元素个数变量未设置	未受影响	不需要增加变量
dl-sch-02	未指定队头元素下标和队尾元素下标的初值	程序报错	增加代码： front=rear=0;
dl-sch-03	未给数组分配存储单元	程序报错	增加代码： queueArray=(T[ ])new Object[maxSize]；
dl-sch-04	未给数组指定存储空间数 listArray=(T[ ])new Object[ ];	程序报错	修改代码： listArray=(T[ ])new Object[maxSize]；

4.5.2　入队模块测试

入队模块实现了客户来银行办理业务时，抽号后自动在队尾排队的功能，在入队模块中可能出现未指定入队的数据、未判断队列已满、入队后未移动队尾元素下标等错误或缺陷，如表 4-2 所示。

表 4-2　入队模块测试表

编号	摘要描述	预期结果	处理结果
dl-rd-01	未指定入队的数据	程序报错	在入队方法的参数表里增加入队元素： obj public　void　EnQueue(T　obj)

dl-rd-02	未判断队列已满的条件	顺序队列已满时无法在队尾的位置增加数据元素	增加代码：
			if((rear+1)%queueArray.length==front)
			{
			　　T[ ]p=(T[ ])new Object[queueArray.length*2];
			}

dl-rd-03	未判断队尾元素的下标是否在队列尾部最后一个位置	无法确定从数组中哪个位置开始复制数据	增加代码：
			if(rear==(queueArray.length-1))　{
			for(int　i=1;i<=rear;i++)
			　p[i]=queueArray[i];
			}

编号	摘要描述	预期结果	处理结果

dl-rd-04	未判断尾元素在除队尾下标以外的位置	对此类数据无法在新空间中复制	修改代码:
			else　{
			　　int　i,j=1;
			for(i=front+1;i<queueArray.length;i++,j++)
			　　p[j]=queueArray[i];
			for(i=0;i<=rear;i++,j++)
			　　p[j]=queueArray[i];
			front=0;
			rear=queueArray.length-1;}

dl-rd-05	未移动队尾元素的下标	新数据将原队尾元素覆盖	修改代码:
			rear=(rear+1)%queueArray.length;
			queueArray[rear]=obj;

4.5.3　出队模块测试

出队模块模拟了银行队首客户在办理完手续后离开的功能,在出队模块中可能出现指定队首以外的数据元素出队、出队前未判断队列是否为空、队头元素出队后未移动队头元素的下标、未返回队头元素的值等错误或缺陷,测试如表 4-3 所示。

表 4-3　出队模块测试表

编号	摘要描述	预期结果	处理结果
dl-cd-01	指定要删除的数据元素	不能对队头以外的数据元素删除,否则程序报错	修改代码: public T　DeQueue( )

dl-cd-02	未对队列进行判空	队列为空时无数据元素可出队,否则程序报错	增加代码:
			if(isEmpty( ))
			{
			　System.out.println("队列为空,无数据可出队");
			　return null;
			}

dl-cd-03	未移动队头元素的下标	不能删除队头元素,否则程序报错	修改代码: front=(front+1)%queueArray.length;
dl-cd-04	未返回队头元素	无法获取被删除的队头元素时,程序报错	增加代码: 　return　queueArray[front];
dl-cd-05	队头元素出队后统计剩余元素个数	不需单独设置变量统计元素个数	通过调用计算队列长度的方法获取元素个数

4.5.4 取队头元素模块测试

取队头元素模块模拟了银行客户排队时，获取排在首位客户信息的功能，获取队头元素时可能出现获取除队头以外的数据元素、获取时未判断队列是否为空、下标未移动至队头元素位置等错误或缺陷，测试如表 4-4 所示。

表 4-4　取队头元素模块测试表

编号	摘要描述	预期结果	正确代码
dl-hq-01	指定要获取的数据元素	不能获取除队头以外的数据元素，否则程序报错	修改代码： public　T　getHead( )
dl-hq-02	未判断队列是否为空	顺序队列为空时无数据可获取程序报错	增加代码： if(isEmpty( )) { System.out.println("队列为空，无数据可取"); return null; }
dl-hq-03	未移动队头数据元素的下标	获取队头数据元素的位置不正确时程序报错	修改代码： (front+1)%queueArray.length
dl-hq-04	未返回已获取的队头元素	无法获取到队头数据元素时程序报错	增加代码： return queueArray[(front+1)%queueArray.length];

4.5.5 判空模块测试

判空模块一般和出队或者获取队头元素等操作算法结合在一起使用，即判断顺序队列是否为空，判空模块中可能出现判空方法的返回值不是布尔型、指定队头和队尾的下标为0 等错误和缺陷，如表 4-5 所示。

表 4-5　判空模块测试表

编号	摘要描述	预期结果	正确代码
dl-pk-01	返回值类型不正确	程序报错	方法首部为： public boolean isEmpty( )
dl-pk-02	指定判空时的位置为 0	不能指定 0 位置为空队列，只需队头元素下标和队尾元素下标指向同一个位置即可，否则程序报错	修改代码： return　front==rear;

4.5.6 计算队列长度模块测试

在顺序队列中，入队或者出队均可使顺序队列长度增加或者减少，队列长度根据队尾和队头元素的下标进行计算后获得，在计算队列长度模块测试中可能出现方法的返回值非整型、返回数据元素个数不正确等错误和缺陷，如表 4-6 所示。

表 4-6　计算队列长度模块测试表

编号	摘要描述	预期结果	正确代码
dl-tj-01	返回值类型不正确	数据元素个数的返回值应为整数，否则程序报错	修改代码： public int size( )
dl-tj-02	返回元素个数不正确	根据队头元素下标、队尾元素下标以及存储空间数确定元素个数，元素个数不正确时程序报错	增加代码： return(rear-front+queueArray.length)%queueArray.length;

4.5.7　正序输出数据元素模块测试

为了模拟显示银行客户抽到的号，使用顺序队列的正序遍历算法输出数据。在正序输出数据元素模块中，可能出现遍历方法的返回值类型不正确、未定义指向队头元素下标的变量、未正确移动指向队头元素下标的变量等错误或缺陷，如表 4-7 所示。

表 4-7　正序输出数据元素模块测试表

编号	摘要描述	预期结果	正确代码
dl-sc-01	返回值类型不正确	方法无返回值类型时，程序报错	修改代码： public　void　nextOrder( )
dl-sc-02	未定义变量指向队头元素的下标	增加变量 j 指向 front，否则程序报错	增加代码： int　i, j=front;
dl-sc-03	未移动指向队头元素下标的变量	无法获取队列中的其他元素的下标时，程序报错	增加代码： j=(j+1)%queueArray.length;
dl-sc-04	未输出队列中的数据元素	无法显示队列中的数据元素，程序报错	增加代码： System.out.println(queueArray[j]);

4.5.8　清空顺序队列模块测试

当一个顺序队列不再被使用，需要清空数据元素时，可使用清空顺序队列算法实现。在清空顺序队列模块中可能出现未指定队头队尾元素下标的错误或缺陷，如表 4-8 所示。

表 4-8　清空顺序队列模块测试表

编号	摘要描述	预期结果	正确代码
dl-qk-01	未指定队头队尾元素的下标	指定队头队尾的下标均要指向 0，否则程序报错	增加代码： front=rear=0;

典型工作任务 4.6　队列项目验收交付

经过队列的数据结构设计和 Java 代码编写，实现了模拟银行客户排队抽号项目的功能，但在提交给使用者之前，还需要准备本项目交付验收的清单，如表 4-9 所示。

表 4-9 模拟银行客户排队项目验收交付表

验收项目		验收标准	验收情况
验收测试	功能	项目主要功能： (1) 建立客户排队抽到号的存储表； (2) 增加客户排队抽到的号； (3) 移除客户排队抽到的号； (4) 获取首位客户排队抽到的号； (5) 统计客户排队的人数； (6) 判断客户排队队列是否为空； (7) 正序输出客户排队抽到的号； (8) 清空客户抽到的号	
		数据及界面要求： (1) 客户抽到的号为整型数据； (2) 输出界面上信息清晰、完整、正确无误； (3) 算法调用后实现对应的功能	
	性能	运行代码后响应时间小于 3 秒。 (1) 该标准适用于所有功能项； (2) 该标准适用于所有被测数据	
软件设计	需求规范说明	需求符合正确； 功能描述正确； 语言表述准确	
	设计说明	描述方法的定义、功能、参数和返回值	
	数据结构说明	队列的存储结构完整、有效； 队列的操作算法特性：有穷、确定、可行、输入、输出； 队列中涉及的数据完整、有效	
程序	源代码	类、方法的定义与文档相符； 类、方法、变量、数组、指针等命名规范符合"见名知意"的原则； 注释清晰、完整，语言准确、规范； 实参数据有效，无歧义、无重复、无冲突； 代码质量较高，无明显功能缺陷； 冗余代码少	
测试	测试数据	覆盖全部需求及功能项； 测试数据充分、完整； 测试功能全部实现	
用户使用	使用说明	覆盖全部功能，无遗漏功能项； 运行结果正确，达到预期目标； 建议使用软件 JDK 或者 Eclipse	

项目五　串——模式匹配

项目引导

　　字符串又称为串，是一种特殊的线性表，它的数据元素都是字符类型。有串结构的实例在日常生活中随处可见。例如，事务处理程序中的用户姓名、电话、地址、ID 编号等一般都是作为字符串处理的。另外，字符串自身还有其他特性，常常将其作为一个整体来处理。本项目以简单的文本编辑器为例，灵活使用字符串的术语、存储结构、操作算法等以程序的方式为读者展示文本内存的存储、查找、删除、插入、清空、显示等操作，遵循软件开发和软件测试流程，让学生熟悉开发和测试岗位的基本工作任务和能力要求，学习撰写规范的软件文档，实现"数据+程序+文档"的有效结合，达到学以致用的目的。

知识目标

　　✧ 掌握串的常用概念和术语。
　　✧ 掌握串的逻辑结构及两种不同的存储结构。
　　✧ 掌握两类存储结构的表示方法：顺序串和链串。
　　✧ 掌握顺序串的基本操作算法。

技能目标

　　✧ 能进行项目需求分析。
　　✧ 会进行串的算法分析及编程。
　　✧ 能用串的知识编程解决问题。
　　✧ 能进行软件测试及项目功能调整。
　　✧ 能撰写格式规范的软件文档。

思政目标

　　✧ 以文本编辑器为例，培养学生严谨治学、认真工作的态度。
　　✧ 培养学生严谨的逻辑思维和高超的应用能力。
　　✧ 锻炼发现问题、分析问题、解决问题的能力。
　　✧ 学以致用，养成严谨求实的学习习惯。

典型工作任务 5.1 串项目需求分析

文本编辑程序是一个面向用户的系统服务，被广泛应用于源程序的录入、修改，期刊报纸的编辑、排版；公文书信的起草；互联网信息的发布以及大数据日志的分析等。常用的文本编辑工具有 Word、WPS 等。文本编辑的实质就是修改字符数据的形式或格式。虽然各种文本编辑工具的功能有所不同，但是其基本操作(一般包括分页、分段，字符串的查找、删除、插入、替换等)大多是一样的。

为了编辑方便，可以利用换页符把文本划分成若干页，利用换行符表示段落，每个段落又包含若干行，也可以把文本当作一个字符串，看成文本串，页是文本串的子串，行是页的子串。

本任务以简单的文本编辑器为例，使用串结构对文本内容进行编辑操作。简单的文本编辑器的功能模块图如图 5-1 所示。

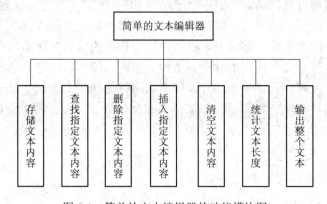

图 5-1 简单的文本编辑器的功能模块图

★ 说明

图 5-1 中：

· 存储文本内容：该功能会分配对应空间，在顺序串中存储文本的内容。

· 查找指定文本内容：该功能可实现查找文本中指定的字符串，输出其位置，并统计指定字符串出现的次数。

· 删除指定文本内容：该功能可实现删除文本中指定位置及长度的字符串。

· 插入指定文本内容：该功能可实现在文本指定位置上插入指定字符串。

· 清空文本内容：该功能可实现清空文本的所有内容，即文本变成空文本。

· 统计文本长度：该功能可实现统计文本的字符数。

· 输出整个文本：该功能可实现对文本的输出。

本任务要求输出格式规范并符合要求。

本任务采用顺序串对文本内容进行存储。其中，文本内容为字符型数据，预先分配给定长度，可随着文本内容的修改进行适当调整。

本任务要求分别使用满足条件的数据和不满足条件的数据进行程序功能的测试，以保证程序的可靠、稳定和正确。测试用例、测试执行及测试结果均写在测试文档中，作为再次开发和修改的依据。

典型工作任务 5.2　串数据结构设计

计算机发明之初主要用于处理一些科学或工程的计算工作，但随着技术的发展，其处理的对象逐渐由数值转变为非数值，并且非数值对象的处理工作越来越多。计算机上非数值对象基本上是字符串数据。字符串的处理在实际应用中较为广泛，如语言编译、信息检索、文字编辑、符号处理等。字符串是一种特定的线性表，其特殊性在于组成线性表的每个元素都是单个字符。

5.2.1　串的术语

为了更好地理解和掌握程序及算法，下面首先介绍串中使用的相关术语和概念。

1. 字符串

字符串(String)又称为串，是由 0 个或者多个字符组成的有限序列，记为

$$S = "a_1a_2 \cdots a_n"(n \geqslant 0)$$

其中，S 为字符串的名字，用双引号括起来的字符序列是串的值；$a_i(1 \leqslant i \leqslant n)$称为串的元素，是构成串的基本元单位，它可以是数字、字母或其他字符。

需要注意的是，这里的双引号是界限符，不属于串本身。

2. 串的长度

串的长度是指字符串中字符的个数 n。

3. 空串

空串指长度为 0 的字符串，它没有任何字符(s="")。

4. 空白串

空串是指由一个或多个空格组成的字符串，如 s=" "。

5. 子串与主串

串中任意个连续的字符组成的子序列称为该串的子串，而包含子串的串相应地称为主串。任意串都是自身的子串，空串是任意串的子串。

6. 字符在主串中的位置

通常将字符在串中的序号称为该字符在串中的位置。例如，字符 'H' 在串 S = "Hello" 中的位置是 0。

7. 子串在主串中的位置

子串在主串中的位置是以子串的第一个字符首次出现在主串中的位置来表示的。例如，设有字符串 S1="China Beijing" 和 S2="in"，S2 在 S1 中出现了两次，其中首次出现的位置是 2，故子串 S2 在主串 S1 中的位置是 2。

8. 串相等

当且仅当两个串的值相等时，称两个串是相等的，即两个串的长度相等且每个对应位

置上的字符都相等时两个串才相等。

5.2.2　串的存储结构

与线性表一样，串的存储结构也分为顺序存储和链式存储两种。

1. 串的顺序存储

使用顺序存储的串称为顺序串，可用一组地址连续的空间存储字符序列，即使用字符数组来存储串中的字符，串中的每一个字符占据一个空间。

例如，字符串 S = "Hello"采用顺序存储，如图 5-2 所示。

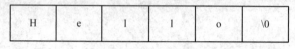

图 5-2　串的顺序存储

顺序串类型可描述如下：

```
public class SeqString{
    public char[ ] chars;          //字符数组，用于存放字符串信息
    public int   len;              //串的长度为 len
}
```

2. 串的链式存储

使用链式存储的串称为链串，它也是用链表来实现的，串中的每一个字符都用一个结点来存储。例如，字符串 S = "Hello"采用链式存储，如图 5-3 所示。这样的结构便于进行插入和删除操作，但是会占用大量的空间密度，从而降低空间利用率，运算效率在一定程度上也会受到影响。

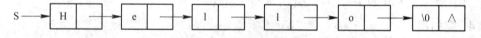

图 5-3　串的链式存储

链串的类型可描述如下：

```
public  class Node{
    public   char data;           //存放结点值(数据域)
    public   Node  next;          //后继结点的引用(指针域)
}
```

为了提高空间利用率，可以在每个结点中存放多个字符，一般将结点数据域存放的字符个数定义为结点的大小。图 5-4 所示为结点大小是 3 的链串。这样的链串虽然增大了存储的密度，但是进行插入、删除运算时需要考虑结点的分拆和合并，会给运算带来不便，反而降低了运算的效率。

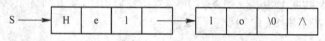

图 5-4　结点大小为 3 的链串

选择串的存储方式要根据实际情况来定，一般在处理简单串时大多选择顺序串的存储

结构。

5.2.3　顺序串的基本操作算法

串和其他数据结构一样，可以进行各种操作。在 Java 程序设计语言中，顺序存储结构的串可以用字符数组来存储字符数据。串的泛型类定义如下：

```
public class SeqString{
    public   int   maxSize=10;                      //串中字符数组的初始长度
    public   char[ ] chars;                         //存储元素的数组对象
    public   int   length;                          //保存串的当前长度
    public   SeqString ( ) {     }                  //串的无参构造方法
    public SeqString (int n ) {     }               //串的有参构造方法
    public int getLength( ) {     }                 //求串的长度
    public boolean isEmpty( ) {       }             //判断串是否为空
    public void copy(SeqString t) {     }           //串的复制
    public int compare(SeqString t) {     }         //串的比较
    public void concat(SeqString t){     }          //串的连接
    public boolean delete(int pos, int len){     }  //串的删除
    public boolean insert (int offset, SeqStringstr){     }  //串的插入
    public SeqStringsubString(int pos, int len){     }       //求子串
    public int index(SeqStringstr){     }           //求子串在主串中的位置
}
```

串的操作很多，上述存储结构中定义的是对串的若干基本操作，各方法体暂时为空，具体的实现过程如下所述。

1. 串的初始化

串的初始化实际上是构造空的串，即需要为串分配预先定义大小的字符数组空间，无参数构造方法设置串的长度为 maxSize；有参构造方法设置串的长度为形参 n。初始化时串为空，即串的长度 length 为 0。

```
//无参构造方法
public SeqString ( ) {
    this.chars = new char[this.maxSize];
    this.length = 0;
}
//有参构造方法
public SeqString(int n) {      // 构造一个能保存 n 个字符的串
    this.maxSize =n;
    this.chars = new char[n];
    this.length = 0;
}
```

2. 求串的长度

求串的长度非常简单，只要获取 SeqString 中成员 length 的值即可。

```
public int getLength( ) {
    return this.length;
}
```

3. 判断串是否为空

判断串是否为空串，实际上就是判断其长度是否为 0。

```
public boolean isEmpty( ) {
    return this. length == 0;
}
```

4. 串的复制

将串 t 的内容复制到当前串中，首先需要考虑当前串的字符数组空间是否能够保存串 t 的所有内容，如果能则直接进行复制操作，不能则需要先为当前串分配更大的存储空间。

```
public void copy(SeqString t) {
    if(this.maxSize<t.maxSize)              //当前串空间不足的情况
    {
        this.maxSize = t.maxSize;
        this.chars = new char[this.maxSize];
    }
    for(int i=0; i<t.getLength( );i++)      //对串中的值逐个进行复制
    {
        this.chars[i]=t.chars[i];
    }
    this.length=t.length;                   //修改当前串的长度
}
```

5. 串的比较

将当前串和串 t 进行比较，不是比较二者的长度是否相同，而是比较对应位置上字符的大小，需要从两个字符串的第一个字符开始往后逐个比较，哪个串中字符的 ASCII 码值大，哪个串就大。例如，将串 s="Hello" 和串 t = "Hi" 比较，串 t 的值就大；将串 s="Hello World " 和串 t="Hello" 比较，串 s 的值就大。

```
public int compare(SeqString t) {
    int i=0;
    while(this.chars[i]= =t.chars[i] &&i<this.length&&i<t.getLength( ))
    {
        i++;
    }
    if(i==this.length&& i==t.length)        //当前串和串 t 相等，返回 0
        return   0;
```

```
        else if(i<this.length&& i<t.getLength( ))
        {
            if(this.chars[i]>t.chars[i])            //当前串大于串 t, 返回 1
                return 1;
            else return-1;                          //当前串小于串 t, 返回-1
        }
        else if(i<this.length&& i==t.getLength( ))
            return 1;
        else    return -1;
}
```

6. 串的连接

串的连接是将串 t 连接在现有串之后，若现有串的容量足够存储连接后的新串，则直接进行连接操作；若现有串的容量不足，则需要对现有串的容量进行扩充，然后进行连接操作。

```
public void concat(SeqString t){
    if(this.maxSize<this.length+ t.getLength( ))
    {   //当前串的容量不够, 暂存到数组 a
        char[ ] a = new char[this.length];
        for(int i=0;i<this.length;i++)
            a[i]=this.chars[i];
        //对现有串扩充容量
        this.maxSize = this.length + t.getLength( );
        this.chars = new char[this.maxSize];
        //恢复当前串的原始状态
        for(int i=0; i<a.length;i++)
            this.chars[i]=a[i];
    }
    for(int i= 0;i<t.getLength( );i++)
    {
        this.chars[this.length]=t.chars[i];
        this.length++;
    }
}
```

7. 串的删除

串的删除是指从当前串的第 pos 个位置开始，删除长度为 len 的子串。首先需要考虑起始删除的位置 pos 是否合法，除此之外，还要考虑从第 pos 个位置开始是否存在长度为 len 的子串可以被删除。如果以上两个参数都合法，则可以执行删除操作。执行删除操作时，当前串被要删除的子串分为前后两部分(位置为 0～pos-1 和 pos+len～this.length-1)，这时需要把后半部分整体往前移动 len 个位置。如图 5-5 所示，从串 S="ABCEDF"的第 2 个位置开始，删除长度为 2 的子串。

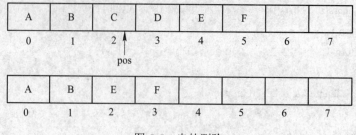

图 5-5 串的删除

```
public boolean delete(int pos, int len){
    if(pos<0 || pos>(this.length-len))        //pos 或者 len 的值不合法，则返回删除失败
        return false;
    for(int i=pos+len; i<this.length; i++)    //前移后半部分
    this.chars[i-len] = this.chars[i];
    this.length = this.length-len;            //修改删除后的串长度
    return true;
}
```

8. 串的插入

串的插入是指从第 pos 个位置开始，插入串 t 的内容。除了要考虑插入位置 pos 是否合法外，还需要考虑当前串的容量是否可以存储插入之后的新串。如果可以，则直接进行插入操作；否则需要对当前串进行容量扩充，再执行插入操作。在插入时，首先需要将当前串第 pos 位置开始的后半部分整体往后移动 t.getLength( )个位置，然后从第 pos 个位置开始复制串 t 的内容。将串 t="123"插入串"ABCDE"中的过程如图 5-6 所示。

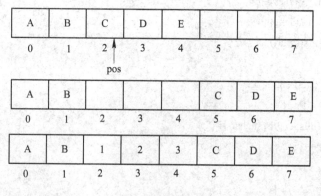

图 5-6 串的插入

```
public boolean insert (int  pos, SeqStringt){
    if(pos< 0 || pos>this.length)              //判断插入位置 pos 是否合法
        return false;
    if(this.length + t.getLength( )>this.maxSize)  //判断插入后的串的长度是否超过当前串的容量
```

```
    {
        char[ ] a = new char[this.length];              //当前串容量不够时，暂存到数组 a 中
        for(int i=0;i<this.length;i++)
            a[i]=this.chars[i];
        this.maxSize = this.length + t.getLength( );      //对现有串扩充容量
        this.chars = new char[this.maxSize];
        for(int i=0; i<a.length;i++)                     //恢复当前串的原始状态
            this.chars[i]=a[i];
    }
    for(int i = this.length-1 ; i >= pos ; i --)          //从 pos 位置开始向后移动 t.getLength 个字符
        chars[i + t.getLength( )] = chars[i];
    for(int i = 0; i <t.getLength( ) ; i ++)              //插入串 t
        chars[i + pos] = t.chars[i];
    this.length = this.length + t.getLength( );          //修改当前串的长度
    return true;
}
```

9. 求子串

求子串是指从当前串中的第 pos 个位置开始，截取长度为 len 的子串。这里需要考虑截取的开始位置 pos 是否合法，同时还要考虑截取长度是否超出合法范围。如果以上均合法，则截取子串并返回。

```
public SeqStringsubString(int pos, int len)
{
    if(pos+len>this.length)
        return null;
    SeqString a = new SeqString(len);
    for(int i=0; i<len; i++)
    {
        a.chars[i] = this.chars[pos+i];
        a.length ++;
    }
    return a;
}
```

5.2.4　顺序串的模式匹配算法

串的定位操作通常也称为串的模式匹配，是各种串操作中的重要操作之一。

该操作是在主串 S 中从第 pos 个位置开始查找第一次出现子串 t 的位置序号。如果串 S 中找到子串 t，则匹配成功，那么返回子串 t 在主串 S 中首次出现的位置；如果在串 S 中没有找到子串 t，则匹配失败，那么返回 −1。这里主串 S 又可以称为目标串，子串 t 又可以称

为模式串。

串的模式匹配是一个比较复杂的串操作，可用不同的算法来实现，但是效率有所不同。下面介绍最简单的模式匹配算法——Brute-Force 算法。

Brute-Force 算法又称为朴素的模式匹配，是一种带回溯的匹配算法，其基本思想是：从主串 S 的第 pos 个位置开始，和子串 t 的第一个字符进行比较，如果相等，就继续逐个比较后面的字符，如果不相等，则从主串 S 的第 pos+1 个位置开始，重新和子串 t 比较，直到在主串 S 中找到和子串 t 完全相等的序列，返回该序列第一个字符的位置；如果主串 S 中没有和子串 t 相等的序列，则认为匹配失败，返回 −1。

设主串 S="ababc"，子串 t="abc"，pos 的值为 0，即从主串 S 的第 0 个位置开始进行匹配，子串 t 从第 0 个位置开始进行匹配，故 $j = 0$，令 $i = pos$，故 i 的值也为 0，初始状态如图 5-7 所示。

进行第一趟匹配后的结果如图 5-8 所示，此时主串 S 中位置为 2 的字符和子串 t 中位置为 2 的字符不相等，故不匹配。

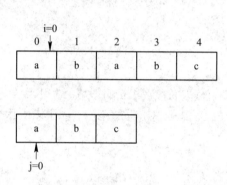

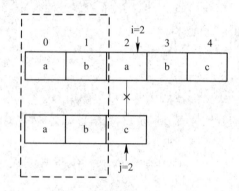

图 5-7　匹配的初始状态图　　　　　　图 5-8　执行第一趟匹配后的状态

此时进行回溯，让主串 S 从第 1 个位置重新开始匹配，子串 T 从头开始(即从第 0 个位置开始)，如图 5-9 所示。

进行第二趟匹配后的结果如图 5-10 所示，此时主串 S 中位置为 1 的字符和子串 t 中位置为 0 的字符不相等，故不匹配。

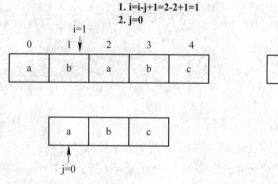

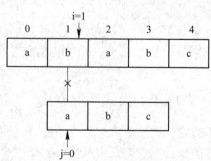

图 5-9　第一趟匹配失败后的回溯图　　　　图 5-10　执行第二趟匹配后的状态

进行回溯，让主串 S 从第 2 个位置重新开始匹配，子串 t 从头开始，如图 5-11 所示。

进行第三趟匹配后的结果如图 5-12 所示，此时主串 S 和子串 t 匹配成功，则返回子串 t 在主串 S 中的位置，即 i-t.getLength( )=5-3=2。

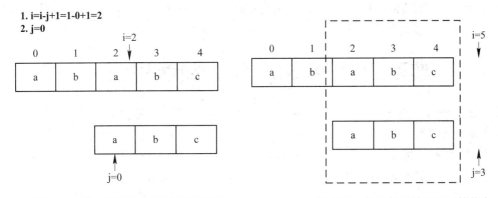

图 5-11　第二趟匹配失败后的回溯图　　　　图 5-12　执行第三趟匹配后的状态

Brute-Force 算法的具体实现如下：

```
public int indexOf_BF(SeqString t, int pos) {
    if(t.getLength( ) == 0 || this.length<t.getLength( ))     //模式串为空或比主串长
        return -1;
    int i = pos , j = 0;
    while( i<this.length&& j<t.getLength( )) {     //循环比较,主串和模式串都不能超过长度
        if(this.chars[i] == t.chars[j]) {     //主串和模式串依次比较每一个字符
            i++;
            j++;
        }
        else {     //进行回溯，过渡到下一趟
            i = i - j + 1;     //转向主串中的下一字符
            j = 0;     //子串重新开始
        }
    }
    if(j >= t.getLength( )) {     //模式串已经循环完毕
        return i - t.getLength( );     //匹配成功，返回第一个字母的索引号
    }
    else {
        return -1;     //匹配失败
    }
}
```

假设主串 S 的长度为 n，子串 t 的长度为 m，现对算法的复杂度进行分析：

(1) 最好的情况下，第一次匹配就成功了，那么只需要比较 m 次。

(2) 最坏的情况下，主串 S 的前 $n-m$ 个字符都匹配，但到子串 t 的最后一个字符时失败，即前 $n-m$ 个字符都做了 m 次匹配，故比较次数为$(n-m)m$；主串 S 最后 m 个字符恰

好能匹配成功，则比较次数为 m。综上所述，比较的次数一共是$(n-m)m+m=(n-m+1)m$，算法复杂度就为 $O(nm)$。

Brute-Force 算法的时间复杂度较高，因为在匹配失败后比较位置需要进行回溯，所以造成了比较次数过多的情况。

典型工作任务 5.3　串软件代码设计

简单文本编辑器的程序是由 2 部分组成的，第 1 部分为顺序串的 14 种操作算法，它包含顺序串的无参初始化、有参初始化(int 型或 string 型)、求长度、判空操作、清空操作、复制、比较、连接、删除、插入、求子串、匹配、输出等；第 2 部分为主程序 test，该程序实现了顺序串操作算法的调用及数据的输出和显示。程序框图如图 5-13 所示。

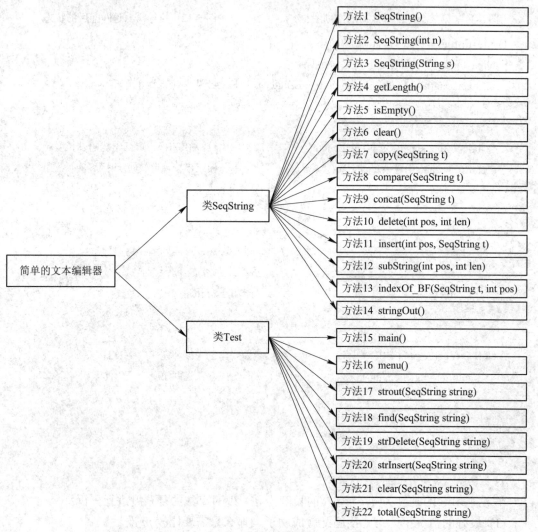

图 5-13　串程序框图

使用串的基本操作算法和 Java 语言来编写简单文本编辑器，源代码具体如下：

```java
public class SeqString {
    public int maxSize=10;
    public char[ ] chars;
    public int length;
    //1. 初始化
    public SeqString( ){
        this.chars = new char[this.maxSize];
        this.length = 0;
    }
    public SeqString(int n){
        this.maxSize =n;
        this.chars = new char[n];
        this.length = 0;
    }
    public SeqString(String s){
        this.maxSize =s.length( );
        this.chars = s.toCharArray( );
        this.length = s.length( );
    }
    //2. 求串长
    public int getLength( ){
        return this.length;
    }
    //3. 判串是否为空
    public boolean isEmpty( ){
        return this.length == 0;
    }
    //4. 清空串
    public void clear( ){
        this.length = 0;
    }
    //5. 复制串
    public void copy(SeqString t){
        if(this.maxSize<t.maxSize)
        {
            this.maxSize = t.maxSize;
            this.chars = new char[this.maxSize];
        }
        for(int i=0; i<t.getLength( );i++)
```

```
        {
            this.chars[i]=t.chars[i];
        }
        this.length=t.length;
    }
//6. 比较串
public int compare(SeqString t){
    int i=0;
    while(this.chars[i]==t.chars[i] &&i<this.length&&i<t.getLength( ))
    {
        i++;
    }
    if(i==this.length&& i==t.length)
        return 0;
    else if(i<this.length&& i<t.getLength( ))
    {
        if(this.chars[i]>t.chars[i])
            return 1;
        else
            return -1;
    }
    else if(i<this.length&& i==t.getLength( ))
        return 1;
    else
        return -1;
}
//7. 连接串
public void concat(SeqString t){
    if(this.maxSize<this.length+ t.getLength( )){
        char[ ] a = new char[this.length];
        for(int i=0;i<this.length;i++)
            a[i]=this.chars[i];
        this.maxSize = this.length + t.getLength( );
        this.chars = new char[this.maxSize];
        for(int i=0; i<a.length;i++)
            this.chars[i]=a[i];
    }
    for(int i= 0;i<t.getLength( );i++)
    {
```

```
        this.chars[this.length]=t.chars[i];
        this.length++;
    }
}
//8. 删除子串
public boolean delete(int pos, int len){
    if(pos<0 || pos>(this.length-len))
        return false;
    for(int i=pos+len; i<this.length; i++)
        this.chars[i-len] = this.chars[i];
    this.length = this.length-len;
    return true;
}
//9. 插入子串
public boolean insert(int pos, SeqString t){
    if(pos< 0 || pos>this.length)
        return false;
    if(this.length + t.getLength( ) >this.maxSize){
        char[ ] a = new char[this.length];
        for(int i=0;i<this.length;i++)
            a[i]=this.chars[i];
        this.maxSize = this.length + t.getLength( );
        this.chars = new char[this.maxSize];
        for(int i=0; i<a.length;i++)
            this.chars[i]=a[i];
    }
    for(int i = this.length-1 ; i >= pos ; i --)
        chars[i + t.getLength( )] = chars[i];
    for(int i = 0; i <t.getLength( ) ; i ++)
        chars[i + pos] = t.chars[i];
    this.length = this.length + t.getLength( );
    return true;
}
//10. 求子串
public SeqStringsubString(int pos, int len){
    if(pos+len>this.length)
        return null;
    SeqString a = new SeqString(len);
    for(int i=0; i<len; i++)
```

```
        {
            a.chars[i] = this.chars[pos+i];
            a.length++;
        }
        return a;
    }
    //11. 查找子串
    public int indexOf_BF(SeqString t, int pos) {
        if(t.getLength( ) == 0 || this.length<t.getLength( ))
            return -1;
        int i = pos , j = 0;
        while( i<this.length&& j<t.getLength( ) ) {   //循环比较,主串和模式串都不能超过长度
            if(this.chars[i] == t.chars[j]) {
                i++;
                j++;
            }
            else {
                i = i - j + 1;
                j = 0;
            }
        }
        if(j >= t.getLength( )) {
            return i - t.getLength( );
        }
        else {
            return -1;
        }
    }
    public void stringOut( ) {
        for(int i=0;i<this.length;i++)
            System.out.print(chars[i]);
        System.out.print("\n");
    }
}
```

....

```
//主程序
import java.util.Scanner;
public class Test {
    public static void main(String args[ ]) {
```

```java
        String str="Hello World!\nI love programing!\nI love data structure!";
        SeqString s = new SeqString(str);
        int flag=1;
        int choice;
        while(flag==1)
        {
            menu( );
            System.out.print("请输入您的选择:");
            Scanner sc = new Scanner(System.in);
            choice   = sc.nextInt( );
            switch(choice) {
                case 0: flag=0;break;
                case 1: strout(s);break;
                case 2: find(s);break;
                case 3: strDelete(s);break;
                case 4: strInsert(s);break;
                case 5: clear(s);break;
                case 6: total(s);break;
                default:
                System.out.println("输入有误，请重新输入！");
            }
        }
        System.out.println("感谢您的使用！");
}
public static void menu( ) {
    System.out.println("******************************");
    System.out.println("******** 欢迎使用文本编辑器   *********");
    System.out.println("*****1.输出****");
    System.out.println("*****2.查找****");
    System.out.println("*****3.删除****");
    System.out.println("*****4.插入****");
    System.out.println("*****5.清空****");
    System.out.println("*****6.统计总字符数               ****");
    System.out.println("*****0.退出                      ****");
    System.out.println("******************************");
}
public static void strout(SeqString string) {
    if(string.getLength( )!=0)
        string.stringOut( );
```

```java
        else
            System.out.println("该文本没有内容！");
    }
    public static void find(SeqString string) {
        System.out.print("请输入要查找的内容");
        Scanner sc = new Scanner(System.in);
        String str = sc.nextLine( );
        SeqString s = new SeqString(str);
        int num=0;
        int start=0;
        while(start+s.getLength( )<=string.getLength( )) {
            int location = string.indexOf_BF(s,start);
            if(location==-1)
            {
                if(num==0)
                    System.out.print("文本中没有该内容");
                break;
            }
            else
            {
                if(num==0)
                    System.out.print("文本中出现该内容的位置是：");
                num++;
                System.out.print(" "+location);
                start = location+s.getLength( )-1;
            }
        }
        System.out.println("\n 共计出现"+num+"次");
    }
    public static void strDelete(SeqString string) {
        Scanner sc = new Scanner(System.in);
        System.out.print("请输入要删除的位置：");
        int location = sc.nextInt( );
        System.out.print("请输入要删除的长度：");
        int len = sc.nextInt( );
        if(string.delete(location, len))
            System.out.println("删除完成！");
        else
            System.out.println("删除失败！");
```

```
    }
    public static void strInsert(SeqString string) {
        System.out.print("请输入要插入的位置：");
        Scanner sc = new Scanner(System.in);
        int location = sc.nextInt( );
        System.out.print("请输入要插入的内容：");
        Scanner sc1 = new Scanner(System.in);
        String str = sc1.nextLine( );
        SeqString s = new SeqString(str);
        if(string.insert(location, s))
            System.out.println("插入完成！");
        else
            System.out.println("插入失败！");
    }
    public static void clear(SeqString string) {
        string.clear( );
        System.out.println("清空完成！");
    }
    public static void total(SeqString string) {
        System.out.println("共有"+string.getLength( )+"个字符");
    }
}
```

典型工作任务 5.4 串软件测试执行

使用数据结构中的串算法编写简单文本编辑器程序，通过 JDK 编译和运行，按照菜单提示输入对应的字符进行测试。选择"1"，输出字符串，运行结果如图 5-14 所示；选择"2"，查找字符串"like"的位置，未找到，运行结果如图 5-15 所示。

图 5-14 输出字符串运行结果图

图 5-15 查找字符串运行结果图

　　运行简单文本编辑器程序，选择菜单"2"，查找字符串"love"出现的位置，如图 5-16 所示；选择菜单"3"，输入要删除的字符串位置及长度，删除对应字符串后显示"删除完成！"，如图 5-17 所示。

```
****************************
******** 欢迎使用文本编辑器 *********
*****1.输出                   ****
*****2.查找                   ****
*****3.删除                   ****
*****4.插入                   ****
*****5.清空                   ****
*****6.统计总字符数           ****
*****0.退出                   ****
****************************
请输入您的选择:2
请输入要查找的内容love
文本中出现该内容的位置是: 15  34
共计出现2次
```

图 5-16　查找字符串"love"运行结果图

```
****************************
******* 欢迎使用文本编辑器 *******
*****1.输出                   ****
*****2.查找                   ****
*****3.删除                   ****
*****4.插入                   ****
*****5.清空                   ****
*****6.统计总字符数           ****
*****0.退出                   ****
****************************
请输入您的选择:3
请输入要删除的位置: 15
请输入要删除的长度: 4
删除完成！
```

图 5-17　删除字符串运行结果图

　　运行简单文本编辑器程序，选择菜单"1"，输出执行上述操作后的字符串，如图 5-18 所示，选择菜单"4"，输入要插入字符串的位置及字符串值，如图 5-19 所示。

```
****************************
******** 欢迎使用文本编辑器 ********
*****1.输出                   ****
*****2.查找                   ****
*****3.删除                   ****
*****4.插入                   ****
*****5.清空                   ****
*****6.统计总字符数           ****
*****0.退出                   ****
****************************
请输入您的选择:1
Hello World!
I  programing!
I love data structure!
```

图 5-18　输出字符串运行结果图

```
****************************
******* 欢迎使用文本编辑器 *******
*****1.输出                   ****
*****2.查找                   ****
*****3.删除                   ****
*****4.插入                   ****
*****5.清空                   ****
*****6.统计总字符数           ****
*****0.退出                   ****
****************************
请输入您的选择:4
请输入要插入的位置: 15
请输入要插入的内容: like
插入完成！
```

图 5-19　插入新字符串运行结果图

　　运行简单文本编辑器程序，选择菜单"1"，输出执行上述操作后的字符串，如图 5-20 所示，选择菜单"6"，统计字符串中的字符总个数，如图 5-21 所示。

```
****************************
******** 欢迎使用文本编辑器 *********
*****1.输出                   ****
*****2.查找                   ****
*****3.删除                   ****
*****4.插入                   ****
*****5.清空                   ****
*****6.统计总字符数           ****
*****0.退出                   ****
****************************
请输入您的选择:1
Hello World!
I like programing!
I love data structure!
```

图 5-20　输出字符串运行结果图

```
****************************
******** 欢迎使用文本编辑器 *********
*****1.输出                   ****
*****2.查找                   ****
*****3.删除                   ****
*****4.插入                   ****
*****5.清空                   ****
*****6.统计总字符数           ****
*****0.退出                   ****
****************************
请输入您的选择:6
共有54个字符
```

图 5-21　统计总字符数运行结果图

运行简单文本编辑器程序，选择菜单"5"，清空字符串，运行结果如图 5-22 所示，选择菜单"1"，无字符串输出，如图 5-23 所示。

```
**********************************
******** 欢迎使用文本编辑器 *********
*****1.输出                    ****
*****2.查找                    ****
*****3.删除                    ****
*****4.插入                    ****
*****5.清空                    ****
****6.统计总字符数              ****
*****0.退出                    ****
**********************************
请输入您的选择：5
清空完成！
```

图 5-22　清空字符串运行结果图

```
**********************************
******** 欢迎使用文本编辑器 *********
*****1.输出                    ****
*****2.查找                    ****
*****3.删除                    ****
*****4.插入                    ****
*****5.清空                    ****
*****6.统计总字符数             ****
*****0.退出                    ****
**********************************
请输入您的选择：1
该文本没有内容！
```

图 5-23　无字符串输出运行结果图

运行简单文本编辑器程序，选择菜单"0"退出系统，运行结果如图 5-24 所示。

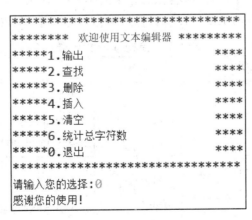

```
**********************************
******** 欢迎使用文本编辑器 *********
*****1.输出                    ****
*****2.查找                    ****
*****3.删除                    ****
*****4.插入                    ****
*****5.清空                    ****
*****6.统计总字符数             ****
*****0.退出                    ****
**********************************
请输入您的选择：0
感谢您的使用！
```

图 5-24　退出系统运行结果图

★ 提示   文本编辑器的菜单界面可通过调试代码修改，比如在输出结果之间增加分隔符，换行等，可反复调试修改直到输出合适的结果为止。

典型工作任务 5.5   串软件文档编写

为了更好地掌握顺序串的存储结构和各种操作算法，充分理解简单文本编辑器项目的需求分析、结构设计以及功能测试，养成良好的编程习惯和测试能力，下面主要从软件规范及模块测试的角度来编写文档。

5.5.1   初始化模块测试

使用顺序结构存储字符串并实现的简单文本编辑器程序，在初始化模块中可能出现未给数组分配空间、串初始化时直接赋值等错误或缺陷，如表 5-1 所示。

表 5-1   初始化模块测试表

编号	摘要描述	预期结果	正确代码
sxc-csh-01	存储串的数组没有分配空间	程序报错	增加代码： this.chars = new char[this.maxSize];

sxc-csh-02	串在初始化时直接给值	程序报错	增加代码：
			public SeqString(String s){
			　this.maxSize =s.length( );
			　this.chars = s.toCharArray( );
			　this.length = s.length( );
			}

5.5.2   查找模块测试

查找模块实现了在某个位置查找固定长度的字符串，在本模块中可能对未找到的子串没有给出提示信息、查找的子串位置输出两次等错误或缺陷，如表 5-2 所示。

表 5-2   查找模块测试表

编号	摘要描述	预期结果	正确代码
sxc-cz-01	未找到子串时，没有提示	提示用户	增加代码： if(num==0) System.out.print("文本中没有该内容");
sxc-cz-02	查找出来的子串位置中，个别位置输出了两遍	每个位置只输出一遍	修改代码： start = location+s.getLength( )-1;

5.5.3 删除模块测试

删除模块实现了从某一位置开始删除固定长度的字符串，在本模块中可能出现删除后未给提示信息等错误或缺陷，如表 5-3 所示。

表 5-3 删除模块测试表

编号	摘要描述	预期结果	正确代码

sxc-sc-01	是否删除成功未提示用户	提示用户	修改代码：
			if(string.delete(location, len))
			　　System.out.println("删除完成！");
			else
			　　System.out.println("删除失败！");

5.5.4 插入模块测试

插入模块实现了从某一位置开始插入新的字符串，在本模块中可能出现无法接收到用户输入的子串、新增字符串无响应等错误或缺陷，如表 5-4 所示。

表 5-4 插入模块测试表

编号	摘要描述	预期结果	正确代码
sxc-cr-01	无法接收到用户输入的子串	正确接收	修改代码： Scanner sc1 = new Scanner(System.in); String str = sc1.nextLine( );
sxc-cr-02	新增字符串无响应	程序报错	增加代码： SeqString s = new SeqString(str);

sxc-cr-03	是否新增子串成功未提示用户	提示用户	修改代码：
			if(string.insert(location, s))
			　　System.out.println("插入完成！");
			else
			　　System.out.println("插入失败！");

典型工作任务 5.6 串项目验收交付

经过数据结构设计和代码编写，实现了简单文本编辑器项目的功能，但在提交给使用者正常使用之前，还需要准备本项目交付验收的清单，如表 5-5 所示。

表 5-5　简单文本编辑器项目验收交付表

验收项目		验收标准	验收情况
验收测试	功能	项目主要功能 (1) 存储文本内容； (2) 查找指定文本内容； (3) 删除指定文本内容； (4) 插入指定文本内容； (5) 清空文本内容； (6) 统计文本长度； (7) 输出整个文本	
		数据及界面要求： (1) 文本内容不宜过长，符合编码规则； (2) 输出界面上信息清晰、完整、正确无误	
	性能	运行代码后响应时间小于 3 秒。 (1) 该标准适用于所有功能项； (2) 该标准适用于所有被测数据	
软件设计	需求规格说明	需求符合正确； 功能描述正确； 语言表述准确	
	设计说明	描述方法的定义、功能、参数和返回值	
	数据结构说明	说明顺序串的存储结构； 顺序串的操作算法特性：有穷、确定、可行、输入、输出	
程序	源代码	类、方法的定义与文档相符； 类、方法、变量、数组等命名规范符合"见名知意"； 注释清晰、完整，语言准确、规范； 代码质量较高，无明显功能缺陷； 冗余代码少	
测试	测试数据	覆盖全部需求； 测试数据完整； 测试结果功能全部实现	
用户使用	使用说明	覆盖全部功能； 运行结果正确； 建议使用软件 Eclipse 或者 JDK	

项目六　矩阵——核算产品费用

项目引导

　　数组是一种常见的数据结构，在高级语言中有着广泛的应用。前面的项目中讲到的线性结构都是原子类型的，而数组的数据结构是结构类型的，即元素值是可以再分解的。在数学中，矩阵(Matrix)是一个按照长方阵列排列的实数或复数的集合，最早来自方程组的系数及常数所构成的方阵。由 $m \times n$ 个数 $a[i, j]$ 排成的 m 行 n 列的数表称为 m 行 n 列的矩阵，简称 $m \times n$ 矩阵。本项目以核算产品费用为例，介绍了数组的基本概念及性质、数组的存储结构、矩阵的压缩存储方式、矩阵的基本运算等，整个项目遵循软件开发和软件测试流程，旨在使学生熟悉开发和测试岗位的基本工作任务和能力要求，学习撰写规范的软件文档，实现"数据+程序+文档"的有效结合，达到学以致用的目的。

知识目标

　　◇ 掌握数组的概念与性质。
　　◇ 掌握数组的逻辑结构及存储结构。
　　◇ 掌握矩阵的压缩存储。
　　◇ 掌握矩阵的基本运算。

技能目标

　　◇ 能进行项目需求分析。
　　◇ 能进行矩阵的算法分析及编程。
　　◇ 能用矩阵的知识编程解决问题。
　　◇ 能进行软件测试及项目功能调试。
　　◇ 能撰写格式规范的软件文档。

思政目标

　　◇ 掌握数组的顺序存储方法，树立规矩意识。
　　◇ 掌握稀疏矩阵的特殊处理方式，培养善于思考的创新意识。
　　◇ 锻炼发现问题、分析问题、解决问题的能力。
　　◇ 编写算法细致周密，养成科学严谨的学习态度。

典型工作任务 6.1　矩阵项目需求分析

　　一个企业往往会生产多个种类的产品，每类产品每个月每个季度的产量都是变化的，这些变化可能和原料、订单、季节、销量等因素有关系。为了准确地核算企业一年所生产的所有产品的成本，这些产品的成本信息采用什么结构存储更便于计算呢？

　　某食品厂的产品包括罐头、糖果、巧克力、饮料、啤酒等。为了核算各类产品在一年中的成本费用，我们按月统计每类产品的成本，然后把一年 12 个月的统计表累加起来，就可以核算出各类产品的成本以及企业一年的生产成本。

　　为了便于分类统计，我们可以设计如表 6-1 所示的产品成本月统计表。

表 6-1　产品成本月统计表　　　　　单位：万元

产品名称	材料成本	人工成本	制造成本
罐头	1.45	1.23	0.35
糖果	0.98	0.87	0.65
巧克力	1.43	0.94	0.89
饮料	0.87	0.65	0.35
啤酒	0.84	0.61	0.56

　　为了便于核算产品费用，本任务以该食品厂的各项产品成本为例，使用数组对各类产品的各项费用进行输入及计算，具体要求如下：

(1) 使用数组存储每个月的产品成本；

(2) 显示每个月的产品成本矩阵；

(3) 产品成本矩阵可进行转置；

(4) 产品成本矩阵可进行加法计算；

(5) 输出矩阵操作后的结果。

★ 说明

本任务要求输出格式规范并符合要求。

本任务采用数组存储产品成本，其中一个数组存放一个月的产品成本。

本任务要求分别使用满足条件的数据和不满足条件的数据进行程序功能的测试，以保证程序的可靠、稳定和正确。测试用例、测试执行及测试结果均写在测试文档中，作为再次开发和修改的依据。

典型工作任务 6.2　矩阵数据结构设计

6.2.1　数组的概念

　　数组是相同类型的数据有序的集合，数组中的每一个数据通常称为数组元素，数组元素用下标识别，下标的个数取决于数组的维数。如果是一个下标确定一个元素，就是一维数组；如果是两个下标确定一个元素，就是二维数组。数组中的元素本身又可以是具有某种结构的数据元素，但属于同一数据类型。比如，一维数组可以看作一个线性表，二维数组可以看作"数据元素是一维数组"的线性表。

图 6-1 所示的 $m \times n$ 阶矩阵是个二维数组，其中每个元素都可以用下标变量 a_{ij} 来表示，i 为元素的行下标，j 为元素的列下标。

$$A = \begin{bmatrix} a_{11} & a_{12} & \cdots & a_{1n} \\ a_{21} & a_{22} & \cdots & a_{2n} \\ \vdots & \vdots & & \vdots \\ a_{m1} & a_{m2} & \cdots & a_{mn} \end{bmatrix}$$

图 6-1 m 行 n 列的二维数组

6.2.2 数组结构具有的性质

(1) 数组元素的数目固定，即一旦说明了一个数组结构，其元素不再有增减变化；
(2) 数组元素具有相同的数据类型；
(3) 数组元素的下标关系具有上下界的约束且下标有序；
(4) 数组元素的值由数组名和下标唯一确定；
(5) 数组名是数组的首地址，每个元素是连续存放的。
对数组可以施加的操作主要有以下 2 种：
(1) 取值操作：给定一组下标，读其对应的数据元素。
(2) 赋值操作：给定一组下标，存储或修改与其相对应的数据元素。
二维数组的使用较为广泛，下面我们将重点研究二维数组。

6.2.3 数组的顺序存储

对于数组而言，由于对它的运算通常是随机访问与修改，一般不做插入、删除数据元素的操作，数组元素个数和元素之间的关系不会发生变动，因此，一般采用顺序存储结构表示数组。顺序存储结构用一块连续的存储空间存储数组元素。

对于多维数组，为了把它存入一维的地址空间中，一般有 2 种存储方式。一种是以行为主序(或先行后列)顺序存放，即一行分配完了接着分配下一行。其存储规则是：最右边的下标先变化，从小到大循环一遍后，右边第二个下标再变，以此类推，从右向左，最后是最左边的下标。另一种是以列为主序(先列后行)顺序存放，即一列一列地存放。存储规则与以行为主序的存储规则恰好相反：最左边的下标先变化，从小到大循环一遍后，左边第二个下标再变，以此类推，从左向右，最后是最右边的下标。

对于如图 6-1 所示的二维数组 A，若按行为主序存储，则第 $i+1$ 行紧跟着第 i 行，可以得到如下线性序列：

$a_{11}, a_{12}, \cdots, a_{1n}, a_{21}, a_{22}, \cdots, a_{2n}, \cdots, a_{m1}, a_{m2}, \cdots, a_{mn}$

若按列为主序存储，则第 $i+1$ 列紧跟着第 i 列，可以得到如下线性序列：

$a_{11}, a_{21}, \cdots, a_{m1}, a_{12}, a_{22}, \cdots, a_{m2}, \cdots, a_{1n}, a_{2n}, \cdots, a_{mn}$

大多数程序设计语言是以行为主序来排列数组元素的。

因为数组是相同类型数据元素的集合，所以每一个数据元素所占用的大小是相同的，故只要已知首地址和每个数据元素所占用的内存单元大小就可以求出数组中任意数据元素的存储地址。

对于一维数组 $A[n]$，数据元素的存储地址为 $LOC(i) = LOC(1) + i \times L$ $(1 \leqslant i \leqslant n)$，其中，$LOC(i)$ 是第 i 个元素的存储地址，$LOC(1)$ 是数组的首地址，L 是每个数据元素占用的字节数。

对于一个 $m \times n$ 的二维数组 $A[m][n]$，以行为主序存储时，数组元素 a_{ij} 的存储地址为

$$LOC(a_{ij}) = LOC(a_{11}) + ((i-1) \times n + j - 1) \times L \quad (0 \leqslant i \leqslant m, \ 0 \leqslant j \leqslant n)$$

其中，$LOC(a_{ij})$ 是第 i 行第 j 列数组元素的存储地址，$LOC(a_{11})$ 是数组的首地址，L 是每个数据元素占用的字节数。

若以列为主序存储二维数组 $A[m][n]$，则数组元素 a_{ij} 的存储地址为

$$LOC(a_{ij}) = LOC(a_{11}) + ((j-1) \times m + i - 1) \times L \quad (1 \leqslant i \leqslant m, \ 1 \leqslant j \leqslant n)$$

由于程序设计语言中对数组的每一维下标规定从 0 开始，所以数组元素 a_{ij} 的存储地址应改为

以行为主序：$LOC(a_{ij}) = LOC(a_{00}) + (i \times n + j) \times L$ $(0 \leqslant i \leqslant m-1, \ 0 \leqslant j \leqslant n-1)$

以列为主序：$LOC(a_{ij}) = LOC(a_{00}) + (j \times m + i) \times L$ $(0 \leqslant i \leqslant m-1, \ 0 \leqslant j \leqslant n-1)$

将计算数组元素存储地址的公式推广到一般情况，可以得到 n 维数组 $A[m_1][m_2]\cdots[m_n]$ 的数据元素 $a[i_1][i_2]\cdots[i_n]$ 的存储地址：

$$LOC(i_1, i_2, \cdots, i_n)$$
$$= LOC(0, 0, \cdots, 0) + (i_1 \times m_2 \times \cdots m_n + i_2 \times m_3 \times \cdots \times m_n + \cdots + i_{n-1} \times m_n + i_n) \times L$$
$$= LOC(0, 0, \cdots, 0) + \left(\sum_{j=1}^{n-1} i_j \prod_{k=j+1}^{n} m_k + i_n \right) \times L$$

在 n 维数组中，一旦确定了 n 维数组的首地址，系统就可以计算出任意一个数组元素的地址。由于计算数组中各个元素的存储地址所用的时间相等，所以计算数组中数据元素的存储地址的时间复杂度为 $O(1)$，n 维数组是一种随机存储结构。

6.2.4 特殊矩阵的压缩存储

矩阵是很多科学与工程计算问题中研究的对象，它是一个按照长方阵列排列的实数或复数的集合。由 $m \times n$ 个数 a_{ij} 排成的 m 行 n 列的数表称为 m 行 n 列的矩阵，简称 $m \times n$ 矩阵。当一个矩阵的行数和列数相同(即 $m = n$ 时)，称为 n 阶矩阵或方阵。

矩阵用二维数组处理最方便，大多数程序也是用二维数组来存储矩阵元素和实现矩阵运算的。

特殊矩阵是具有很多相同数据元素或者零元素且数据元素的分布具有一定规律的矩阵。$m \times n$ 矩阵用二维数组存储时，最少需要 $m \times n$ 个存储单元。当矩阵的阶数比较大时，会浪费大量的存储空间，显然是不合适的。本节将主要讨论特殊矩阵的压缩存储方法。

常见的特殊矩阵有对称矩阵、三角矩阵和对角矩阵。

1. 对称矩阵

若 n 阶矩阵满足性质 $a_{ij} = a_{ji}$，则称为对称矩阵，如图 6-2 所示。对于这种矩阵，可以为每一对对称元素分配一个存储空间，因此可以将 $n \times n$ 个元素存储到 $n(n+1)/2$ 个存储单元中。

$$A = \begin{bmatrix} 3 & 6 & 4 & 7 & 8 \\ 6 & 2 & 8 & 4 & 2 \\ 4 & 8 & 1 & 6 & 9 \\ 7 & 4 & 6 & 0 & 5 \\ 8 & 2 & 9 & 5 & 7 \end{bmatrix}$$

图 6-2　对称矩阵 A

对下三角部分以行为主序顺序存储到一维数组 S 中。矩阵下三角部分中的元素 a_{ij} 的下标满足条件 $i \geq j$，根据存储规则，它前面有 $i-1$ 行，共有 $1+2+\cdots+i-1 = i(i-1)/2$ 个元素，而 a_{ij} 又是它所在行中的第 j 个元素，所以 a_{ij} 应该是第 $i(i-1)/2 + j$ 个元素，S 中任意一个元素 a_{ij} 经过压缩存储后与一维数组的下标 k 之间的关系如下：

$$k = \frac{i(i-1)}{2} + j \quad (i \geq j)$$

当 $i < j$ 需要取上三角部分中的元素时，只需要将 i 与 j 对换，即

$$k = \frac{j(j-1)}{2} + i \quad (i < j)$$

对于任意给定的一组下标 (i, j)，均可以在 S 中找到矩阵元素 a_{ij}，反之，对于所有的 $k = 1, 2, \cdots, n(n+1)/2$，都能确定 S 中的元素在矩阵中的位置 (i, j)。存储结构如图 6-3 所示。

a_{00}	a_{01}	a_{02}	$\cdots$	$a_{0,n-1}$	a_{11}	$\cdots$	$a_{n-1,0}$	$\cdots$	$a_{n-1,n-1}$

图 6-3　对称矩阵压缩存储

2. 三角矩阵

三角矩阵分为上三角矩阵和下三角矩阵。下三角矩阵是指矩阵的主对角线(不包括主对角线)上方的元素的值均为 0；上三角矩阵是指矩阵的主对角线(不包括主对角线)下方的元素的值均为 0，如图 6-4 所示。

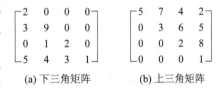

$$\begin{bmatrix} 2 & 0 & 0 & 0 \\ 3 & 9 & 0 & 0 \\ 0 & 1 & 2 & 0 \\ 5 & 4 & 3 & 1 \end{bmatrix} \qquad \begin{bmatrix} 5 & 7 & 4 & 2 \\ 0 & 3 & 6 & 5 \\ 0 & 0 & 2 & 8 \\ 0 & 0 & 0 & 1 \end{bmatrix}$$

(a) 下三角矩阵　　　(b) 上三角矩阵

图 6-4　三角矩阵

下三角矩阵的压缩存储与对称矩阵的压缩存储类似。利用下三角矩阵的规律，用一维数组 B 存放下三角矩阵中的元素。

假设 A 为下三角矩阵，A 中任意一个元素 a_{ij} 经过压缩存储后与一维数组 B 的下标 k 之间的关系为

$$k = \begin{cases} i \times \dfrac{i+1}{2} + j & (i \geq j; i, j = 0, 1, \cdots, n-1) \\ \text{空} & (i < j; i, \ j = (0, 1, \cdots, n-1) \end{cases}$$

其中，i 为行下标，j 为列下标。

对于上三角矩阵，采用以列为主序存放上三角矩阵元素的方法比较方便。

假设 A 为一个上三角矩阵，A 中任意一个元素 a_{ij} 经过压缩存储后，与一维数组 B 的下标 k 之间的关系为

$$k = \begin{cases} i \times \dfrac{j+1}{2} + i & (i \leqslant j; i, j = 0, 1, \cdots, n-1) \\ \text{空} & (i > j; i, j = 0, 1, \cdots, n-1) \end{cases}$$

其中，i 为行下标，j 为列下标。

3. 对角矩阵

对角矩阵是指矩阵的所有非零元素都集中在以主对角线为中心的带状区域，即除去主对角线上和直接在主对角线上、下方若干条对角线上的元素之外，其余元素皆为零。这样的矩阵称为半带宽为 d 的带状矩阵(带宽为 $2d+1$)，d 为直接在对角线上、下方不为 0 的对角线数。对于 n 阶 $2d+1$ 对角矩阵，只需要存放对角区域的 $n(2d+1) - d(d+1)$ 个非零元素。为了计算方便，可认为每一行都有 $2d+1$ 个元素，如果少于 $2d+1$ 个元素，则添零补足。假设以一维数组 S 作为对角矩阵的存储结构，则对角矩阵中每一个元素的存储单元地址的计算公式如下：

$$LOC(i, j) = Loc(0, 0) + [i \times (2d+1) + d + (j-i)] \times L$$

其中，$0 \leqslant i \leqslant n-1$，$0 \leqslant j \leqslant n-1$，$|i-j| \leqslant d$，$L$ 是每个矩阵元素所占存储单元的个数。

例如，已知对角带状矩阵 A 为

$$A = \begin{bmatrix} a_{11} & a_{12} & 0 & 0 & 0 \\ a_{21} & a_{22} & a_{23} & 0 & 0 \\ 0 & a_{32} & a_{33} & a_{34} & 0 \\ 0 & 0 & a_{43} & a_{44} & a_{45} \\ 0 & 0 & 0 & a_{54} & a_{55} \end{bmatrix}$$

若以一维数组进行存储，则存储形式如图 6-5 所示。

0	1	2	3	4	5	6	7	8	9	10	11	12
a_{11}	a_{12}	a_{21}	a_{22}	a_{23}	a_{32}	a_{33}	a_{34}	a_{43}	a_{44}	a_{45}	a_{54}	a_{55}

图 6-5 对角矩阵的压缩存储

6.2.5 稀疏矩阵的压缩存储

在实际应用中，经常会遇到一类矩阵：矩阵阶数比较大，零元素个数比较多，非零元素个数比较少，且分布无规律，这类矩阵就是稀疏矩阵。

设矩阵 A 是一个 $m \times n$ 的矩阵，其中有 t 个非零元素，设

$$\delta = \frac{t}{m \times n}$$

$$A = \begin{bmatrix} 0 & 0 & 3 & 0 & 2 & 0 \\ 15 & 0 & 0 & 0 & 0 & 11 \\ 0 & 0 & 0 & 0 & 22 & 0 \\ 0 & 0 & 0 & 0 & 0 & 0 \\ 0 & 0 & 0 & 7 & 0 & 0 \\ 0 & 0 & 32 & 0 & 0 & 0 \\ 0 & 0 & 0 & 0 & 0 & 0 \end{bmatrix}$$

称 δ 为稀疏因子。如果 $\delta \leqslant 0.05$，则矩阵 A 就是稀疏矩阵，如图 6-6 所示。

图 6-6 稀疏矩阵 A

压缩这种非零元素占用的空间，不但能节省内存空间，而且能避免大量有零元素参与

运算，大大提高运算效率。由于稀疏矩阵中非零元素的分布无规律，因此不能像前面特殊矩阵那样只存放非零元素值，还必须存储一些辅助信息，才能迅速地确定一个非零元素在矩阵中的位置。下面介绍两种稀疏矩阵常用的存储结构。

1. 三元组表存储

稀疏矩阵中的每个元素都由行下标、列下标和数值三个部分唯一确定，因此可以用这三项内容表示稀疏矩阵中的元素，这就是三元组表示法，形式如下：

$$(i, j, \text{value})$$

其中，i 表示非零元素的行下标，j 表示非零元素的列下标，value 表示非零元素的值。

对于图 6-5 所示的稀疏矩阵，其相应的三元组表如表 6-2 所示。

表 6-2   稀疏矩阵 A 的三元组表

行下标	列下标	元素值
1	3	3
1	5	2
2	1	15
2	6	11
3	5	22
5	4	7
6	3	32

1) 三元组顺序表的定义

在 Java 语言中，可以定义类 TripleNode 表示三元组结点的数据结构。

```java
public class TripleNode          //三元组结点类
{
    public int row;              //行号
    public int col;              //列号
    public double value;         //元素值
    public TripleNode(int row,int col,double value)     //有参构造函数
    {
        this.row=row;
        this.col =col;
        this.value =value;
    }
    public TripleNode( )          //无参构造函数
    {
        this(1,1,0);
    }
}
```

采用三元组顺序表存储稀疏矩阵,除了使用一个 TripleNode 类型的数组 data 存储稀疏

矩阵的所有三元组外，还需要用 3 个整型变量 rows、cols、nums 分别表示稀疏矩阵的行数、列数和非零元素个数。

稀疏矩阵的三元组顺序表类定义如下：

```java
public class SparseMatrix
{
    public TripleNode data[ ];              //三元组表
    public int rows;                        //行数
    public int cols;                        //列数
    public int nums;                        //非零元素个数
    public SparseMatrix(int maxSize)    {   //构造方法
        data=new TripleNode[maxSize];       //为顺序表分配 maxSize 个存储单元
        for(int i=0;i<data.length ;i++) {
            data[i]=new TripleNode( );
        }
        rows=0;
        cols=0;
        nums=0;
    }
    public void printMatrix( )              //打印输出稀疏矩阵
    {
    System.out.println("稀疏矩阵的三元组存储结构");
    System.out.print("行数:"+rows+",列数"+cols+",非零元素个数： "+nums+"\n");
    for(int i=0;i<nums;i++)
        System.out .print(data[i].row+"\t"+data[i].col+"\t"+data[i].value+"\n");
    }
}
```

2) 三元组表的基本操作

(1) 初始化三元组顺序表。

该操作按以行为主序的原则依次扫描已知稀疏矩阵的所有元素，并把非零元素插入到三元组顺序表中。

【算法 6-1】 初始化三元组顺序表。

```java
//为稀疏矩阵 mat 创建三元组表
public SparseMatrix(double mat[ ][ ])
{
    int i,j,k=0,count=0;
    rows=mat.length ;
    cols=mat[0].length ;
    for(i=0;i<rows;i++)                     //统计非零元素的个数
```

```
        for(j=0;j<mat[i].length ;j++)
          if(mat[i][j]!=0)
             count++;
      nums=count;                    //非零元素的个数
      data=new TripleNode[nums];     //申请三元组结点空间
      for(i=0;i<rows;i++)
        for(j=0;j<mat[i].length ;j++)
          if(mat[i][j]!=0)
          {
             data[k]=new TripleNode(i,j,mat[i][j]); //建立三元组
             k++;
          }
}
```

(2) 矩阵转置。

矩阵转置是一种简单的矩阵运算，指的是把矩阵中每个元素的行号和列号互换。对于一个 $m \times n$ 的矩阵 A (如图 6-6 所示)，它的转置矩阵 A' 是一个 $n \times m$ 的矩阵(如图 6-7 所示)，且 $A'(i, j) = A(j, i)$。转置矩阵 A' 的三元组表 B 如表 6-3 所示。

表 6-3　转置矩阵 A' 的三元组表 B

$$A' = \begin{bmatrix} 0 & 15 & 0 & 0 & 0 & 0 & 0 \\ 0 & 0 & 0 & 0 & 0 & 0 & 0 \\ 3 & 0 & 0 & 0 & 0 & 32 & 0 \\ 0 & 0 & 0 & 0 & 7 & 0 & 0 \\ 2 & 0 & 22 & 0 & 0 & 0 & 0 \\ 0 & 11 & 0 & 0 & 0 & 0 & 0 \end{bmatrix}$$

行下标	列下标	元素值
3	1	3
5	1	2
1	2	15
6	2	11
5	3	22
4	5	7
3	6	32

图 6-7　A 的转置矩阵 A'

当用三元组表存储稀疏矩阵时，是按以行为主序的原则存放非零元素的，这样存储有利于稀疏矩阵的运算。从转置的性质可以看出，如果将矩阵 A 三元组中的 i 和 j 的值互换，则得到的转置三元组表 B 不再满足以行为主序排列，而是按列为主序排列的。为了解决这个问题，我们可以采用扫描转置前的三元组表，并按先列序、再行序的原则转置三元组表，从而实现在转置的同时使转置后的三元组表 B 按行优先排列。

例如，对表 6-1 转置前的三元组表，从第 1 行开始向下搜索列下标为 1 的元素，找到三元组(2, 1, 15)，则转置为(1, 2, 15)，并存入转置后的三元组顺序表中。接着搜索列下标为 2 的元素，没发现。再搜索列下标为 3 的元素，找到(1, 3, 3)，则转置为(3, 1, 3)，并存入转置后的三元组顺序表中。依次类推，直到把三元组扫描完，即可完成矩阵转置，并且转置后的三元组表满足行优先的原则。转置后的三元组表如表 6-4 所示。

表 6-4　转置矩阵 *A*′的三元组表 B(按行优先)

行下标	列下标	元素值
1	2	15
3	1	3
3	6	32
4	5	7
5	1	2
5	3	22
6	2	11

【算法 6-2】　矩阵转置算法。

```java
public SparseMatrix tran( )
{
    SparseMatrix tr=new SparseMatrix(nums);
    tr.cols=rows;
    tr.rows=cols;
    tr.nums=nums;
    int n=0;
    for(int col=0;col<cols;col++)
        for(int m=0;m<nums;m++)
            if(data[m].col ==col)
            {
                tr.data [n].row =data[m].col ;
                tr.data [n].col =data[m].row ;
                tr.data [n].value =data[m].value ;
                n++;
            }
    return tr;
}
```

上述转置算法使用了二重循环来控制，用外循环来控制扫描的次数，每执行完一次外循环体，矩阵 *B* 相当于排好了一行；内循环则用来控制扫描矩阵 *A* 的第 1 至 *m* 行，判断每个元素在该轮中是否需要转换。所以此算法的时间复杂度为 $O(n \times t)$，其中 *n* 为稀疏矩阵的列数，*t* 为稀疏矩阵的非零元素个数。

(3) 矩阵快速转置。

上面给出的矩阵转置算法的效率较低，为了提高矩阵转置效率，下面给出另一种矩阵转置算法，称为矩阵快速转置算法。

快速转置算法的思想为：按三元组表 A 的次序进行转置，转置后直接放到三元组表 B 的正确位置上。转置过程中的元素并不连续放入 B.data，而是直接放到 B.data 中正确的位置上，只需对 A.data 扫描一次。因为 A 中第一列的第一个非零元素一定存储在 B.data[1]

中，如果还不知道第一列非零元素的个数，那么第二列的第一个非零元素在 B.data 中的位置便等于第一列的第一个元素在 B.data 中的位置加上第一列的非零元素的个数，依次类推，因为 A 中三元组的存放顺序是先行后列，所以对同一行来说，必定先遇到列号小的元素，这样只需要扫描一遍 A.data 即可。

为了实现上述算法，需要引入两个数组 num [1…n+1] 和 cpos[ ]。其中，num[col]表示矩阵 A 中第 col 列的非零元素个数；cpos[col]表示矩阵 A 中第 col 列的第一个非零元素在 B.data 中的位置，即

```
cpos[1]=1
cpos[col]=cpos[col-1]+num[col-1]   (2≤col≤A.n)
```

图 6-6 所示的稀疏矩阵 A 的 num 和 cpos 数组的初值如表 6-5 所示。

表 6-5　快速转置中 num 和 cpos 数组的初值

col	1	2	3	4	5	6
num[col]	1	0	2	1	2	1
cpos[col]	1	2	2	4	5	7

在整个转置过程中，依次扫描原矩阵 A 的三元组顺序表，当扫描到一个第 col 列的非零元素时，直接将其存放到 cpos[col]位置上，cpos[col]的值会加 1，指向 col 列下一个非零元素在 B.data 中的位置。相应的矩阵快速转置的算法如下所示。

【算法 6-3】 矩阵快速转置算法。

```java
public SparseMatrix fasttran( )
{
    SparseMatrix tr=new SparseMatrix(nums);    //创建矩阵对象
    tr.cols =rows;                              //行数变列数
    tr.rows =cols;                              //列数变行数
    tr.nums =nums;                              //非零元素个数
    int   i,j=1,k=0;
    int [ ]num,cpos;
    if(nums>0)
    {
        num=new int[cols+1];
        cpos=new int[cols+1];
        for(i=1;i<=cols;i++)
        {
            num[i]=0;
        }
        for(i=1;i<=nums;i++)
        {
            j=data[i].col ;
            num[j]++;
```

```
        }
        cpos[1]=1;
        for(i=2;i<=cols;i++)
        {
            cpos[i]=cpos[i-1]+num[i-1];
        }
        //执行转置操作
        for(i=1;i<=nums;i++)              //扫描整个三元组顺序表
        {   j=data[i].col ;
            k=cpos[j];
            tr.data [k].row =data[i].col ;
            tr.data [k].col =data[i].row ;
            tr.data [k].value =data[i].value ;
            cpos[j]++;
        }
    }
}
```

这个算法用了两个辅助数组来帮助确定非零元素的位置。从时间上看，算法中有 4 个并列的循环语句，它们分别执行 n，t，$n-1$ 和 t 次，因此，算法的执行时间为 $O(n+t)$。

(4) 矩阵的加法。

当两个矩阵进行加法运算时，要求两个矩阵的大小必须相同，即行数和列数分别对应相等，且结果仍为一个相同大小的矩阵，并且其三元组线性表仍然是有序线性表，即三元组是按行号、列号升序排列的。

两个矩阵 A 和 B 相加就是两个对应的三元组有序线性表合并的过程。算法思路为：同时依次扫描两个矩阵 A 和 B 的三元组表，比较对应元素的大小(即行列号次序)，把较小的元素插入到结果矩阵 C 的三元组线性表的末尾，若它们相同，则进行两个元素值的合并，当结果不为 0 时把它插入到结果矩阵 C 的三元组线性表的表尾。当两个矩阵的三元组线性表中有任意一个被扫描结束后，把剩下的线性表中的剩余元素依次插入到结果矩阵 C 的三元组线性表的末尾。

在后面核算产品费用的任务中，我们将具体介绍实现矩阵加法的算法。

2. 十字链表存储

当稀疏矩阵中非零元素的位置或个数经常发生变化时不宜采用三元组顺序表存储结构，而应该采用链式存储结构。十字链表是稀疏矩阵的另一种存储结构，在十字链表中矩阵的每一个非零元素用一个结点表示，每个结点由 5 个域组成，row 域存放该元素的行号，col 域存放该元素的列号，value 域存放该元素的值。此外还有两个链域：right 域用于链接同一行中的下一个非零元素，down 域用于链接同一列中的下一个非零元素。每个非零元素结点为某个行链表中的一个结点，也是某个列链表中的结点，整个稀疏矩阵构成了一个十字交叉的链表，"十字链表"的名称由此而来。

每个结点的结构如图 6-8 所示。图 6-6 所示的稀疏矩阵 *A* 的十字链表如图 6-9 所示。

row	col	value
down		right

图 6-8　十字链表结点结构示意图

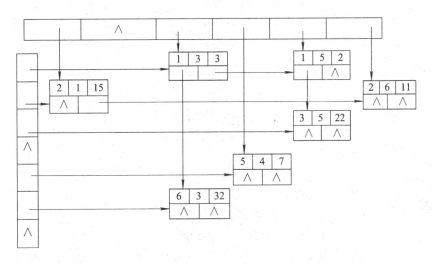

图 6-9　稀疏矩阵 *A* 的十字链表

在 Java 语言中，稀疏矩阵的十字链表表示的结点结构类定义如下：

```java
public class OLnode {                        //十字链表结点类
    public int rows;                         //元素的行号
    public int cols;                         //元素的列号
    public int value;                        //元素的值
    public OLnode right;                     //行链表指针
    public OLnode down;                      //列链表指针
    public OLnode( )
    {
        this(0,0,0);                         //无参构造方法
    }
    public OLnode(int rows,int cols,int value)    //有参构造方法
    {
        this.rows =rows;
        this.cols =cols;
        this.value =value;
        right=null;
        down=null;
    }
}
```

稀疏矩阵的十字链表类定义如下：

```
public class Crosslist {                          //十字链表
    public int mu,nu,tu;                          //行数、列数、非零元素个数
    public OLnode[ ] rhead,chead;                 //行、列指针数组
    public Crosslist(int m,int n)
    {
        mu=m;
        nu=n;
        rhead=new OLnode[m];
        chead=new OLnode[n];
        tu=0;
        for(int i=0;i<m;i++)
            rhead[i]=new OLnode( );
        for(int i=0;i<n;i++)
            chead[i]=new OLnode( );
    }
    …
}
```

典型工作任务 6.3 矩阵软件代码设计

以某厂每月产品成本统计表的处理为目的设计程序，该程序由 2 部分组成，第 1 部分为矩阵的 6 种操作算法，它包含矩阵三元组结点的无参初始化、有参初始化、三元组顺序表的两个有参初始化、三元组顺序表输出、矩阵相加；第 2 部分为主程序 test，该程序实现了矩阵操作算法的调用及数据输出及显示。程序框图如图 6-10 所示。

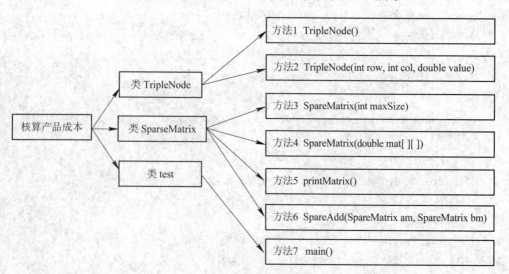

图 6-10 核算产品成本程序框图

　　本程序均未使用数组 0 下标元素，因此数组大小均多申请 1 个空间，核算产品成本系统源代码如下：

```java
public class TripleNode            //三元组结点类
{
    public int row;                //行号
    public int col;                //列号
    public double value;           //元素值
    //1. 无参构造方法
    public TripleNode( )
    {
        this(0,0,0);
    }
    //2. 有参构造方法
    public TripleNode(int row,int col,double value)    //行，列，元素值
    {
        this.row=row;
        this.col =col;
        this.value =value;
    }
}
public class SparseMatrix              //三元组类
{
    public TripleNode data[ ];         //三元组表
    public int rows;                   //行数
    public int cols;                   //列数
    public int nums;                   //非零元素个数
    //3. 有参构造方法
    public SparseMatrix(int maxSize)
    {
        data=new TripleNode[maxSize+1];    //为顺序表分配 maxSize 个存储单元
        for(int i=1;i<=data.length ;i++)   //创建三元组表
        {
            data[i-1]=new TripleNode( );
        }
        rows=1;
        cols=1;
        nums=0;
    }
    //4. 有参构造方法
```

```java
public SparseMatrix(double mat[ ][ ])          //稀疏矩阵
{
    int i,j,k=1,count=0;
    rows=mat.length ;                          //矩阵行数
    cols=mat[1].length;                        //矩阵列数
    for(i=1;i<=rows;i++)                        //统计非零元素的个数
      for(j=1;j<=mat[i-1].length ;j++)
        if(mat[i-1][j-1]!=0)
          count++;
    nums=count;
    data=new TripleNode[nums+1];               //申请三元组结点空间
    for(i=1;i<=rows;i++)
      for(j=1;j<=mat[i-1].length ;j++)
        if(mat[i-1][j-1]!=0)
        {
            data[k]=new TripleNode(i,j,mat[i-1][j-1]);   //建立三元组
            k++;
        }
}
//5. 打印输出矩阵三元组表
public void printMatrix( )
{
    System.out.println("矩阵的三元组存储结构");
    System.out.print("行数:"+rows+",列数"+cols+",非零元素个数："+nums+"\n");
    for(int i=1;i<=nums;i++)
        System.out .print(data[i].row +"\t"+data[i].col+"\t"+data[i].value+"\n");
}
//6. 矩阵加法
public static SparseMatrix SpareAdd(SparseMatrix am,SparseMatrix bm)     //矩阵 am+bm
{   SparseMatrix sm=new SparseMatrix(am.rows*am.cols);                   //矩阵 sm 存和
    int i=1,j=1,k=1;
    double temp;
    if(am.rows!=bm.rows || am.cols!=bm.cols)                            //判断 am 与 bm 矩阵大小
    {
        System.out.print("两个矩阵大小不同，无法进行加法运算");
        System.exit(1);
    }
    sm.rows =am.rows ;
    sm.cols =am.cols ;
```

```
    while (i<=am.nums && j<=bm.nums )              //当 am 和 bm 矩阵三元组表均未扫描结束
    {
        if(am.data[i].row ==bm.data[j].row )
        {
            if(am.data [i].col <bm.data [j].col )      //am 元素在 bm 前面，先存 am 的元素
            {
                sm.data [k].row =am.data [i].row ;
                sm.data [k].col =am.data [i].col ;
                sm.data [k].value =am.data [i].value ;
                k++;
                i++;
            }
            else if(am.data [i].col >bm.data [j].col )   //bm 元素在 am 前，先存 bm 的元素
            {
                sm.data [k].row =bm.data [j].row ;
                sm.data [k].col =bm.data [j].col ;
                sm.data [k].value =bm.data [j].value ;
                k++;
                j++;
            }
            else                                   //两个元素在同一个位置，两者相加
            {   temp=am.data [i].value +bm.data [j].value ;
                if(temp!=0)
                {
                    sm.data [k].row =am.data [i].row ;
                    sm.data [k].col =am.data [i].col ;
                    sm.data [k].value =temp;
                    i++;
                    j++;
                    k++;
                }
                else{
                    i++;
                    j++;
                }                                  //相加元素为 0，各自取下一个元素
            }
        }
        else if(am.data [i].row <bm.data [j].row )    //两个元素不在同一行，am 在 bm 前面
        {
```

```
                    sm.data [k].row =am.data [i].row ;

                    sm.data [k].col =am.data [i].col ;

                    sm.data [k].value =am.data [i].value ;

                    k++;

                    i++;

                }

            else                              //bm 在 am 的前面

            {

                    sm.data [k].row =bm.data [j].row ;

                    sm.data [k].col =bm.data [j].col ;

                    sm.data [k].value =bm.data [j].value ;

                    k++;

                    j++;

                }

        }

        while(i<=am.nums )                    //bm 先结束，把 am 中剩余的插入三元组表

        {

            sm.data [k].row =am.data [i].row;

            sm.data [k].col =am.data [i].col ;

            sm.data [k].value =am.data [i].value ;

            k++;

            i++;

        }

        while(j<=bm.nums )                    //am 先结束，把 bm 中剩余的插入三元组表

        {

            sm.data [k].row =bm.data [j].row;

            sm.data [k].col =bm.data [j].col ;

            sm.data [k].value =bm.data [j].value ;

            k++;

            j++;

        }

        sm.nums=k-1;                          //非零元素个数

        return sm;

}

// 7. 主程序

import java.util.Scanner;

public class test {

    static double Jan[ ][ ]=new double[5][3];    //1 月成本统计

    static double Feb[ ][ ]=new double[5][3];    //2 月成本统计
```

```
    static double add[ ][ ]=new double[5][3];      //成本求和
    static SparseMatrix sum;                        // sum 和矩阵三元组
    static SparseMatrix tran;                       //tran 转置矩阵三元组
    static SparseMatrix first;                      //1 月成本矩阵
    static SparseMatrix second;                     //2 月成本矩阵
    public static void main(String[ ] args)
    {
        int flag=1;
        int choice;
        while(flag==1)
        {
            menu( );
            System.out.print("请输入您的选择:");
            Scanner sc = new Scanner(System.in);
            choice    = sc.nextInt( );
            switch(choice) {
                case 0: flag=0;break;
                case 1: input( );break;          //输入月统计表
                case 2: output( );break;         //输出月成本矩阵及三元组表
                case 3: transpose( );break;      //输出月成本矩阵转置及三元组表
                case 4: add( );break;            //1 月和 2 月成本求和
                default:System.out.println("输入有误，请重新输入！");
            }
        }
        System.out.println("感谢您的使用！");
    }
}
public static void menu( ) {                 //系统主菜单
    System.out.println("*********************************");
    System.out.println("********** 核算产品成本系统  *********");
    System.out.println("*****    1.输入月统计数据   ****");
    System.out.println("*****    2.查看月统计三元组表****");
    System.out.println("*****    3.月统计矩阵转置****");
    System.out.println("*****    4.产品成本核算矩阵****");
    System.out.println("*****    0.退出****");
    System.out.println("*********************************");
}
public static void input( )   //输入指定月数据
{
```

```java
    System.out.print("请输入月份(1 或 2):");
    Scanner m = new Scanner(System.in);
    int choicemonth = m.nextInt( );
    Scanner inm = new Scanner(System.in);
    System.out.println("请输入 5 行 3 列数据：");
    for(int i=0;i<5;i++)
        for(int j=0;j<3;j++)
        {
            if(choicemonth==1)        //1 月份数据存入 Jan 数组
                Jan[i][j]=inm.nextDouble( );
            if(choicemonth==2)        //2 月份数据存入 Feb 数组
                Feb[i][j]=inm.nextDouble( );
        }
    System.out.println(choicemonth+"月数据输入完成");
}
public    static void output( )          //输出指定月数据
{
    System.out.print("请选择查看月份(1 或 2):");
    Scanner m = new Scanner(System.in);
    int month = m.nextInt( );
    System.out.println(month+"月统计数据矩阵");
    if(month==1)
    {
        for(int i=0;i<5;i++)
        {
            for(int j=0;j<3;j++)
            {
                System.out.print(Jan[i][j]+" ");        //输出选择月份的矩阵
                first=new SparseMatrix(Jan);            //生成 1 月份矩阵三元组表
            }
            System.out.print("\n");
        }
        first.printMatrix( );
    }
    if(month==2)
    {
        for(int i=0;i<5;i++)
        {
            for(int j=0;j<3;j++)
```

```
            {
                System.out.print(Feb[i][j]+" ");        //输出选择月份的矩阵
                second=new SparseMatrix(Feb);            //生成 1 月份矩阵三元组表
            }
            System.out.print("\n");
        }
        second.printMatrix( );
    }
}
public static void transpose( )                          //转置指定月成本矩阵
{
    System.out.print("请输入月份(1 或 2):");
    Scanner scan = new Scanner(System.in);
    int m = scan.nextInt( );
    if(m==1)
        tran=first.tran( );                              //1 月份矩阵转置
    if(m==2)
        tran=second.tran( );                             //2 月份矩阵转置
    tran.printMatrix( );                                 //输出转置后矩阵三元组表
}
public static void add( )                                //1，2 月份成本矩阵求和
{
    sum=SparseMatrix.SpareAdd(first, second);
    System.out.println("1,2 月份成本核算矩阵");
    for(int i=0;i<5;i++)
    {
        for(int j=0;j<3;j++)
        {   add[i][j]=Jan[i][j]+Feb[i][j];
            System.out.print(add[i][j]+" ");             //输出求和矩阵
        }
        System.out.print("\n");
    }
    sum.printMatrix( );
    }
}
```

典型工作任务6.4　矩阵软件测试执行

使用数据结构中的数组编写核算产品费用的程序，通过 Eclipse 编译和运行，选择输入

1 月统计表数据，测试结果如图 6-11 所示。输入菜单“2”及月份“1”，查看 1 月统计矩阵的三元组表，测试结果如图 6-12 所示。

```
***********************************
********** 核算产品成本系统   *********
*****   1.输入月统计数据              ****
*****   2.查看月统计三元组表        *****
*****   3.月统计矩阵转置             *****
*****   4.产品成本核算矩阵           *****
*****   0.退出                       *****
************************************
请输入您的选择:1
请输入月份（1或2）:1
请输入5行3列数据:
1.45 1.23 0.35
0.92 0.86 0.65
0 0 0
0.87 0.65 0.35
0 0 0
1月数据输入完成
```

图 6-11　1 月份统计表数据图

```
***********************************
********** 核算产品成本系统   *********
*****   1.输入月统计数据              ****
*****   2.查看月统计三元组表        *****
*****   3.月统计矩阵转置             *****
*****   4.产品成本核算矩阵           *****
*****   0.退出                       *****
************************************
请输入您的选择:2
请选择查看月份（1或2）:1
1月统计数据矩阵
1.45 1.23 0.35
0.92 0.86 0.65
0.0 0.0 0.0
0.87 0.65 0.35
矩阵的三元组存储结构
行数:5,列数3,非零元素个数：9
1       1       1.45
1       2       1.23
1       3       0.35
2       1       0.92
2       2       0.86
2       3       0.65
4       1       0.87
4       2       0.65
4       3       0.35
```

图 6-12　1 月统计矩阵的三元组表

通过 Eclipse 编译和运行，选择菜单“3”及输入月份“1”，查看 1 月统计矩阵的转置三元组表，测试结果如图 6-13 所示。继续选择菜单“1”及输入月份“2”，查看 2 月统计数据表，如图 6-14 所示。

```
***********************************
********** 核算产品成本系统   *********
*****   1.输入月统计数据              ****
*****   2.查看月统计三元组表        *****
*****   3.月统计矩阵转置             *****
*****   4.产品成本核算矩阵           *****
*****   0.退出                       *****
************************************
请输入您的选择:3
请输入月份（1或2）:1
矩阵的三元组存储结构
行数:3,列数5,非零元素个数：9
1       1       1.45
1       2       0.92
1       4       0.87
2       1       1.23
2       2       0.86
2       4       0.65
3       1       0.35
3       2       0.65
3       4       0.35
```

图 6-13　1 月统计矩阵转置后的三元组表

```
***********************************
********** 核算产品成本系统   *********
*****   1.输入月统计数据              ****
*****   2.查看月统计三元组表        *****
*****   3.月统计矩阵转置             *****
*****   4.产品成本核算矩阵           *****
*****   0.退出                       *****
************************************
请输入您的选择:1
请输入月份（1或2）:2
请输入5行3列数据:
0 0 0
0.59 0.52 0.39
0 0 0
0 0 0
1.26 0.92 0.84
2月数据输入完成
```

图 6-14　输入 2 月统计数据表

通过 Eclipse 编译和运行，选择菜单“2”及输入月份“2”，查看 2 月统计矩阵的三元组表，测试结果如图 6-15 所示；选择菜单“4”，核算 1 月和 2 月产品成本，测试结果如图 6-16 所示。

```
********** 核算产品成本系统 *********
*****  1.输入月统计数据          ****
*****  2.查看月统计三元组表     *****
*****  3.月统计矩阵转置         *****
*****  4.产品成本核算矩阵       *****
*****  0.退出                   *****
************************************
请输入您的选择:2
请选择查看月份（1或2）:2
2月统计数据矩阵
0.0 0.0 0.0
0.59 0.52 0.39
0.0 0.0 0.0
0.0 0.0 0.0
1.26 0.92 0.84
矩阵的三元组存储结构
行数:5,列数3,非零元素个数：6
2       1       0.59
2       2       0.52
2       3       0.39
5       1       1.26
5       2       0.92
5       3       0.84
```

图 6-15　2 月统计矩阵的三元组表

```
************************************
********** 核算产品成本系统 *********
*****  1.输入月统计数据          ****
*****  2.查看月统计三元组表     *****
*****  3.月统计矩阵转置         *****
*****  4.产品成本核算矩阵       *****
*****  0.退出                   *****
************************************
请输入您的选择:4
1,2月份成本核算矩阵
1.45 1.23 0.35
1.51 1.38 1.04
0.0 0.0 0.0
0.87 0.65 0.35
1.26 0.92 0.84
矩阵的三元组存储结构
行数:5,列数3,非零元素个数：12
1       1       1.45
1       2       1.23
1       3       0.35
2       1       1.51
2       2       1.38
2       3       1.04
4       1       0.87
4       2       0.65
4       3       0.35
5       1       1.26
5       2       0.92
5       3       0.84
```

图 6-16　1 月和 2 月产品成本核算矩阵

★ **提示**　核算产品成本的菜单界面可通过调试代码修改，比如在输出结果之间增加分隔符，换行等，可反复调试修改直到输出合适的结果为止。

典型工作任务 6.5　矩阵软件文档编写

为了更好地掌握矩阵的存储结构和 6 种操作算法，充分理解核算产品成本项目的需求分析、结构设计以及功能测试，养成良好的编程习惯和测试能力，下面主要从软件规范及模块测试的角度来编写文档。为了构造出稀疏矩阵，项目以表 6-6、表 6-7 所示的两个月产品成本统计表数据为例进行程序功能测试。

表 6-6　1 月份产品成本统计表　　单位：万元

产品名称	材料成本	人工成本	制造成本
罐头	0	0	0
糖果	0.59	0.52	0.39
巧克力	1.72	1.13	1.07
饮料	0	0	0
啤酒	1.26	0.92	0.84

表 6-7　2 月份产品成本统计表　　　单位：万元

产品名称	材料成本	人工成本	制造成本
罐头	0	0	0
糖果	0.59	0.52	0.39
巧克力	1.72	1.13	1.07
饮料	0	0	0
啤酒	1.26	0.92	0.84

6.5.1　初始化模块测试

使用数组实现核算产品成本的功能，在初始化模块中可能出现数组下标越界、未给三元组行数和列数赋值等错误或缺陷，如表 6-8 所示。

表 6-8　初始化模块测试表

编号	摘要描述	预期结果	正确代码
jz-gz-01	三元组结点构造，value类型	程序报错	修改代码： public double value;
jz-gz-02	数组下标越界	程序报错	修改代码： data=new TripleNode[maxSize+1];
jz-gz-03	未给三元组数组指定行数和列数	程序报错	增加代码： rows=mat.length ; cols=mat[0].length ;

6.5.2　矩阵转置模块测试

矩阵转置实现了对原数组数据行列上数值的调整，在本模块中可能出现未指定非零元素个数、未判断转置矩阵的行数范围等错误或缺陷，如表 6-9 所示。

表 6-9　矩阵转置模块测试表

编号	摘要描述	预期结果	正确代码
jz-zz-01	存放转置矩阵必须指定非零元素个数	未指定非零个数时程序报错	增加代码： SparseMatrix tr=new SparseMatrix(nums);
jz-zz-02	未进行转置矩阵的行数范围判断	矩阵存储未使用数组0行0列，下标值初值需要从1开始，否则程序报错	修改代码： for(int col=1;col<=cols;col++)

6.5.3　矩阵快速转置模块测试

在本模块中实现了对矩阵的快速转置，可能出现未转换行列数的错误或者缺陷，如表 6-10 所示。

表 6-10　矩阵快速转置模块测试

编号	摘要描述	预期结果	正确代码

jz-kszz-01	矩阵转置时行数未转变为列数	确保转置可行，否则程序报错	修改代码：
			tr.cols =rows;
			tr.rows =cols;

6.5.4　矩阵加法模块测试

矩阵加法模块实现了对产品成本和的核算，在本模块中可能出现两个相加的矩阵大小不同、元素未在相同位置等错误或缺陷，如表 6-11 所示。

表 6-11　矩阵加法模块测试

编号	摘要描述	预期结果	正确代码
jz-jf-01	运行矩阵加法时，两个矩阵大小必须相同	不相同时，提示用户	增加代码： if(am.rows!=bm.rows || am.cols!=bm.cols) { System.out.print("两个矩阵大小不同，无法进行加法运算"); System.exit(1);}

jz-jf-02	两元素在相同位置，才能进行相加	两元素不在相同位置时，程序报错	增加代码：
			if(am.data[i].row ==bm.data[j].row)
			if(am.data[i].col ==bm.data[j].col)
			temp=am.data [i].value +bm.data [j].value

jz-jf-03	一个矩阵三元组先结束，要把另一矩阵剩余三元组元素全部插入	剩余元素未插入，结果出错	增加代码：
			while(i<=am.nums)
			{sm.data [k].row =am.data [i].row;
			sm.data [k].col =am.data [i].col ;
			sm.data [k].value =am.data [i].value ;
			　k++;i++;
			}

典型工作任务 6.6　矩阵项目验收交付

经过数据结构设计和代码编写，实现了核算产品费用项目的功能，但在提交给使用者正常使用之前，还需要准备本项目交付验收的清单，如表 6-12 所示。

表 6-12 核算产品费用项目验收交付表

验收项目		验收标准	验收情况
验收测试	功能	项目主要功能： (1) 使用数组存储数据； (2) 显示矩阵数据； (3) 矩阵进行转置； (4) 矩阵进行加法。	
		数据及界面要求： (1) 数据为实型数字，符合编码规则； (2) 输出界面上信息清晰、完整、正确无误	
	性能	运行代码后响应时间小于 3 秒。 (1) 该标准适用于所有功能项； (2) 该标准适用于所有被测数据	
软件设计	需求规范说明	需求符合正确； 功能描述正确； 语言表述准确	
	设计说明	描述方法的定义、功能、参数和返回值	
	数据结构说明	说明稀疏矩阵的存储结构； 介绍矩阵的转置、快速转置、加法操作和矩阵输出	
程序	源代码	类、方法的定义与文档相符； 类、方法、变量、数组等命名规范符合"见名知意"； 注释清晰、完整、语言准确、规范； 代码质量较高，无明显功能缺陷； 冗余代码少	
测试	测试数据	覆盖全部需求； 测试数据完整； 测试结果功能全部实现	
用户使用	使用说明	覆盖全部功能； 运行结果正确； 建议使用软件 Eclipse 或者 JDK	

项目七 树——家族族谱

前面几个项目的数据结构都属于线性结构，线性结构中的数据元素只有一个直接前驱和一个直接后续。线性结构的特点是逻辑结构简单，查找、插入和删除容易实现。现实生活中事物之间的关系错综复杂，并非都是简单的线性关系，如学校的组织机构、家族中的家庭成员、一个网络中的网络设备，这些事物之间都是非线性关系。数据结构中非线性结构有集合、树和图。树结构中数据元素间是一对多的关系，用来描述层次结构的关系。在树结构中，二叉树较为常用。本项目的目标是实现家族族谱系统，在介绍二叉树的特点、存储结构、遍历及基本算法实现的基础上，采用二叉树的链式存储，灵活应用遍历操作实现家族族谱的创建、显示、编辑、统计功能。通过项目的学习，学生可熟练掌握二叉树的存储、二叉链表的各种操作，同时在学习过程中树立正确的家庭价值观和家庭、社会责任感。

知识目标

✧ 了解树的相关术语。
✧ 理解树的存储结构。
✧ 掌握二叉树的性质。
✧ 掌握二叉树的链式存储。
✧ 掌握二叉树的 3 种遍历及实现。

技能目标

✧ 能够正确使用树的术语。
✧ 能够分析、确定树的应用场合。
✧ 能够熟练创建二叉树。
✧ 能够应用二叉树解决实际问题。

思政目标

✧ 培养家国情怀。
✧ 传承中华民族优良家风。

◇ 培养尊老爱幼的传统美德。
◇ 树立正确的家庭价值观。

典型工作任务 7.1 树项目需求分析

家族族谱简称家谱，用于记录某家族历代家族成员信息以及成员之间的关系。家谱系统就是利用程序对一个家族所有成员信息进行管理。在家谱系统中不仅要考虑成员信息如何表示，还要考虑成员之间的关系如何存储。家谱中的成员既有父母又有孩子，一个成员只有一个父母，而孩子的数量不止一个。也就是说，一个成员只能有一个前驱，但是可以有多个后继。所以家谱问题实际上是一对多的树形问题，对应数据结构中的树形结构。一个家族的家谱就是一棵树，家谱中的成员对应树中的结点，家谱中第几代人对应树中层的概念，家谱中家长和孩子对应树中的双亲结点和孩子结点。树形结构是非线性结构，非线性结构的问题比线性结构的问题要复杂一些。

设计家谱系统时，首先需要考虑成员信息和成员之间关系的存储，然后在此基础上对成员信息进行添加、查找、修改、统计等操作。因此，家谱系统的主要功能模块包含创建家谱、显示家谱、编辑家谱、统计成员信息，如图 7-1 所示。

图 7-1 家谱系统的主要功能模块

典型工作任务 7.2 树数据结构设计

7.2.1 树

1. 树的定义

树是 $n(n \geqslant 0)$ 个数据元素组成的有限集合。当 $n>0$ 时，有一个结点称为根结点。根结点没有前驱结点。当 $n>1$ 时，除根结点外的其他结点被分成多个互不相交的集合，每个集合本身又是一棵结构与树类似的子树。当 $n=0$ 时，这棵树是空树。显然，树的定义是递归定义。

树中除根结点外，每个结点最多只有一个直接前驱结点，但可以有多个直接后继结点。

树的结构表示了数据元素之间的层次关系。

★ 说明
• 结点的度：一个结点拥有的子树的数目称为该结点的度。
• 树的度：一棵树的度是指该树中结点的最大度数。

- 叶子和分支结点：度为零的结点称为叶子或终端结点，度不为零的结点称为分支结点。
- 双亲和孩子：树中某个结点的子树之根称为该结点的孩子，相应地，该结点称为孩子的双亲。
- 兄弟：同一个双亲的孩子称为兄弟。
- 结点的层数：规定树的根结点的层数为 1，其余结点的层数等于其双亲结点的层数加 1。
- 树的高度：树中所有结点的最大层数称为树的高度或深度。
- 有序树和无序树：若树中每个结点的各子树从左到右是有次序的，则称该树为有序树；否则称为无序树。
- 森林：零棵或若干棵互不相交的树的集合。

2. 树的表示方法

(1) 树形表示法：用一棵倒立的树表示，如图 7-2 所示。该表示方法形象直观，在数据结构中经常使用。

(2) 嵌套集合表示法：将树的根结点看成一个大集合，其中包含若干个子树构成的互不相交的子集，这些子集一直嵌套下去就构成一棵树的嵌套集合表示，如图 7-3 所示。

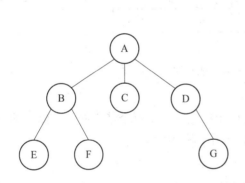

图 7-2　树形表示法

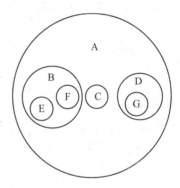

图 7-3　嵌套集合表示法

(3) 凹入表表示法：主要用于树的输出，如图 7-4 所示。

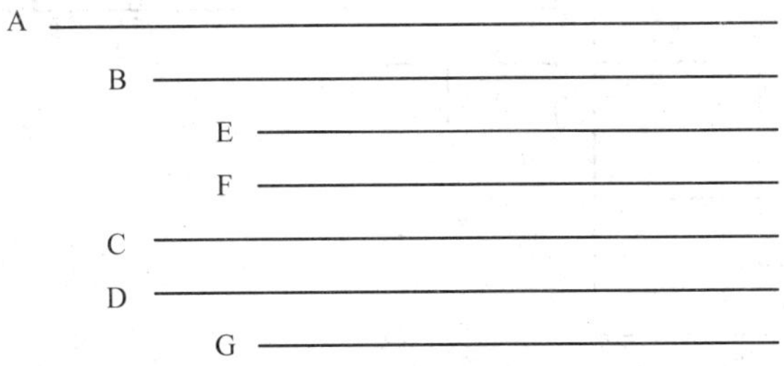

图 7-4　凹入表表示法

(4) 广义表表示法：根结点作为由子树组成的表的名字写在表的左边，这样依次将树表示出来，如下所示。

$$(A(B(E,F),C,D(G)))$$

3. 树的存储结构

树的存储既可以采用顺序存储方式，也可以采用链式存储方式。每种存储方式都要求存储结构不但能存储各结点本身的数据信息，还要能存储结点之间的逻辑关系。树中结点的关系主要有双亲-孩子关系、兄弟关系，所以有双亲表示法、孩子表示法、双亲孩子表示法和孩子兄弟表示法。

1) 双亲表示法

双亲表示法就是用一组连续的存储空间(一维数组)存储树中的各个结点，数组中每个元素存储本结点信息和双亲结点在数组中的位置，如图 7-5 所示。

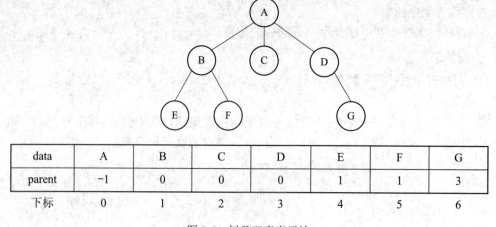

data	A	B	C	D	E	F	G
parent	−1	0	0	0	1	1	3
下标	0	1	2	3	4	5	6

图 7-5　树及双亲表示法

2) 孩子表示法

孩子表示法即用指针表示出每个结点的孩子结点。由于每个结点的孩子结点的个数不同，所以每个结点的孩子结点构成一个链表，如图 7-6 所示。

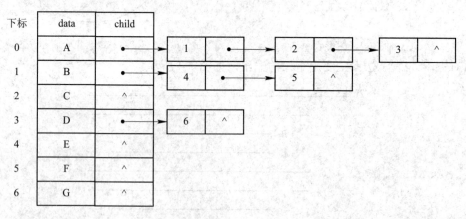

图 7-6　孩子表示法

3) 双亲孩子表示法

双亲孩子表示法是在孩子表示法的基础上，将每个结点的双亲表示出来。由于每个结点的孩子结点的个数不同，所以每个结点的孩子结点构成一个链表，如图 7-7 所示。

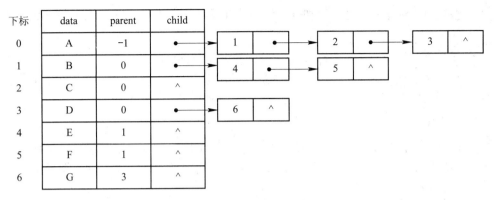

图 7-7 孩子双亲表示法

4) 孩子兄弟表示法

孩子兄弟表示法是在树中每个结点除其信息域外，再增加两个分别指向该结点的第一个孩子结点和下一个兄弟结点的指针，如图 7-8 所示。

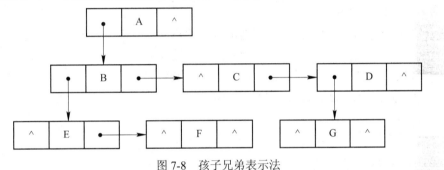

图 7-8 孩子兄弟表示法

7.2.2 二叉树

1. 二叉树的定义

二叉树是 n ($n \geq 0$) 个结点的有限集，它或是空集($n = 0$)，或是由一个根结点及两棵互不相交的、分别称作这个根的左子树和右子树的二叉树组成的。

二叉树是有序的，它的每个结点至多只有两棵子树，并且有左右之分，不能互换；左右子树也可以是空二叉树。

二叉树中所有结点的形态共有 5 种：空结点、无左右子树结点、只有左子树结点、只有右子树结点和左右子树均存在结点。

如果一棵二叉树所有分支结点都存在左子树和右子树，并且所有叶子结点都在同一层上，则这棵树称为满二叉树。一棵深度为 k 的满二叉树有 $2^k - 1$ 个结点。

有 n 个结点的二叉树当且仅当其每一个结点都与满二叉树中前 n 个结点编号一一对应时，这棵树称为完全二叉树。完全二叉树中叶子结点只可能在层次最大的两层上出现。

2. 二叉树的性质

- **性质 1** 在二叉树的第 i 层上至多有 2^{i-1} 个结点($i \geq 1$)。
- **性质 2** 深度为 k 的二叉树至多有 $2^k - 1$ 个结点($k \geq 1$)。

- **性质 3** 对任何一棵二叉树 T，如果其叶子结点数为 n_0，度为 2 的结点数为 n_2，则 $n_0 = n_2 + 1$。
- **性质 4** 具有 n 个结点的完全二叉树的深度为 $\lfloor \mathrm{lb}n \rfloor + 1$。
- **性质 5** 在一棵有 n 个结点的完全二叉树中，某结点编号为 i，如果有左孩子和右孩子，则它们的编号分别为 $2 \times i$ 和 $2 \times i + 1$。

3. 二叉树的存储结构

二叉树的存储结构有顺序存储结构和链式存储结构两种。顺序存储用一维数组来存储数据元素，数组下标表示元素间的关系；链式存储用结点的数据域存储数据元素，结点中的指针域表示元素间的关系。

1) 顺序存储结构

顺序存储结构中，用一组连续的存储空间存放二叉树中的结点。由于完全二叉树和满二叉树中的结点序号可以唯一地表示出结点之间的逻辑关系，所以用一个一维数组按从上到下、从左到右的顺序存储树中结点的数据信息，通过数组元素的下标关系来反映完全二叉树中结点间的逻辑关系。

一般的二叉树按从上到下、从左到右的顺序将结点存储到一维数组中，不能用下标的关系来表示二叉树中结点的关系。这时仅存储了二叉树中的结点数据，并没有存储结点间的关系，所以一般的二叉树需要进行转换，添加一些空结点，使其成为完全二叉树，然后再用一维数组顺序存储。图 7-9 在二叉树中添加了 2 个空结点，将其转换为完全二叉树后，再将结点依次存入数组中。

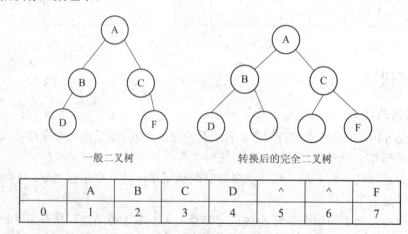

一般二叉树　　　　　　　　　转换后的完全二叉树

0	1	2	3	4	5	6	7
	A	B	C	D	^	^	F

图 7-9　二叉树、转换的完全二叉树和顺序存储结构

在数组中结点 F 的下标为 7，7/2 = 3，则结点 F 的双亲结点的位置是 3，即结点 C；结点 B 的下标为 2，$2 \times 2 = 4$，则结点 B 的左孩子的下标是 4，即结点 D，$2 \times 2 + 1 = 5$，则结点 B 的右孩子的下标是 5，为空结点。

2) 链式存储结构

二叉树的链式存储结构用链表来存储一棵二叉树，通常称其为二叉链表。链表中结点的数据域存储数据元素，指针域存储元素间的逻辑关系。链表中每个结点由三个域组成，除一个数据域外，还有两个指针域，分别用来指向该结点的左孩子和右孩子结点。结点的存储结构如图 7-10 所示。

| lchild | data | rchild |

图 7-10 结点的存储结构

结点域用来存储元素的数据，lchild 和 rchild 分别存放左、右孩子结点的存储地址，如果左孩子或右孩子不存在，则对应指针的指针域值为空，用^表示。二叉树的链式存储结构如图 7-11 所示。

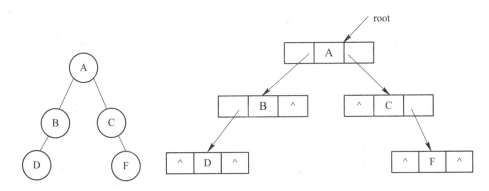

图 7-11 二叉树和二叉树的链式存储结构

4. 二叉树的基本操作

二叉树的基本操作通常有以下几种：

(1) 创建一棵空的二叉树。

(2) 创建一棵有根结点的二叉树。

(3) 在二叉树的 parent 结点中插入左孩子结点，若 parent 结点已有左子树，让左子树成为新插入结点的左子树。

(4) 在二叉树的 parent 结点中插入右孩子结点，若 parent 结点已有右子树，让右子树成为新插入结点的右子树。

(5) 删除二叉树中 parent 结点的左子树。

(6) 删除二叉树中 parent 结点的右子树。

(7) 在二叉树中查找数据元素 x。

(8) 按某种方式遍历二叉树中的所有结点。

5. 二叉树的类型描述

1) 顺序存储类型

二叉树顺序存储时需要先将其转换为完全二叉树，然后将结点按从上至下、从左向右的顺序依次放入一维数组中。通常二叉树越接近满二叉树越节省空间，如果是单支树，则比较浪费空间。顺序存储时，增删数据比较麻烦，需要重新建立二叉树。

完全二叉树的顺序存储类型描述如下：

```
class SeqBinaryTree{
    private int maxSize;
```

```
    private   Object[ ] datas;
    private int length;
}
```

2) 链式存储类型

鉴于顺序存储的弊端，二叉树在程序中建立与应用时大多采用链式存储结构，这是因为链表的指针处理二叉树比较方便。

二叉树链式存储结构中结点的类型描述如下：

```
public class Node {
    public Node lChild, rChild;      //引用左孩子和右孩子
    public Object data;              //存储结点数据
    public Node( ) {                 //空二叉树
        data=null;
        lChild=null;
        rChild=null;
    }
    public Node(Object data) {       //带根结点的二叉树
        this.data=data;
        lChild=null;
        rChild=null;
    }
}
```

二叉链表的类型描述如下：

```
public class LinkBinaryTree {
    public Node root;
    public LinkBinaryTree( ) { }                              //创建一棵空的二叉树
    public LinkBinaryTree(Object x) { }                       //创建一棵仅有根结点的二叉树
    public boolean insertLeft(Object data,Node parent) { }    //parent 结点插入左孩子结点
    public boolean insertRight(Object data,Node parent) { }   //parent 结点插入右孩子结点
    public boolean deleteLeft(Node parent) { }                //删除 parent 结点左子树
    public boolean deleteRight(Node parent) { }               //删除 parent 结点右子树
}
```

操作的实现是基于存储结构的，采用的存储结构不同，操作实现的代码也就不同。基于二叉链表存储结构的基本操作如下所述。

(1) 创建一棵空的二叉树。

【算法 7-1】 创建空二叉树。

```
public LinkBinaryTree( ) {
    root=new Node( );
}
```

(2) 创建一棵仅有根结点的二叉树。

【算法 7-2】 创建空二叉树。

```
public LinkBinaryTree(Object x) {
    root=new Node(x);
}
```

(3) 给 parent 结点插入左孩子结点。

【算法 7-3】 给 parent 结点插入左孩子。

```
public boolean insertLeft(Object data,Node parent) {
    if(parent==null) {
        System.out.println("插入错误");
        return false;
    }else {
        Node p=new Node(data);
        if(parent.lChild==null)
            parent.lChild=p;
        else{
            p.lChild=parent.lChild;
            parent.lChild=p;
        }
        return true;
    }
}
```

(4) 给 parent 结点插入右孩子结点。

【算法 7-4】 给 parent 结点插入右孩子。

```
public boolean insertRight(Object data,Node parent) {
    if(parent==null) {
        System.out.println("插入错误");
        return false;
    }else {
        Node p=new Node(data);
        if(parent.rChild==null)
            parent.rChild=p;
        else {
            p.rChild=parent.rChild;
            parent.rChild=p;
        }
        return true;
    }
}
```

(5) 删除 parent 结点左子树。

【算法 7-5】 删除 parent 结点左子树。

```java
public boolean deleteLeft(Node parent) {
    if(parent==null || parent.lChild==null)
    {
        System.out.println("删除错误");
        return false;
    }
    else {
        parent.lChild=null;
        return true;
    }
}
```

(6) 删除 parent 结点右子树。

【算法 7-6】 删除 parent 结点右子树。

```java
public boolean deleteRight(Node parent) {
    if(parent==null || parent.rChild==null)
    {
        System.out.println("删除错误");
        return false;
    }
    else {
        parent.rChild=null;
        return true;
    }
}
```

二叉链表中查找元素是遍历操作的特例,此处不做介绍。下面将讨论二叉树的遍历。

6. 二叉树的遍历

二叉树的遍历是指按照一定顺序访问二叉树中的所有结点,使每个结点都被访问并且只访问一次。遍历是二叉树经常要实现的操作,因为实际问题中经常需要对树中的每个结点逐个访问。比如,查找某个结点时,需要依次访问树中的结点,找出满足条件的元素。通过一次完整的遍历可以使二叉树中的结点由非线性排列变为线性序列。也就是说,遍历操作可以使非线性结构线性化。

由定义可知,二叉树由 3 部分组成:根结点、根结点的左子树和根结点的右子树。因此只要依次遍历这 3 部分就可以遍历整个二叉树。用 D、L、R 分别表示访问根结点、遍历根结点的左子树和遍历根结点的右子树。二叉树的遍历方式有 6 种:DLR、LDR、LRD、DRL、RDL、RLD。如果遵循二叉树先左后右的性质,则有 3 种方式,即 DLR 先序遍历、LDR 中序遍历和 LRD 后序遍历。

二叉树的定义是递归的，二叉树的遍历也是递归过程。

1）先序遍历

若二叉树为空树，则遍历结束，否则：

第一步，访问根结点；

第二步，先序遍历根结点的左子树；

第三步，先序遍历根结点的右子树。

图 7-12 所示的二叉树经先序遍历的结点序列是 ABDECF。

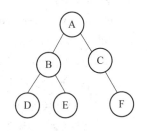

图 7-12 二叉树

【算法 7-7】 二叉树先序遍历。

```
public void preOrder(Node p) {
    if(p==null) return;
    else
    {
        visit(p.getData( ));      //访问根结点数据域
        preOrder(p.lChild);       //先序遍历左子树
        preOrder(p.rChild);       //先序遍历右子树
    }
}
```

2）中序遍历

若二叉树为空树，则遍历结束，否则：

第一步，中序遍历根结点的左子树；

第二步，访问根结点；

第三步，中序遍历根结点的右子树。

图 7-12 所示的二叉树经中序遍历的结点序列是 DBEACF。

【算法 7-8】 二叉树中序遍历。

```
public void inorder(Node p) {
    if(p==null) return;
    else {
        inorder(p.lChild);        //中序遍历左子树
        visit(p.getData( ));      //访问根结点数据域
        inorder(p.rChild);        //中序遍历左子树
    }
}
```

3）后序遍历

若二叉树为空树，则遍历结束，否则：

第一步，后序遍历根结点的左子树；

第二步，后序遍历根结点的右子树；

第三步，访问根结点。

图 7-12 所示的二叉树经后序遍历的结点序列是 DEBFCA。

【算法 7-9】 二叉树后序遍历。

```
public void postOrder(Node p) {
    if(p==null) return;
    else {
        postOrder(p.lChild);        //后序遍历左子树
        postOrder(p.rChild);        //后序遍历左子树
        visit(p.getData( ));        //访问根结点数据域
    }
}
```

典型工作任务 7.3   树软件代码设计

家谱中成员之间的关系是一对多的关系，如果我们限制每个成员最多只能有两个孩子，那么家谱问题就是一个二叉树问题。算法的实现依赖于存储结构，不同的存储结构其算法实现的方法不一样。二叉树有两种存储结构：一种是借助一维数组空间的顺序存储，另一种是链表形式的链式存储。顺序存储添加成员麻烦，所以家谱系统采用链式存储结构。

家谱系统需要实现的功能有创建家谱、显示家谱、编辑家谱和统计。创建家谱是根据原始数据生成家谱二叉链表；显示家谱是以树形结构显示二叉链表中的成员构成图；编辑家谱可以查询某个成员信息，修改成员信息，给某个成员添加孩子；统计功能实现没有孩子的成员信息统计，第 n 代成员信息统计和家谱中总人数的统计。家谱系统二级功能模块如图 7-13 所示。

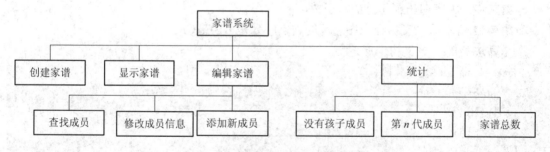

图 7-13   家谱系统二级功能模块图

7.3.1   成员类的定义

家谱系统中每个成员包含 3 个信息：姓名、年龄和在家谱中排在第几代。这 3 个不同类型的数据是一个整体，所以定义 Member 类对成员数据进行封装。Member 类的定义如下：

```
public class Member {
    public String name;
    public int age;
    public int generation;
    public Member( ) {
```

```
        super( );
    }
    public Member(String name, int age, int generation) {
        super( );
        this.name = name;
        this.age = age;
        this.generation = generation;
    }
}
```

7.3.2　家谱二叉链表结点类的定义

　　家谱中一个成员是家谱树中的一个结点。在二叉链表中，结点不仅要存储数据，还要存储它的左孩子和右孩子，所以结点类型包含 3 部分：数据域和两个指针域。数据域存储某个成员信息，指针域存储这个成员的孩子结点的存储地址，树中指针域实际存储的是成员之间的关系。链表结点类的定义如下：

```
public class FamilyNode {
    private FamilyNode leftChild;        //左孩子
    private FamilyNode rightChild;       //右孩子
    private Member data; //成员数据
    public FamilyNode( ) {                    //初始化/数据域为空的结点
        data = null;
        leftChild = null;
        rightChild = null;
    }
    public FamilyNode(Member data) {//初始化数据域为 data 的结点
        this.data = data;
        leftChild = null;
        rightChild = null;
    }
    public FamilyNode(FamilyNode leftChild, FamilyNode rightChild, Member data) {
        //初始化带有数据和左孩子、右孩子的结点
        this.leftChild = leftChild;
        this.rightChild = rightChild;
        this.data = data;
    }
    public FamilyNode getLeftChild( ) {
        return leftChild;
    }
    public void setLeftChild(FamilyNode leftChild) {
```

```
            this.leftChild = leftChild;
        }
        public FamilyNode getRightChild( ) {
            return rightChild;
        }
        public void setRightChild(FamilyNode rightChild) {
            this.rightChild = rightChild;
        }
        public Member getData( ) {
            return data;
        }
        public void setData(Member data) {
            this.data = data;
        }
    }
```

7.3.3 家谱二叉链表类的定义

二叉链表结点类定义完成后就可以定义二叉链表类了。二叉链表中根结点是关键，通过它可以找到树中所有结点，所以家谱二叉链表类需要一个引用指向根结点。二叉链表中实现的操作有创建家谱链表、显示家谱、查找成员、统计没有孩子的成员信息、第 n 代人的数量、家谱中成员总人数。家谱二叉链表类的定义如下：

```
public class FamilyTree {
    public FamilyNode root;
    public static int index;                            //创建家谱时记录引用数据的位置
    public FamilyNode CreateFamilyTree(List<Member> memberList) {}       //创建家谱
    public FamilyNode midOrderSearch(FamilyNode root,String name) {}      //查找成员
    public void printTree(FamilyNode node,int level) {}                  //输出家谱
    public int getLeaf(FamilyNode node) {}                       //统计没有孩子的成员
    public int getGenerationCount(FamilyNode node,int n) {}          //统计第 n 代人的数量
    public int getSize(FamilyNode node) {}                       //统计成员总人数
}
```

1. 创建家谱

创建家谱的方法是按照二叉树的先序遍历顺序生成家谱二叉链表，因此先将成员对象按二叉树的先序遍历序列存入 List 集合作为构建二叉链表的数据来源，注意叶子结点和单分支结点，它们的孩子用 null 补齐。例如，对于图 7-14 所示的二叉树，进入集合的序列是 A、B、D、null 、null、E、null 、null、C、null、F、null、null。

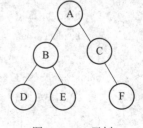

图 7-14   二叉树

在家谱二叉链表中结点数据域存储成员信息，所以 List 集合中存储的是 Member 对象，创建二叉链表方法中接收数据的参数是 List<Member>类型。示例代码如下：

```
public FamilyNode CreateFamilyTree(List<Member> memberList) {
    FamilyNode root = null;
    if (memberList.get(index) != null) {
        root = new FamilyNode(memberList.get(index));
        index++;
        root.setLeftChild(CreateFamilyTree(memberList));        //设置根结点的左子树
        index++;
        root.setRightChild(CreateFamilyTree(memberList));       //设置根结点的右子树
    }
    return root;
}
```

2. 查找成员

查找成员的方法是根据成员的姓名找到成员结点。查找时按中序遍历顺序依次访问二叉链表中的结点，结点中的姓名与查找姓名进行比较，查找成功后将结点作为方法值返回。读者可以自行测试其他两种遍历查找方式。示例代码如下：

```
public FamilyNode midOrderSearch(FamilyNode root,String name) {
    if (root == null) {
        return null;
    }
    FamilyNode leftChild=midOrderSearch(root.getLeftChild( ),name);
    if(leftChild!=null) return leftChild;
    if(root.getData( ).name.equals(name)) return root;
    FamilyNode rightChild=midOrderSearch(root.getRightChild( ),name);
    if(rightChild!=null) return rightChild;
    return null;
}
```

3. 输出家谱

输出家谱就是把二叉链表中的数据按树形输出显示。按中序遍历顺序访问二叉链表中的各结点，并依次输出。输出时结点处于哪一层，就在成员姓名前输出几个"\t"形成缩进，这样就打印输出了树形结构。

```
public void printTree(FamilyNode node,int level) {
    if(node!=null) {
        printTree(node.getLeftChild( ),level+1);
        for(int i=0;i<level;i++) {
            System.out.print("\t");
```

```
        }
        System.out.println(node.getData( ).name);
        printTree(node.getRightChild( ),level+1);
    }
}
```

4. 统计没有孩子的成员

查询家族中没有孩子的成员就是查找家谱二叉链表中所有的叶子结点。遍历每个结点，如果左孩子和右孩子都为空，即输出该结点的成员姓名并统计这种结点的数量。

```java
public int getLeaf(FamilyNode node) {
    if (node == null) {
        return 0;
    }
    //如果是叶子结点，输出成员姓名
    if (node.getLeftChild( ) == null && node.getRightChild( ) == null) {
        System.out.println("姓名: " + node.getData( ).name);
        return 1;
    } else {
        return getLeaf(node.getLeftChild( )) + getLeaf(node.getRightChild( ));
    }
}
```

5. 统计第 n 代人的数量

统计家族二叉链表中处于第 n 层的成员信息及总数量。结点中成员信息里包含第几代的值，统计方法通过参数接收层数 n，遍历二叉链表中结点，找到满足条件的成员输出姓名并统计数量。

```java
public int getGenerationCount(FamilyNode node,int n) {
    if(node==null) {
        return 0;
    }
    if(node.getData( ).generation==n) {          //如果是满足条件的结点，输出结点中成员姓名
        System.out.print( node.getData( ).name+",");
        return 1;
    }else {
        return getGenerationCount(node.getLeftChild( ),n)+getGenerationCount(node.getRightChild( ),n);
    }
}
```

6. 统计成员总人数

统计家谱中的总人数就是统计家谱二叉链表中的结点总数。

```
public int getSize(FamilyNode node) {
    if (node == null) {
        return 0;
    } else {
        return  1 + getSize(node.getLeftChild( )) + getSize(node.getRightChild( ));
    }
}
```

7.3.4　系统测试类的实现

以上定义的家谱二叉链表类，在类中实现了各种算法的功能，下面编写测试类TestFamilyTree，通过调用家谱二叉链表中的成员方法实现家谱系统。

1. 系统主框架

采用循环语句控制菜单的显示，需要退出系统时，输入菜单项 0。

```
public static void main(String[ ] args) {
    FamilyTree tree = new FamilyTree( );        //创建空链表
    Scanner scan = new Scanner(System.in);
    int xz;
    do {
        menu( );                                //调用主菜单
        System.out.println("请选择：");
        xz = scan.nextInt( );
        switch (xz) {
            case 1:                             //创建家谱
                create(tree);
                break;
            case 2:                             //输出家谱
                tree.printTree(tree.root, 0);
                break;
            case 3:                             //编辑家谱
                edit(tree);
                break;
            case 4:                             //统计
                total(tree);
                break;
        }
    } while (xz != 0);
    System.out.println("谢谢使用，再见！");
}
```

2. 主菜单显示

```
public static void menu( ) {
    System.out.println("==========家族族谱系统==========");
    System.out.println("\t 1  创建家谱");
    System.out.println("\t 2  显示家谱");
    System.out.println("\t 3  编辑家谱");
    System.out.println("\t 4  统计");
    System.out.println("\t 0  退出");
    System.out.println("=============================");
}
```

3. 创建家谱

创建家谱二叉链表前先准备数据，依据原始数据画出二叉树并创建每个成员对象，按先序遍历序列将家族成员对象添加到 List 集合中，创建叶子结点和单分支结点时它们的孩子用 null 补齐。tree 调用 FamilyTree 类中的 CreateFamilyTree(List<Member> memberList) 方法，将成员集合传给该方法。该方法将成员对象封装成结点对象，按先序遍历顺序将结点加入二叉链表。原始家谱二叉树如图 7-15 所示。

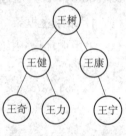

图 7-15　家谱二叉树

成员进入集合的顺序是：王树、王健、王奇、null、null、王力、null、null、王康、null、王宁、null、null。

```
public static void create(FamilyTree tree) {
    List<Member> memberList = new ArrayList<Member>( );
    memberList.add(new Member("王树", 70, 1));
    memberList.add(new Member("王健", 48, 2));
    memberList.add(new Member("王奇", 24, 3));
    memberList.add(null);
    memberList.add(null);
    memberList.add(new Member("王力", 22, 3));
    memberList.add(null);
    memberList.add(null);
    memberList.add(new Member("王康", 49, 2));
    memberList.add(null);
    memberList.add(new Member("王宁", 20, 3));
    memberList.add(null);
    memberList.add(null);
    tree.root = tree.CreateFamilyTree(memberList);
    System.out.println("创建成功！");
}
```

4. 显示家谱

tree 对象直接调用 FamilyTree 类中的 printTree(FamilyNode node,int level)方法，该方法按中序遍历访问各结点，并将结点中成员姓名按二叉树形状输出到界面。tree 对象调用 printTree( )成员方法，二叉树的根和根结点的层数 0 作为实参传入。

```
tree.printTree(tree.root,  0) ;
```

5. 编辑家谱

编辑家谱中包含 3 个功能，查找成员、修改成员信息和添加新成员。这些功能需要用二级菜单实现并供用户进行选择操作。当需要结束编辑操作时，输入菜单项 0 返回主菜单。

查找成员功能：根据输入的成员姓名在家谱二叉链表中找到姓名符合的成员结点。输入要查找的姓名后，调用 FamilyTree 类的 midOrderSearch(FamilyNode root,String name)方法按中序遍历顺序访问链表中结点，结点中成员的姓名与输入的成员姓名进行比较。查找成功，则输出该成员信息。

修改成员信息：输入要修改的成员姓名，按上面查找成员的方式找到家谱二叉链表中的该结点，将结点中成员的年龄进行修改作为新的输入的年龄。

添加成员：因为系统规定一个成员最多拥有两个孩子，所以实现的是二叉链表中叶子结点或单分支结点的孩子的添加。输入新成员父亲的姓名，按上面查找成员的方式找到新成员的父亲结点。如果该父亲结点的左孩子和右孩子都已经存在，则输出不能添加提示，否则输入新成员信息，创建新结点；如果父亲结点左孩子为空，将新结点作为父亲结点的左孩子，如果父亲结点左孩子已有，将新结点作为父亲结点的右孩子插入。

```
public static void edit(FamilyTree tree) {
    int xz;
    Scanner scan = new Scanner(System.in);
    do {
        System.out.println("--------编辑信息二级菜单-------");
        System.out.println("\t 1 查找成员");
        System.out.println("\t 2 修改成员信息");
        System.out.println("\t 3 添加成员");
        System.out.println("\t 0 回到上级菜单");
        System.out.println("-----------------------");
        System.out.println("请选择:  ");
        xz = scan.nextInt( );        //用户输入选择的菜单项
        switch (xz) {
            case 1:                  //按姓名查找成员
                System.out.println("请输入要查找的成员姓名: ");
                String nameSearch = scan.next( );
                FamilyNode nodeSearch = tree.midOrderSearch(tree.root, nameSearch);
                if (nodeSearch == null) {
                    System.out.println("未找到此人");
```

```
            } else {
                System.out.println("姓名：" + nodeSearch.getData( ).name);
                System.out.println("年龄：" + nodeSearch.getData( ).age);
                System.out.println("第" + nodeSearch.getData( ).generation + "代");
            }
            break;
    case 2:                    //修改成员信息
        System.out.println("请输入要修改的成员姓名：");
        String nameUpdate = scan.next( );
        FamilyNode nodeUpdate = tree.midOrderSearch(tree.root, nameUpdate);
        if (nodeUpdate == null) {
            System.out.println("未找到此人");
        } else {
            System.out.println("请输入要修改的年龄：");
            int age = scan.nextInt( );
            nodeUpdate.getData( ).age = age;
            System.out.println("修改成功！");
        }
        break;
    case 3:                    //添加新成员
        System.out.println("请输入新成员父亲的姓名：");
        String nameFather = scan.next( );
        FamilyNode nodeFather = tree.midOrderSearch(tree.root, nameFather);
        if (nodeFather == null) {        //未找到新成员的父亲结点
            System.out.println("家谱中无此成员！");
        }
        else if (nodeFather.getLeftChild( ) != null && nodeFather.getRightChild( ) != null) {
            //父亲结点已经有 2 个孩子了
            System.out.println("已经有两个孩子了，不允许添加！");
        } else {                //新成员添加成为父亲结点的左孩子或右孩子
            Member member = new Member( );
            System.out.println("请输入新成员的姓名：");
            member.name = scan.next( );
            System.out.println("请输入新成员的年龄：");
            member.age = scan.nextInt( );
            System.out.println("请输入新成员是第几代：");
            member.generation = scan.nextInt( );
            FamilyNode newNode = new FamilyNode(member);
            if (nodeFather.getLeftChild( ) == null) {  //如果左孩子为空，则添加成为左孩子
```

```
                    nodeFather.setLeftChild(newNode);
                    System.out.println("添加成功!");
                }
                else if (nodeFather.getRightChild( ) == null) { //如果右孩子为空，则添加成为左孩子
                    nodeFather.setRightChild(newNode);
                    System.out.println("添加成功!");
                }
            }
            break;
        }
    } while (xz != 0);
}
```

6. 统计

统计包含 3 个功能，统计没有孩子的成员、第 *n* 代成员人数和家谱上总人数。它的实现也需要用二级菜单来供用户选择操作。当选择菜单项 0 时返回主菜单。

统计没有孩子的成员：实际是统计家谱二叉链表中叶子结点的总数量。通过 tree 对象调用 FamilyTree 类中的 getLeaf(FamilyNode node)方法来实现。

第 *n* 代成员人数：输入第几代，tree 对象调用 FamilyTree 类中的 getGenerationCount (FamilyNode node,int n)方法，按先序遍历顺序访问每个结点，比较结点中成员的 generation 值是否与 *n* 一致，最后返回符合条件的人数。

家谱上总人数：tree 对象调用 FamilyTree 类中 getSize(FamilyNode node)方法实现总人数的统计。

```
public static void total(FamilyTree tree) {
    int xz;
    Scanner scan=new Scanner(System.in);
    do {
        System.out.println("--------统计信息二级菜单-------");
        System.out.println("\t 1  没有孩子的成员");
        System.out.println("\t 2  第 n 代成员人数");
        System.out.println("\t 3  家谱总人数");
        System.out.println("\t 0  回到上级菜单");
        System.out.println("------------------------");
        System.out.println("请选择: ");
        xz=scan.nextInt( );
        switch (xz) {
        case 1:        // 统计没有孩子的成员
            System.out.println("没有孩子的成员: ");
            System.out.println("没有孩子成员总人数:"+tree.getLeaf(tree.root));
```

```
                break;
        case 2:        //统计第 n 代成员数量
                System.out.println("请输入第几代-n 的值:");
                int n=scan.nextInt( );
                System.out.println("\n 第"+n+"代总人数："+tree.getGenerationCount(tree.root, n));
                break;
        case 3:        // 统计族谱中人员总数量
                System.out.println("家族族谱上共有人数： " + tree.getSize(tree.root));
                break;
        }
    } while (xz != 0);
}
```

典型工作任务 7.4　树软件测试执行

7.4.1　主菜单显示测试

　　家谱系统运行后，首先显示系统主菜单来供用户选择操作，主菜单显示如图 7-16 所示。程序运行后即显示主菜单界面，菜单项能够清晰体现系统实现的主要功能。

```
===========家谱系统===========
        1  创建家谱
        2  显示家谱
        3  编辑家谱
        4  统计
        0  退出
============================
请选择：
```

图 7-16　家谱系统主菜单显示结果图

7.4.2　创建家谱功能测试

　　主菜单上"创建家谱"的菜单项是将家谱中成员信息添加到二叉链表中建成家谱二叉链表。二叉链表中存储了家谱中每个成员的信息和成员之间的关系。创建家谱成功的运行结果，如图 7-17 所示。主菜单界面上输入菜单项"1"，提示家谱创建成功。

```
===========家谱系统===========
        1  创建家谱
        2  显示家谱
        3  编辑家谱
        4  统计
        0  退出
============================
请选择：1
创建成功！
```

图 7-17　创建家谱运行结果图

7.4.3 显示家谱功能测试

在主菜单上选择"显示家谱"菜单项，可以将家谱中的成员按树形结构显示，也就是显示一棵家谱二叉树。树形家谱显示结果如图 7-18 所示。主菜单界面上输入菜单项"2"，即横向输出了当前所存储的家谱二叉树，根结点在最左侧，叶子结点在右侧，家谱中所有成员均输出且只输出一次。

图 7-18 树形家谱显示结果图

7.4.4 编辑家谱功能测试

编辑家谱包含 3 个功能即查找、修改和添加成员，在主菜单上选择菜单项"编辑家谱"，进入编辑信息二级菜单，运行结果如图 7-19 所示。在主菜单界面输入菜单项"3"后，可正确进入编辑信息二级菜单，可继续进行菜单项的选择操作。

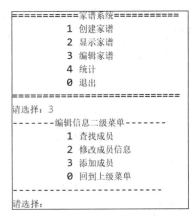

图 7-19 编辑信息二级菜单显示结果图

1. 查找成员

在编辑信息二级菜单上选择"查找成员"菜单项，按提示输入要查的成员姓名进行查找，程序找到后输出该成员信息，随后会再显示二级菜单，以便于继续操作。查找成员的运行结果如图 7-20 所示。在编辑信息二级菜单界面中输入菜单项"1"后，界面会提示输入要查找的成员姓名，输入后系统即显示该用户信息。

2. 修改成员信息

在编辑信息二级菜单上选择"修改成员信息"的菜单项，输入要修改的成员姓名、年龄，系统自动进行成员信息的修改，修改完成后会再显示二级菜单。修改成员信息运行结果如图 7-21 所示。编辑信息二级菜单界面输入菜单项"2"后，界面提示输入要修改的成员姓名和修改的年龄，系统修改家谱二叉链表中该成员对象信息，并提示修改成功。

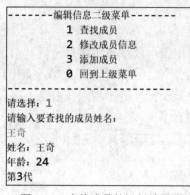

图 7-20　查找成员的运行结果图

图 7-21　修改成员信息运行结果图

3. 添加新成员

在编辑二级菜单上选择"添加成员"菜单项，输入新成员父亲姓名以确定添加的位置，输入新成员的信息将信息封装成成员对象，找到父亲结点，如果父亲结点左孩子为空，添加新成员成为父亲结点的左孩子；如果父亲结点右孩子为空，添加新成员为父亲结点的右孩子；如果两个孩子都非空，则提示不能添加成员。添加成员操作完成后再显示二级菜单。添加成员的运行结果如图 7-22 所示。

在编辑信息二级菜单界面中输入菜单项"3"后，按提示输入父亲结点的姓名"王力"、新成员的姓名"王豆豆"、年龄"1"、第几代"4"，即可将"王豆豆"添加成为"王力"的孩子并显示添加成功！

添加后可再次输出新的二叉树查看结果，先在编辑信息二级菜单中输入菜单项"0"，返回到主菜单。在主菜单上输入菜单项"2"，显示添加成员后的家谱二叉树，运行结果如图 7-23 所示。

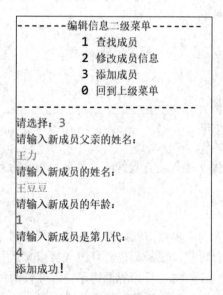

图 7-22　添加成员运行结果图

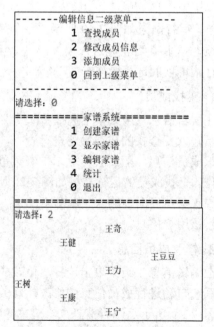

图 7-23　添加成员后家谱显示结果图

7.4.5 统计功能测试

统计功能包含 3 个子功能,主菜单上选择"统计"菜单项,进入统计信息二级菜单。统计信息二级菜单运行结果如图 7-24 所示。

在主菜单界面输入菜单项"4"后,可正确进入统计信息二级菜单,在这二级菜单中可继续进行菜单项的选择操作。

1. 统计没有孩子成员

在统计信息二级菜单上选择"没有孩子的成员"的菜单项,进入统计没有孩子成员功能。统计没有孩子成员信息运行结果如图 7-25 所示。

在统计信息二级菜单界面输入菜单项"1"后,系统输出所有没有孩子的成员姓名和这些成员的总人数。

图 7-24 统计信息二级菜单显示结果图   图 7-25 统计没有孩子成员运行结果图

2. 第 n 代成员信息

在统计信息二级菜单上选择"第 n 代成员人数"的菜单项,进入统计第 n 代成员功能。输入第几代减去 n 的值,显示统计结果。统计第 n 代成员信息运行结果如图 7-26 所示。

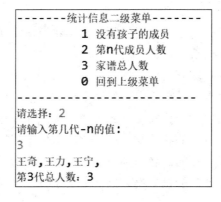

图 7-26 统计第 n 代成员运行结果图

统计信息二级菜单界面输入菜单项"2"后，根据提示输入第 3 代，系统将输出第 3 代成员姓名和这些成员的总人数。

3. 家谱总人数

统计信息二级菜单上选择"家谱总人数"菜单项，进入统计家谱总人数功能，运行结果如图 7-27 所示。

统计信息二级菜单界面输入菜单项"3"后，界面输出家谱总人数为 6。

输入菜单项"0"能回到主菜单，再在主菜单上输入菜单项"0"，即可退出系统。返回主菜单并退出系统的运行结果如图 7-28 所示。

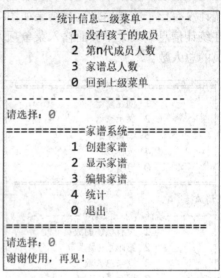

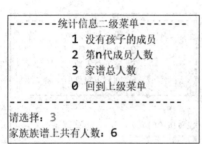

图 7-27 统计家谱总人数运行结果图　　图 7-28 返回主菜单并退出系统运行结果图

典型工作任务 7.5　树软件文档编写

为了更深入地理解家谱系统的功能分析、功能设计、功能实现和功能测试，掌握二叉链表在解决实际问题中的应用，从数据结构设计、软件功能模块化分、代码实现、功能测试等方面编写软件文档。

家谱问题是一个典型的一对多的树形问题。家谱系统在实现时限制了每个结点最多有两个孩子，这决定了家谱数据结构就是一棵二叉树，可采用二叉链表存储结构。

家谱系统功能模块有创建家谱、显示家谱、编辑家谱和统计信息。创建家谱根据原始数据将家谱中成员信息存储到二叉链表中。显示家谱将家谱中成员及成员间关系，用一棵二叉树形状输出。编辑家谱包含查找成员、修改成员信息和添加新成员，其中查找成员根据姓名进行查找，从而获取成员的各项数据；修改成员信息根据姓名找到该成员，存储新数据；添加新成员，根据父结点的姓名找到添加的位置，将新成员作为父结点的左孩子或右孩子添加到二叉链表。统计功能包含没有孩子成员统计，某代成员信息统计和家谱中总人数的统计。

家谱系统代码包含 4 个类，即 Member、FamilyNode、FamilyTree、TestFamilyTree。Member 类用来封装家谱中某位成员信息。FamilyNode 类是家谱二叉链表中的结点类。FamilyTree 类是重点，它构建了二叉链表存储结构，实现了二叉链表的创建、输出、查找、统计等各种操作。TestFamilyTree 类实现了系统界面的显示和用户的交互操作，该类调用 FamilyTree 类的算法实现对家谱中成员信息的各种操作，最终实现家谱系统。

家谱系统各功能的实现都需要访问树中的各结点，所以系统的功能实现都是基于二叉链表的遍历操作。本系统创建家谱按二叉树的先序遍历序列添加成员结点，输出家谱按中序遍历序列输出各结点。编辑模块按中序遍历序列查找符合条件的结点。统计模块按先序遍历序列访问各结点，再依据条件统计各信息，如表 7-1 所示。大家也可以尝试对各模块用不一样的遍历方法进行操作。

表 7-1 家谱系统功能测试表

编号	摘要描述	预期结果	正确代码
jp-cj-01	TestFamilyTree 类的 create(FamilyTree tree)方法根据原始数据创建家族树，未考虑叶子结点和单分支结点的空孩子	生成家谱二叉链表失败	叶子结点和单分支结点的空孩子用 null 补齐，再按先序遍历序列添加成员对象到数据集合中。成员进入集合的顺序是：王树、王健、王奇、null、null、王力、null、null、王康、null、王宁、null、null
gxz-xs-01	TestFamilyTree 类的 main()方法，tree.printTree(tree, 0);实参错误	编译错误	第一个参数是 FamilyNode 类型，需要传递的是二叉链表的根结点。tree.printTree(tree.root, 0);
gxz-zj-01	TestFamilyTree 类的 edit(FamilyTree tree)方法添加新成员连续输入数据不正确	不能输入新成员的姓名	member.name= scan.nextLine();将上一步输入的最后的回车符当成有效值读入。修改代码为：member.name = scan.next();
gxz-tj-01	FamilyTree 类中统计成员总人数 getSize(FamilyNode node)方法，递归操作返回值不正确	统计的总人数为 0	方法中的返回值加 1，修改代码为：return 1 + getSize(node.getLeftChild()) + getSize(node.getRightChild());

典型工作任务 7.6　树项目验收交付

家谱系统实现了创建家谱、输出家谱、编辑家谱和统计这 4 大功能模块，验收时围绕这些功能进行检验，如表 7-2 所示。

表 7-2　家谱项目验收表

验收项目		验收标准	验收结果
项目菜单功能		(1) 项目菜单显示友好； (2) 项目菜单项提示清晰； (3) 能够连续选择操作； (4) 用户控制程序结束	
创建家谱功能测试		(1) 能够按照准备的数据生成二叉链表； (2) 生成的二叉链表中结点关系正确	
显示家谱功能测试		(1) 家谱成员信息显示清晰； (2) 树形结构显示	
编辑功能测试	查找成员	(1) 操作提示清晰； (2) 能够根据输入成员姓名找到成员结点； (3) 找到的成员信息能够清晰显示	
	修改成员信息	(1) 提示清晰； (2) 能够根据成员姓名找到要修改的成员结点； (3) 能够将成员信息依据提示进行修改	
	添加新成员	(1) 能够根据父结点成员的姓名找到父结点； (2) 能够创建新结点； (3) 能够将新结点正确地添加到二叉链表中	
统计功能测试	统计没有孩子的成员	(1) 能够找到所有没有孩子的成员； (2) 能够显示没有孩子成员的姓名； (3) 能够统计没有孩子的成员总数	
统计功能测试	第 n 代成员信息	(1) 能够根据 n 的值找到所有该层的结点； (2) 能够显示第 n 代成员姓名； (3) 能够统计第 n 代成员数量	
	家谱总人数	能够统计出家谱中总人数并正确显示	
项目规范性		(1) 项目分功能模块实现； (2) 各模块功能划分清晰； (3) 各功能正确执行，无错误； (4) 代码中类、方法的封装性好； (5) 代码有必要的注释	

项目八 图——某职业技术学院校园导航

项目引导

　　图是比线性表和树更为复杂的一种数据结构。线性表是一种一对一数据结构，即除头结点和尾结点以外每个结点只有唯一的前驱结点和唯一的后继结点；树是一种一对多数据结构，即数据元素之间有明显的层次关系并且每个结点有唯一的前驱结点，可能有多个后继结点；图是一种多对多的数据结构，是一个用弧或边连接在一起的顶点或结点的集合。本项目以设计某职业技术学院校园导航为目的，灵活使用图的术语、存储结构、操作算法、关键路径等知识，以程序的方式展示某职业技术学院的 22 处建筑物、34 条路径等信息，遵循软件开发和软件测试流程，旨在让学生熟悉开发和测试岗位的工作任务和要求，学习撰写规范的软件文档，实现"数据＋程序＋文档"的有效结合。

知识目标

　　✧ 掌握图的常用概念和术语。
　　✧ 掌握邻接矩阵和邻接表这两种存储结构及其算法。
　　✧ 掌握图的深度优先和广度优先遍历算法。
　　✧ 理解图的连通。
　　✧ 理解关键路径的计算。
　　✧ 理解最短路径问题的解决方法。

技能目标

　　✧ 能进行需求功能分析。
　　✧ 会进行图的算法分析及编程。
　　✧ 能用图的知识编程解决问题。
　　✧ 能进行软件测试及功能调试。
　　✧ 能编写格式规范的软件文档。

思政目标

　　✧ 了解自己的学校，熟悉校园路径。
　　✧ 树立在学校里处处皆可学习、处处是学习之地的信念。
　　✧ 以最短路径(即节约)理念规划出行。
　　✧ 学以致用，养成严谨求实的学习习惯。

典型工作任务 8.1　图项目需求分析

★ **任务**　设计一个某职业技术学院的校园导航程序,为来访参观者提供各种信息查询服务,如图 8-1 所示。具体需求如下:

(1) 设计学校的校园平面图。选取若干有代表性的建筑物抽象成一个无向带权图(无向网),以图中顶点表示校内各建筑物,边上的权值表示两建筑物之间的距离。

(2) 存放建筑物编号、名称、简介等信息,供用户查询。

(3) 为来访者提供图中任意建筑物的相关信息的查询功能。

(4) 为来访者提供图中任意建筑物之间的问路的查询功能。

(5) 为校园平面图增加或删除建筑物或边,修改两个建筑物之间的距离(即边上的权值)等。

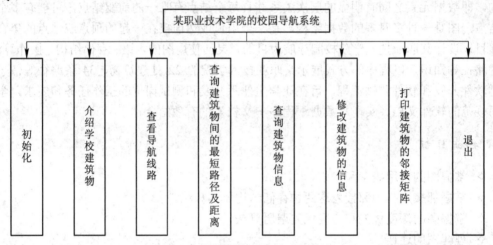

图 8-1　校园导航系统的功能模块

★ **说明**

图 8-1 中:

• 介绍学校建筑物:当用户选择该功能时,系统能输出学校全部建筑物的信息,包括建筑物编号、建筑物名称及建筑物简介。

• 查看导航路线:该功能采用迪杰斯特拉(Dijkstra)算法实现。当用户选择该功能时,系统能根据用户输入的起始建筑物编号求出从该建筑物到其他地点的最短路径及距离。

• 查询建筑物间的最短路径及距离:该功能采用弗洛伊德(Floyd)算法实现,当用户选择该功能时,系统能根据用户输入的起始建筑物及目的地建筑物编号,查询任意两个建筑物之间的最短路径及距离。

• 查询建筑物信息:该功能根据用户输入的建筑物编号输出该点的相关信息,如建筑物编号、名称等。

• 修改建筑物的信息:该功能可以实现图的若干基本操作。例如,增加新的建筑物,删除边,重建图等。

• 打印建筑物的邻接矩阵:该功能输出以建筑物为图的邻接矩阵的距离。

· 退出：即退出校园导航系统。

本任务要求输入/输出时有中文提示。

本任务要求有清晰明确的提示，每个功能可以设立菜单，根据提示可以完成相关的功能要求。

本任务采用自定义的图类型存储抽象校园图的信息。其中，各建筑物间的邻接关系用图的邻接矩阵存储；图的所有建筑物(顶点)信息用数组存储，每个数组元素是一个建筑物实例(包含建筑物编号、建筑物名称及建筑物介绍三个分量)；图的顶点个数及边的个数由分量vexNum、arcNum 表示，均为整型数据，预计建筑物的个数为 20 个左右，也可适当增减。

本任务要求分别使用满足条件的数据和不满足条件的数据进行程序功能、界面等的测试，以保证程序的可靠、稳定和流畅。测试用例、测试执行及测试结果均写在测试文档中，作为再次开发和修改的依据。

典型工作任务 8.2 图数据结构设计

图形结构是一种较为复杂的多对多的数据结构，它是一种讨论两个顶点间是否相连的关系图。在图形结构中，两条边之间加上权值就称为网络。在图形结构中，结点之间的关系可以是任意的，图中任意两个数据元素之间都可能相关。树形结构主要描述结点与结点之间的层次关系，而图形结构讨论两个结点之间是否相连。图形结构除了用于求数据结构中的最短路径、关键路径外，还能用于交通网络规划、以时间为评审标准的性能评价与复审。

8.2.1 图的定义

图(Graph)是由顶点(Vertice)和边(Edge)所组成的，以 G = (V, E)来表示，其中 V 为所有顶点的集合，E 为所有边的集合。

例如，对于图 8-2 所示的无向图 G_1 和有向图 G_2，可描述如下：

$$G_1 = (V_1, E_1)$$

其中，$V_1 = \{A, B, C, D, E\}$，$E_1 = \{(A, B), (A, C), (B, D), (C, E), (D, E)\}$。

$$G_2 = (V_2, E_2)$$

其中，$V_2 = \{A, B, C, D\}$，$E_2 = \{<A, B>, <A, D>, <B, D>, <C, D>, <A, C>\}$。

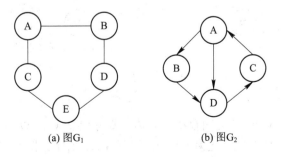

(a) 图G_1 (b) 图G_2

图 8-2 无向图和有向图

1. 无向图和有向图

图有两种形式：一种是无向图，另一种是有向图。根据顶点之间的边是否有方向来确定是有向图还是无向图。在无向图中，顶点之间存在无向边，用圆括号表示，如(x, y)，无向边无方向，所以(x, y)和(y, x)是同一条边。在无向图中，顶点之间存在有向边，用尖括号表示，如<x, y>表示从顶点 x 出发向顶点 y 的边，x 为起点，y 为终点。有向边也称为弧，x 为弧尾，y 为弧头，<y, x>不同于<x, y>，表示另一条边，y 是弧尾，x 是弧头。

2. 完全图、稀疏图、稠密图、网

在图中，用 n 表示顶点数，e 表示边的数。对于无向图，边数满足 $0 \leqslant e \leqslant n(n-1)/2$，当无向图的边数满足 $e = n(n-1)/2$ 时，该图为无向完全图，如图 8-3(a)所示。

在图中，用 n 表示顶点数，e 表示边或弧的数。对于有向图，边数满足 $0 \leqslant e \leqslant n(n-1)$，当有向图的边数满足 $e = n(n-1)$时，该图为有向完全图，如图 8-3(b)所示。

当一个图中含有较少边或弧时，称为稀疏图；当一个图接近完全图时，称为稠密图。

如果图中的边上有数据，则该数据称为边的权(weight)。权值可以是时间、距离、价值等，带权的图称为网，如图 8-3(c)所示。

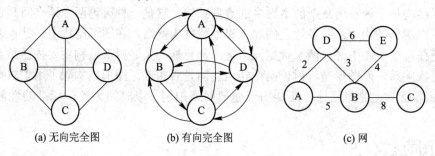

(a) 无向完全图　　　　(b) 有向完全图　　　　(c) 网

图 8-3　图

3. 子图

对于图 $G_1 = (V_1, E_1)$和图 $G_2 = (V_2, E_2)$，满足 V_2 是 V_1 的子集，即 $V_2 \subseteq V_1$，满足 E_2 是 E_1 的子集，即 $E_2 \subseteq E_1$，则 G_2 是 G_1 的子图。图及子图示例如图 8-4 所示。

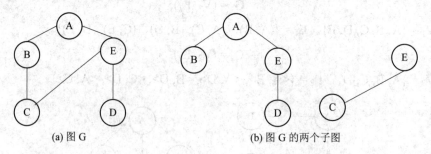

(a) 图 G　　　　　　　　　(b) 图 G 的两个子图

图 8-4　图及子图

4. 邻接点和度

在无向图中，顶点 V 和 W 之间存在一条边，则称顶点 V 和 W 互为邻接点，与顶点 V 关联的边的数目定义为 V 的度，记为 ID(V)。如图 8-5(a)所示，图 G_1 中顶点 C 的邻接点有 B、D 和 E，其度为 3，记为 ID(C) = 3，而 ID(A) = 2。

在有向图中，弧是有方向的，分为弧头和弧尾，因此有入度和出度之分，顶点的入度是以顶点 V 为弧头的弧的数目，记为 ID(V)，顶点的出度是以顶点 v 为弧尾的弧的数目，记为 OD(V)，顶点的度记为 TD(V) = ID(V) + OD(V)。图 8-5(b)中，图 G_2 中顶点 C 的入度 ID(C) = 2，出度 OD(C) = 1，顶点 C 的度为 TD = 3。

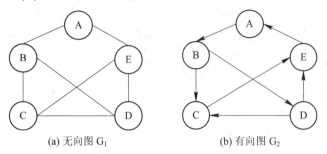

(a) 无向图 G_1　　　　　　(b) 有向图 G_2

图 8-5　图的邻接点、度及路径

5. 路径、简单路径、简单回路

两个不同顶点间所经过的边称为路径，路径上所含的边的数目为路径的长度。

在无向图中，如图 8-5(a)所示，从 A 到 C 的路径为{A, B, C}，路径长度为 2。图中，从 A 到 C 的路径不唯一，如{A, D, C}，路径长度为 2。

在有向图中，路径为有向的，如图 8-5(b)所示，从 A 到 D 的路径{A, B, D}，长度为 2。

序列中起始顶点和终止顶点为同一个点的路径称为回路或环。例如，图 8-5(a)中的路径{A, B, C, D, A}为回路。序列中顶点不重复出现的路径称为简单路径。序列中除第一个顶点和最后一个顶点相同外，其余顶点不重复的回路称为简单回路。

6. 连通图、连通分量、强连通图、强连通分量

在无向图中，若顶点 V_i 到 V_j 存在路径，则 V_i 到 V_j 是连通的。

在图中任意两个顶点均相连，则此图形称为连通图，否则称为非连通图。图 8-6(a)所示的无向图为连通图，图 8-6(b)所示为非连通图。

在无向图中，极大的连通子图称为该图的连通分量。任何连通图的连通分量只有一个，就是它本身，而非连通图则可能有多个连通分量，如图 8-6(c)所示。

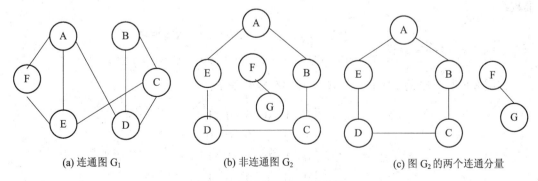

(a) 连通图 G_1　　　　　　(b) 非连通图 G_2　　　　　　(c) 图 G_2 的两个连通分量

图 8-6　无向图及其连通分量

在有向图中，若从顶点 V_i 到 V_j 存在路径，则 V_i 到 V_j 是连通的。若有向图的任意两个顶点之间都存在一条有向路径，则称该有向图为强连通图，如图 8-7(a)所示；否则称为非

强连通图，如图 8-7(b)所示。在有向图中，极大的强连通子图称为该图的强连通分量，任何强连通图的强连通分量只有一个，就是它本身，而非连通图则有多个强连通分量，如图 8-7(c)所示。

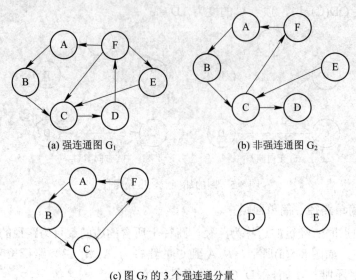

(a) 强连通图 G_1 　　　　　　　　(b) 非强连通图 G_2

(c) 图 G_2 的 3 个强连通分量

图 8-7　有向图及其强连通分量

8.2.2　图的存储结构

了解图的定义和概念后，进一步了解有关图的存储结构及算法就相对容易了。图有多种存储结构，本节将介绍邻接矩阵和邻接表两种基本存储结构。

1. 邻接矩阵

邻接矩阵用两个数组表示图：一个数组是一维数组，存储图中顶点的信息；另一个数组是二维数组(即矩阵)，存储边(或弧)的信息。

对于图 $G = (V, E)$，假设有 n 个顶点，$n \geq 1$，则其所对应的邻接矩阵 A 是一个 $n \times n$ 二维数组：

$$A[i, j] = \begin{cases} 1 & (V_i, V_j) \in E \quad (\text{有向图} <V_i, V_j> \in E) \\ 0 & (V_i, V_j) \notin E \quad (\text{有向图} <V_i, V_j> \notin E) \end{cases}$$

如图 8-8 所示的无向图和有向图，其邻接矩阵如下：

$$A_1 = \begin{bmatrix} 0 & 1 & 0 & 0 & 0 & 1 \\ 1 & 0 & 1 & 0 & 0 & 0 \\ 0 & 1 & 0 & 1 & 1 & 1 \\ 0 & 0 & 1 & 0 & 0 & 1 \\ 0 & 0 & 1 & 0 & 0 & 1 \\ 1 & 0 & 1 & 1 & 1 & 0 \end{bmatrix}$$

$$A_2 = \begin{bmatrix} 0 & 1 & 0 & 0 & 0 & 0 \\ 0 & 0 & 1 & 0 & 0 & 0 \\ 0 & 0 & 0 & 1 & 0 & 1 \\ 0 & 0 & 0 & 0 & 0 & 0 \\ 0 & 0 & 1 & 0 & 0 & 0 \\ 1 & 0 & 0 & 0 & 0 & 0 \end{bmatrix}$$

在上述矩阵中，无向图的邻接矩阵一定是对称矩阵，而无向图第 i 行(或第 i 列)非零元素的个数恰好是第 i 个顶点的度 $TD(V_i)$。有向图的邻接矩阵不一定对称，第 i 行非零元素的个数恰好是第 i 个顶点的出度 $OD(V_i)$，第 i 列非零元素的个数正好是第 i 个顶点的入度 $ID(V_i)$。

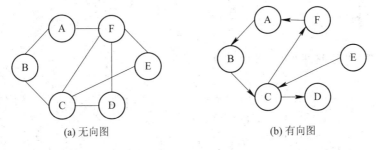

(a) 无向图　　　　　　　(b) 有向图

图 8-8　无向图和有向图

对于网 G，邻接矩阵可以表示为

$$A[i,j]=\begin{cases} w_{ij} & (V_i, V_j) \in E \text{ (有向图} < V_i, V_j > \in E, w_{ij} \text{ 为权值)} \\ \infty & (V_i, V_j) \notin E \text{ (有向图} < V_i, V_j > \notin E) \end{cases}$$

如图 8-9 所示的无向网和有向网，其对应的邻接矩阵分别为

$$A_1 = \begin{bmatrix} \infty & 3 & \infty & 6 & 2 \\ 3 & \infty & 1 & \infty & \infty \\ \infty & 1 & \infty & 4 & \infty \\ 6 & \infty & 4 & \infty & 5 \\ 2 & \infty & \infty & 5 & \infty \end{bmatrix}$$

$$A_2 = \begin{bmatrix} \infty & 3 & \infty & 6 & 2 \\ \infty & \infty & 1 & \infty & \infty \\ \infty & \infty & \infty & 4 & \infty \\ \infty & \infty & \infty & \infty & \infty \\ \infty & \infty & \infty & 5 & \infty \end{bmatrix}$$

在上述矩阵中两个顶点之间有一条边(弧)，就用权值表示数组元素；如果两个顶点之间没有边(或弧)，就用无穷大表示数组元素。

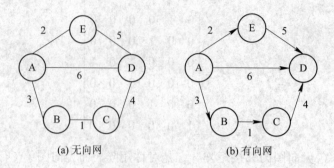

(a) 无向网　　　　　　　　(b) 有向网

图 8-9　无向网和有向网

使用 Java 语言编写无向图的邻接矩阵的程序代码如下：

```java
import java.io.*;
public    class testwt
{
    public static void main(String args[ ]) throws IOException
    {
        int [ ][ ] data={{1,2},{2,1},{1,5},{5,1},          //无向图各边的起点值及终点值
                {2,3},{3,2},{2,4},{4,2},
                {3,4},{4,3},{3,5},{5,3},{4,5},{5,4}};
        int arr[ ][ ] =new int[6][6];                    //声明矩阵 arr
        int i,j,k,tmpi,tmpj;
        for (i=0;i<6;i++)                         //将矩阵清零
            for (j=0;j<6;j++)
                arr[i][j]=0;
        for (i=0; i<14; i++)                       //读取图形数据
            for (j=0; j<6; j++)                     //填入 arr 矩阵
                for (k=0; k<6; k++){
                    tmpi=data[i][0];               //tmpi 为起始顶点
                    tmpj=data[i][1];               //tmpj 为终止顶点
                    arr[tmpi][tmpj]=1;             //有边的点填入 1
                }
        System.out.print("无向图邻接矩阵：\n");
        for (i=1; i<6; i++){
            for (j=1;j<6;j++)
            System.out.print("["+arr[i][j]+"] ");        //打印矩阵内容
            System.out.print("\n");
        }
    }
}
```

无向图的邻接矩阵的程序代码在 JDK 中调试执行后，运行结果如图 8-10 所示，两个顶点之间有无向边用"[1]"表示，没有无向边则用"[0]"表示。

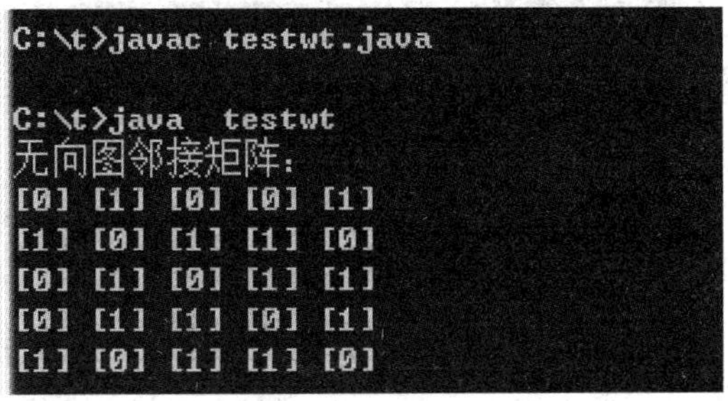

图 8-10 无向图的邻接矩阵的程序运行结果图

使用 Java 语言编写有向图的邻接矩阵的程序代码如下：

```java
import java.io.*;
public   class   testyt
{
    public static void main(String args[ ]) throws IOException
    {
        int arr[ ][ ]=new int[5][5];          //声明矩阵 arr
        int i,j,tmpi,tmpj;
        int [ ][ ] data={{1,2},{2,1},{2,3},{2,4},{4,3}};    //有向图各边的起点值及终点值
        for (i=0;i<5;i++)                  //将矩阵清零
        for (j=0;j<5;j++)
            arr[i][j]=0;
        for (i=0;i<5;i++)                  //读取图中数据
        for (j=0;j<5;j++)                  //填入 arr 矩阵
        {
            tmpi=data[i][0];               //tmpi 为起始顶点
            tmpj=data[i][1];               //tmpj 为终止顶点
            arr[tmpi][tmpj]=1;             //有边的点填入 1
        }
        System.out.print("有向图邻接矩阵：\n");
        for (i=1;i<5;i++)
        {
            for (j=1;j<5;j++)
            System.out.print("["+arr[i][j]+"] ");     //打印矩阵内容
            System.out.print("\n");
        }
    }
}
```

有向图的邻接矩阵的程序代码在 JDK 中调试执行后，运行结果如图 8-11 所示，两个顶点之间存在有向边用 "[1]" 表示，不存在有向边则用 "[0]" 表示。

图 8-11　有向图的邻接矩阵的程序运行结果图

2. 邻接表

邻接表是图的一种顺序存储与链式存储相结合的存储方法，它类似于邻接矩阵，不过忽略掉了矩阵中为 0 的部分，直接把 1 的部分放入结点中，这样可以有效避免存储空间的浪费。邻接表中的结点结构如图 8-12 所示。

图 8-12　邻接表中的结点结构

★ **说明**

(1) 每个顶点使用一个表。

(2) 在无向图中，n 个顶点、e 个边共需 n 个表头结点及 $2 \times e$ 个结点，第 i 个链表中结点的数目为第 i 个顶点的度。

(3) 有向图需 n 个表头结点及 e 个结点。在邻接表中，第 i 个链表中结点的数目为顶点 i 的出度；在逆邻接表中，第 i 个链表中结点的数目为顶点 i 的入度。

无向图的邻接表如图 8-13 所示。

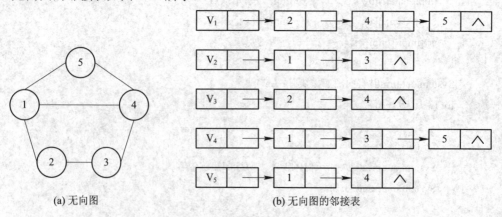

(a) 无向图　　　　　　　　　　(b) 无向图的邻接表

图 8-13　无向图及无向图的邻接表

有向图的邻接表和逆邻接表如图 8-14 所示。

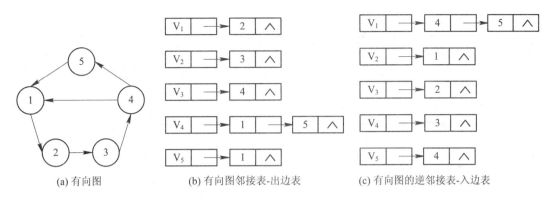

(a) 有向图　　　　(b) 有向图邻接表-出边表　　　　(c) 有向图的逆邻接表-入边表

图 8-14　有向图及有向图的邻接表-出边表和逆邻接表-入边表

使用 Java 语言编写的无向图的邻接表的程序代码如下：

```java
import java.io.*;
class Node                    //定义结点
{
    int x;
    Node next;
    public Node(int x)
    {
        this.x=x;
        this.next=null;
    }
}
class GraphLink
{
    public Node first;
    public Node last;
    public boolean isEmpty( )        //判断是否为空
    {
        return first==null;
    }
    public void print( )             //打印输出
    {
        Node current=first;
        while(current!=null)
        {
            System.out.print("["+current.x+"]");
            current=current.next;
        }
```

```java
        System.out.println( );
    }
    public void insert(int x)        //添加
    {
        Node newNode=new Node(x);
        if(this.isEmpty( ))
        {
            first=newNode;
            last=newNode;
        }
        else
        {
            last.next=newNode;
            last=newNode;
        }
    }
}
public class testljb{
    public static void main (String args[ ])throws IOException
    {            //图形数组声明
        int Data[ ][ ] ={ {1,2},{2,1},{1,4},{4,1},{1,5},{5,1},{2,3},{3,2},{3,4},{4,3},{4,5},{5,4} };
        int DataNum;
        int i,j;
        System.out.println("图形(a)的邻接表内容：");
        GraphLink Head[ ] = new GraphLink[6];
        for ( i=1 ; i<6 ; i++ ){
            Head[i]=new GraphLink( );
            System.out.print("顶点"+i+"=>");
            for( j=0 ; j<12 ;j++){
                if(Data[j][0]==i)
                {
                    DataNum = Data[j][1];
                    Head[i].insert(DataNum);
                }
            }
            Head[i].print( );
        }
    }
}
```

图 8-13(a)所示邻接表的程序在 JDK 中调试执行后，运行结果如图 8-15 所示，图中显示顶点 1 至顶点 5 的邻接点，每个邻接点用"[ ]"括起来与另一个顶点间隔，以增加可读性。

图 8-15 无向图的邻接表的程序运行结果图

8.2.3 图的深度优先和广度优先遍历算法

从图的任意指定顶点出发，依照某种规则去访问图中所有顶点，且每个顶点仅被访问一次，这一过程叫做图的遍历。它分为图的深度优先遍历和广度优先遍历。

1. 深度优先遍历

深度优先遍历(Depth-First Search，DFS)类似于树的先序遍历，是树的先序遍历的推广。假设给定图 G 的初态是所有顶点均未曾被访问过，在 G 中任选顶点 V 为出发点(源点)，则深度优先遍历可定义为：

(1) 访问出发点 V。

(2) 依次从 V 出发搜索 V 的每个邻接点 W，若 W 未曾被访问过，则以 W 为新的出发点继续进行深度优先搜索遍历，直至图中所有和源点 V 有路径相通的顶点(也称为从源点可达的顶点)均已被访问为止。

(3) 若此时图中仍有未被访问的顶点，则另选一个尚未被访问的顶点作为新的源点重复上述过程，直至图中所有顶点均已被访问为止，如图 8-16 所示。

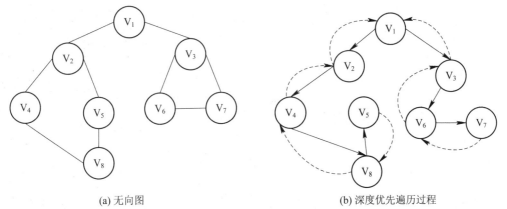

(a) 无向图   (b) 深度优先遍历过程

图 8-16 图的深度优先遍历

从顶点 V_1 出发深度优先遍历的序列为：V_1、V_2、V_4、V_8、V_5、V_3、V_6、V_7。

还可以是：V_1、V_2、V_5、V_8、V_4、V_3、V_7、V_6；

　　　　　V_1、V_3、V_7、V_6、V_2、V_5、V_8、V_4。

使用 Java 语言编写无向图的深度优先遍历程序，代码如下：

```java
class Node
{
    int x;
    Node next;
    public Node(int x)          //定义结点
    {
        this.x=x;
        this.next=null;
    }
}
class GraphLink
{
    public Node first;
    public Node last;
    public boolean isEmpty( )       //判空
    {   return first==null;   }
    public void print( )            //打印输出
    {
        Node current=first;
        while(current!=null)
        {
            System.out.print("["+current.x+"]");
            current=current.next;
        }
        System.out.println( );
    }
    public void insert(int x)      //添加
    {
        Node newNode=new Node(x);
        if(this.isEmpty( ))
        {
            first=newNode;
            last=newNode;
        }
        else
        {
            last.next=newNode;
            last=newNode;
```

```
        }
    }
}
public class testDFS
{
    public static int run[ ]=new int[6];
    public static GraphLink    Head[ ]=new GraphLink[6];
    public static void dfs(int current)                //深度优先遍历程序
    {
        run[current]=1;
        System.out.print("["+current+"]");
        while((Head[current].first)!=null)
        {
            if(run[Head[current].first.x]==0)          //如果顶点尚未遍历，就进行 dfs 的递归调用
            Head[current].first=Head[current].first.next;
        }
    }
    public static void main (String args[ ])
    {    //图形边数组声明
        int Data[ ][ ] = { {1,2},{2,1},{1,4},{4,1},{1,5},{5,1},{2,3}, {3,2},{3,4},{4,3}, {4,5}, {5,4} };
        int DataNum;
        int i,j;
        System.out.println("无向图形的邻接表内容：");           //打印图形的邻接表内容
        for ( i=1 ; i<6 ; i++ )                        //共有 5 个顶点
        {
            run[i]=0;                                  //设定所有顶点尚未遍历过
            Head[i]=new GraphLink( );
            System.out.print("顶点"+i+"=>");
            for( j=0 ; j<12 ; j++)                     //12 条边
            {
                if(Data[j][0]==i)                      //如果起点和列表首相等，则把顶点加入列表
                {
                    DataNum = Data[j][1];
                    Head[i].insert(DataNum);
                }
                Head[i].print( );                      //打印无向图形的邻接表内容
            }
        System.out.println("深度优先遍历顶点：");       //打印深度优先遍历的顶点
        dfs(1);
```

```
        System.out.println("");
    }
}
```

无向图 8-16(a)的深度优先遍历程序在 JDK 中调试执行后，运行结果如图 8-17 所示，图中既显示无向图中顶点 1 至顶点 5 的邻接点，也显示了深度优先遍历的所有顶点。

```
C:\t>javac  testDFS.java

C:\t>java    testDFS
无向图形的邻接表内容：
顶点1=>[2][4][5]
顶点2=>[1][3]
顶点3=>[2][4]
顶点4=>[1][3][5]
顶点5=>[1][4]
深度优先遍历顶点：
[1][2][3][4][5]
```

图 8-17　无向图深度优先遍历运行结果图

2. 广度优先遍历

广度优先遍历(Breadth-First Search，BFS)类似于树的按层次遍历。设图 G 初态是所有的顶点均未被访问过，在 G 中任选一顶点 V 为源点，则广度优先遍历过程为：

(1) 访问出发点 V。

(2) 依次访问顶点 V 的所有邻接点 V_1，V_2，…，V_t。

(3) 依次访问顶点 V_1，V_2，…，V_t 的所有邻接点。

(4) 如此类推，直至图中所有的顶点都被访问到。

在广度优先遍历图的过程中以 V 为起始点，由近至远，依次访问和 V 有路径相通且路径长度为 1，2，…的顶点，如图 8-18 所示。

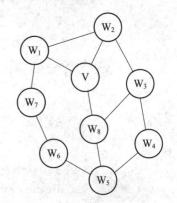

图 8-18　无向图的广度优先遍历

从顶点 V 出发广度优先遍历的序列为：

V，W_1，W_2，W_8，W_7，W_3，W_5，W_6，W_4

V，W_2，W_8，W_1，W_3，W_5，W_7，W_4，W_6

V，W_1，W_8，W_2，W_7，W_3，W_5，W_6，W_4

用 Java 语言编写无向图的广度优先遍历程序，代码如下：

```
import java.util.*;
import java.io.*;
class Node {                        //定义结点
    int x;
    Node next;
    public Node(int x) {
        this.x=x;
        this.next=null;
    }
```

```
}
class GraphLink {
    public Node first;
    public Node last;
    public boolean isEmpty( ) {              //判空
        return first==null;
    }
    public void print( ) {
        Node current=first;
        while(current!=null) {
            System.out.print("["+current.x+"]");
            current=current.next;
        }
        System.out.println( );
    }
    public void insert(int x) {              //添加
        Node newNode=new Node(x);
        if(this.isEmpty( )) {
            first=newNode;
            last=newNode;
        }
        else {
            last.next=newNode;
            last=newNode;
        }
    }
}
public class testBFS {
    public static int run[ ]=new int[6];                   //用来记录各顶点是否遍历过
    public static GraphLink Head[ ]=new GraphLink[6];
    public final static int MAXSIZE=10;                    //定义队列的最大容量
    static int[ ] queue= new int[MAXSIZE];                 //队列数组的声明
    static int front=-1;                                   //指向队列的前端
    static int rear=-1;                                    //指向队列的后端
    //队列数据的存入
    public static void enqueue(int value) {
        if(rear>=MAXSIZE) return;
        rear++;
        queue[rear]=value;
```

```java
    }
    //队列数据的取出
    public static int dequeue( ) {
        if(front==rear) return -1;
        front++;
        return queue[front];
    }
    //广度优先遍历法
    public static void bfs(int current) {
        Node tempnode;                          //临时的结点指针
        enqueue(current);                       //将第一个顶点存入队列
        run[current]=1;                         //将遍历过的顶点设定为 1
        System.out.print("["+current+"]");      //打印该遍历过的顶点
        while(front!=rear) {                    //判断目前是否为空队列
            current=dequeue( );                 //将顶点从队列中取出
            tempnode=Head[current].first;       //先记录目前顶点的位置
            while(tempnode!=null) {
                if(run[tempnode.x]==0) {
                    enqueue(tempnode.x);
                    run[tempnode.x]=1;          //记录已遍历过
                    System.out.print("["+tempnode.x+"]");
                }
                tempnode=tempnode.next;
            }
        }
    }
    public static void main (String args[ ]) {
    int Data[ ][ ] = { {1,2},{2,1},{1,4},{4,1},{1,5},{5,1},{2,3},{3,2},{3,4},{4,3},{4,5},{5,4} };
                                                //图形数组声
        int DataNum;
        int i,j;
        System.out.println("图形的邻接表内容：");    //打印图形的邻接表内容
        for( i=1 ; i<6 ; i++ ) {                 //共有六个顶点
            run[i]=0;                            //设定所有顶点成尚未遍历过
            Head[i]=new GraphLink( );
            System.out.print("顶点"+i+"=>");
                for( j=0 ; j<12 ;j++) {
                    if(Data[j][0]==i) {          //如果起点和表头相等，则把顶点加入表
                        DataNum = Data[j][1];
```

```
                Head[i].insert(DataNum);
            }
        }
        Head[i].print( );                          //打印图形的邻接表内容
    }
    System.out.println("广度优先遍历顶点：");        //打印广度优先遍历的顶点
    bfs(1);
    System.out.println("");
    }
}
```

无向图 8-18 的广度优先遍历程序在 JDK 中调试执行后，运行结果如图 8-19 所示，图中既显示了无向图中顶点 1 至顶点 5 的邻接点，也显示了广度优先遍历的所有顶点。

图 8-19　无向图广度优先遍历运行结果图

8.2.4　图形最短路径

一个有向图形 G=(V, E)，G 中每一个边都有一个比例常数 W(Weight)与之对应，如果想求 G 图形中某一个顶点 V_0 到其他顶点的最少 W 总和之值，这类问题就称为最短路径问题 (The Shortest Path Problem)。本节将探讨单点对全部顶点的最短距离及所有顶点两两之间的最短距离。

1. 单点对全部顶点

顶点到多个顶点的最短距离通常使用 Dijkstra 算法求得，Dijkstra 算法如下：

假设 $S=(V_i \mid V_i \in V)$，且 V_i 在已发现的最短路径中，其中 $V_0 \in S$ 是起点。

假设 $W \notin S$，定义 Dist(W)是从 V_0 到 W 的最短路径，这条路径除了 W 外必属于 S，且有下列特性：

(1) 如果 u 是目前所找到最短路径的下一个结点，则 u 必属于 V-S 集合中最小花费成本的边；

(2) 若 u 被选中，将 u 加入 S 集合中，则会产生目前由 V_0 到 u 的最短路径，对于 $W \notin S$，DIST(w)被改变成 DIST(w)←Min{ DIST(w), DIST(u)+COST(u, w)}。

从上述算法我们可以推演出如下的步骤：

步骤 1：G = (V, E)，D[k] = A[F, k]，其中 k 从 1 到 N，S = {F}，V = {1, 2, …, N}。

D 为一个 N 维数组，用来存放某一顶点到其他顶点的最短距离。F 表示起始顶点。A[F, I]

为顶点 F 到 I 的距离。V 是网络中所有顶点的集合。E 是网络中所有边的组合。S 也是顶点的集合，其初始值是 S = {F}。

步骤 2：从 V-S 集合中找到一个顶点 x，使 D[x]的值为最小值，并把 x 放入 S 集合中。

步骤 3：按下列公式来调整 D 数组的值

$$D[I] = min(D[I], D[x]+A[x, I])$$

其中(x, I)∈E 调整 D 数组的值，I 是指 x 的相邻各顶点。

步骤 4：重复执行步骤 2，一直到 V-S 是空集合为止。

下面来看一个例子，请找出图 8-20 中顶点 5 到各顶点的最短路径。

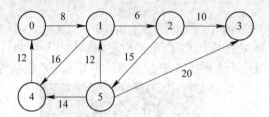

图 8-20　有向图

做法相当简单，首先由顶点 5 开始，找出顶点 5 到各点间最小的距离，到达不了的以∞表示，具体如下：

步骤 1：D[0] = ∞，D[1] = 12，D[2] = ∞，D[3] = 20，D[4] = 14。在其中找出值最小的顶点 D[1]，加入 S 集合中。

步骤 2：D[0] = ∞，D[1] = 12，D[2] = 18，D[3] = 20，D[4] = 14。D[4]最小，加入 S 集合中。

步骤 3：D[0] = 26，D[1] = 12，D[2] = 18，D[3] = 20，D[4] = 14。D[2]最小，加入 S 集合中。

步骤 4：D[0] = 26，D[1] = 12，D[2] = 18，D[3] = 20，D[4] = 14。D[3]最小，加入 S 集合中。

步骤 5：加入最后一个顶点即可得到表 8-1。

表 8-1　顶点 5 到其他顶点的距离

步骤	S	0	1	2	3	4	5	选择
1	5	∞	12	∞	20	14	0	1
2	5, 1	∞	12	18	20	14	0	4
3	5, 1, 4	26	12	18	20	14	0	2
4	5, 1, 4, 2	26	12	18	20	14	0	3
5	5, 1, 4, 2, 3	26	12	18	20	14	0	0

由顶点 5 到其他各顶点的最短距离如下：

顶点 5 到顶点 0 的最短距离为 26。

顶点 5 到顶点 1 的最短距离为 12。

顶点 5 到顶点 2 的最短距离为 18。

顶点 5 到顶点 3 的最短距离为 20。

顶点 5 到顶点 4 的最短距离为 14。

使用 Java 语言编写 Dijkstra 算法，代码如下：

```java
// 图形的相邻矩阵类声明
class Adjacency {
    final int INFINITE = 99999;
    public int[ ][ ] Graph_Matrix;
    // 构造函数
    public Adjacency(int[ ][ ] Weight_Path,int number) {
        int i, j;
        int Start_Point, End_Point;
        Graph_Matrix = new int[number][number];
        for ( i = 1; i < number; i++ )
            for ( j = 1; j < number; j++ )
                if ( i != j )
                    Graph_Matrix[i][j] = INFINITE;
                else
                    Graph_Matrix[i][j] = 0;
        for ( i = 0; i < Weight_Path.length; i++ ) {
            Start_Point = Weight_Path[i][0];
            End_Point = Weight_Path[i][1];
            Graph_Matrix[Start_Point][End_Point] = Weight_Path[i][2];
        }
    }
    // 显示图形的方法
    public void printGraph_Matrix( ) {
        for ( int i = 1; i < Graph_Matrix.length; i++ ) {
            for ( int j = 1; j < Graph_Matrix[i].length; j++ )
                if ( Graph_Matrix[i][j] == INFINITE )
                    System.out.print(" * ");
                else {
                    if ( Graph_Matrix[i][j] == 0 ) System.out.print(" ");
                    System.out.print(Graph_Matrix[i][j] + " ");
                }
            System.out.println( );
        }
    }
}
```

```java
// Dijkstra 算法类
class Dijkstra extends Adjacency {
    private int[ ] cost;
    private int[ ] selected;
    //构造函数
    public Dijkstra(int[ ][ ] Weight_Path,int number) {
        super(Weight_Path,number);
        cost = new int[number];
        selected = new int[number];
        for ( int i = 1; i < number; i++ )    selected[i] = 0;
    }
    // 单点对全部顶点最短距离
    public void shortestPath(int source) {
        int shortest_distance;
        int shortest_vertex= 1;
        int i,j;
        for ( i = 1; i < Graph_Matrix.length; i++ )
            cost[i] = Graph_Matrix[source][i];
        selected[source] = 1;
        cost[source] = 0;
        for ( i = 1; i < Graph_Matrix.length-1; i++ ) {
            shortest_distance = INFINITE;
            for ( j = 1; j < Graph_Matrix.length; j++ )
                if ( shortest_distance>cost[j] && selected[j]==0 ) {
                    shortest_vertex= j;
                    shortest_distance = cost[j];
                }
            selected[shortest_vertex] = 1;
            for ( j = 1; j < Graph_Matrix.length; j++ ) {
                if ( selected[j] == 0 &&
                    cost[shortest_vertex]+Graph_Matrix[shortest_vertex][j]< cost[j]) {
                    cost[j] = cost[shortest_vertex] + Graph_Matrix[shortest_vertex][j];
                }
            }
        }
        System.out.println("=====================================");
        System.out.println("顶点 1 到各顶点最短距离的最终结果");
        System.out.println("=====================================");
        for (j=1;j<Graph_Matrix.length;j++)
```

```
            System.out.println("顶点 1 到顶点"+j+"的最短距离= "+cost[j]);
        }
    }
}
// 主类
public class testDijkstra {                         // 主程序
    public static void main(String[ ] args) {
        int Weight_Path[ ][ ] = { {1, 2, 15},{2, 3, 22},{2, 4, 28},{3, 5, 68},{4, 5, 20},{4, 6, 92},{5, 6, 68} };
        Dijkstra object=new Dijkstra(Weight_Path,7);
        System.out.println("======================================");
        System.out.println("此范例图形的相邻矩阵如下: ");
        System.out.println("======================================");
        object.printGraph_Matrix( );
        object.shortestPath(1);
    }
}
```

顶点 1 到全部顶点 1、2、3、4、5 的 Dijkstra 算法程序在 JDK 中调试执行后，运行结果如图 8-21 所示，图中先输出无向图的邻接矩阵，再显示顶点 1 到其他顶点的最短距离。

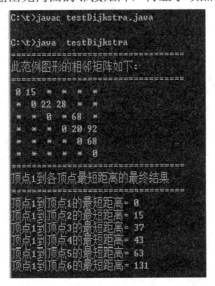

图 8-21　单点对全部顶点运行结果图

2. 顶点两两之间的最短距离

由于 Dijkstra 的方法只能求出某一点到其他顶点的最短距离，如果要求出图形中任两点甚至所有顶点间最短的距离，就必须使用 Floyd 算法。

Floyd 算法定义：

(1) $A^k[i][j]=\min\{A^{k-1}[i][j], A^{k-1}[i][k]+ A^{k-1}[k][j]\}$ $(k\geqslant 1)$。其中，k 表示经过的顶点，$A^k[i][j]$ 为从顶点 i 到 j 的经过 k 顶点的最短路径。

(2) $A^0[i][j]=\mathrm{COST}[i][j]$(即 A^0 等于 COST)。

(3) A^0 为顶点 i 到 j 之间的直线距离。

(4) $A^n[i, j]$ 代表 i 到 j 的最短距离，即 A^n 便是我们所要求的最短路径成本矩阵。

使用 Java 语言编写 Floyd 算法，代码如下：

```java
// 图形的相邻矩阵类声明
class Adjacency {
    final int INFINITE = 99999;
    public int[ ][ ] Graph_Matrix;
    // 构造函数
    public Adjacency(int[ ][ ] Weight_Path,int number) {
        int i, j;
        int Start_Point, End_Point;
        Graph_Matrix = new int[number][number];
        for ( i = 1; i < number; i++ )
            for ( j = 1; j < number; j++ )
                if ( i != j )
                    Graph_Matrix[i][j] = INFINITE;
                else
                    Graph_Matrix[i][j] = 0;
        for ( i = 0; i < Weight_Path.length; i++ ) {
            Start_Point = Weight_Path[i][0];
            End_Point = Weight_Path[i][1];
            Graph_Matrix[Start_Point][End_Point] = Weight_Path[i][2];
        }
    }
    // 显示图形的方法
    public void printGraph_Matrix( ) {
        for ( int i = 1; i < Graph_Matrix.length; i++ ) {
            for ( int j = 1; j < Graph_Matrix[i].length; j++ )
                if ( Graph_Matrix[i][j] == INFINITE )
                    System.out.print(" * ");
                else {
                    if ( Graph_Matrix[i][j] == 0 ) System.out.print(" ");
                    System.out.print(Graph_Matrix[i][j] + " ");
                }
                System.out.println( );
        }
    }
}
// Floyd 算法类
```

```java
class Floyd extends Adjacency {
    private int[ ][ ] cost;
    private int capcity;
    // 构造函数
    public Floyd(int[ ][ ] Weight_Path,int number) {
        super(Weight_Path,number);
        cost = new int[number][ ];
        capcity=Graph_Matrix.length;
        for ( int i = 0; i < capcity; i++ )
            cost[i] = new int[number];
    }
    // 所有顶点两两之间的最短距离
    public void shortestPath( ) {
        for ( int i = 1; i < Graph_Matrix.length; i++ )
            for ( int j = i; j < Graph_Matrix.length; j++ )
                cost[i][j] = cost[j][i] = Graph_Matrix[i][j];
        for ( int k = 1; k < Graph_Matrix.length; k++ )
            for ( int i = 1; i < Graph_Matrix.length; i++ )
                for ( int j = 1; j < Graph_Matrix.length; j++ )
                    if ( cost[i][k]+cost[k][j] < cost[i][j] )
                        cost[i][j] = cost[i][k] + cost[k][j];
        System.out.print("顶点  vex1 vex2 vex3 vex4 vex5 vex6\n");
        for ( int i = 1; i < Graph_Matrix.length; i++ ) {
            System.out.print("vex"+i + " ");
            for ( int j = 1; j < Graph_Matrix.length; j++ ) {
                // 调整显示的位置，显示距离数组
                if ( cost[i][j] < 10 ) System.out.print(" ");
                if ( cost[i][j] < 100 )System.out.print(" ");
                System.out.print(" " + cost[i][j] + " ");
            }
            System.out.println( );
        }
    }
}
// 主类
public class testFloyd {                          // 主程序
    public static void main(String[ ] args) {
        int Weight_Path[ ][ ] = { {1, 2, 15},{2, 3, 22}, {2, 4, 28},{3, 5, 68}, {4, 5, 20},{4, 6, 92},{5, 6,
68} };
```

```
            Floyd object = new Floyd(Weight_Path,7);
            System.out.println("=========================================");
            System.out.println("此范例图形的相邻矩阵如下: ");
            System.out.println("=========================================");
            object.printGraph_Matrix( );
            System.out.println("=========================================");
            System.out.println("所有顶点两两之间的最短距离: ");
            System.out.println("=========================================");
            object.shortestPath( );
        }
    }
```

使用 Floyd 算法计算 6 个顶点两两之间的最短距离，程序在 JDK 中调试执行后，运行结果如图 8-22 所示，图中先输出无向图的邻接矩阵，再显示顶点两两之间的最短距离。

图 8-22 顶点两两之间运行结果图

典型工作任务 8.3   图软件代码设计

以某职业技术学院建筑物为主，其建筑效果如图 8-23 所示，全校约 22 个建筑物，34 条道路。各建筑物分别用图中的顶点表示，编号为 V0～V21；34 条道路分别用无向图中的边表示，无向图边上的权值表示建筑物之间的模拟距离。

某职业技术学院校园导航代码由 2 部分组成，第 1 部分为图的程序 Mgraph，它包含图顶点及边的信息存储、图的初始化、校园建筑物介绍、查看建筑物路线、查询建筑物间最短距离、查询建筑物信息、修改建筑物信息、打印学校建筑物邻接矩阵、在图中查找建筑物的编号、重新构建图、删除顶点、删除边、增加顶点、增加边、更新操作等；第 2 部分为主程序 Test 部分，它包含 main()函数，该函数实现了菜单界面的操作，以及图的相关界面展示。校园导航程序框图如图 8-24 所示。

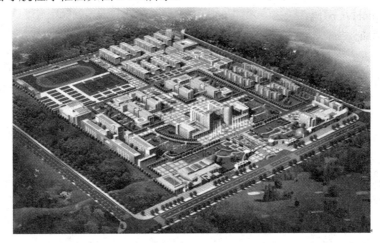

图 8-23 某职业技术学院建筑效果图

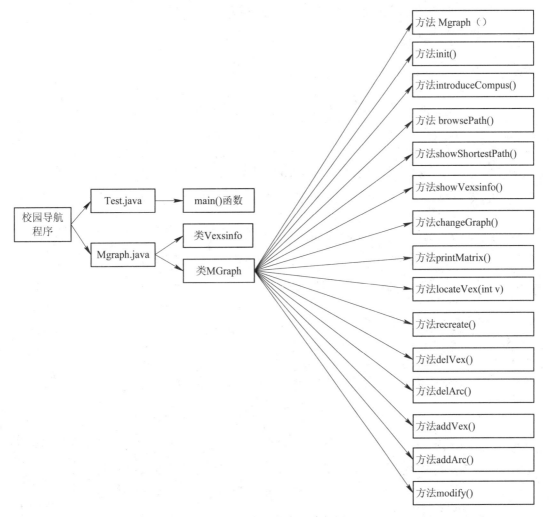

图 8-24 校园导航程序框图

使用 Java 语言编写某职业技术学院校园导航程序，分 2 部分编写，具体如下所述。

(1) Mgraph.java 源码：

```java
import java.util.Scanner;
//1. Vexsinfo 类存储建筑物及路径信息
class Vexsinfo                          //顶点信息
{
    public int ID;                      //建筑物的编号
    public String name;                 //建筑物的名称
    public String introduction;         //建筑物的介绍
    public Boolean isVisited;           //是否被访问过
    public Vexsinfo(int id, String name,String intro)
    {   this.ID = id;
        this.name = name;
        this.introduction = intro;
        this.isVisited = false;
    }
}
//2. 定义图用邻接矩阵存储
public class MGraph                     //图结构信息，邻接矩阵表示
{
    public Vexsinfo[ ]    vexs;         //顶点信息
    public int[ ][ ] arcs;              //邻接矩阵，用整型值表示权值
    public int arcNum;                  //边数
    public int vexNum;                  //顶点数
    public MGraph(int maxVexsNum, int maxsize)
    {
        this.vexs = new Vexsinfo[maxVexsNum];
        this.arcs = new int[maxsize][maxsize];
        this.arcNum = maxVexsNum; this.vexNum = maxsize;
        init( );
    }
    public void introduceCompus( )      //1.校园图介绍，显示各地点的编号、名称和简介
    {
        System.out.print(" \n\n 编号\t 建筑物名称 \t\t\t 简介\n");
        System.out.print("_____\n\n");
        for(int i=0;i<this.vexNum ;i++)
        System.out.println(this.vexs[i].ID+"\t"+this.vexs[i].name+"\0\0\0\0\t"+this.vexs[i].introduction);
        System.out.print("_____\n\n");
    }
```

```
//3. 初始化
public void init( )          //地图初始化，一次创建具有 22 个建筑物的地图
{
    String[ ] names= {"学校东门","飞天广场","图书馆","10 号实验楼","11 号实验楼","国防科
技展馆","13 号实验楼","砺剑广场","教学二楼","教学三楼","报告厅","教学四楼","19 号楼","大学
生活动中心","一餐厅","学生公寓 1","学生公寓 2","学生公寓 3","学生公寓 4-7", "二餐厅","运动
场","综合楼"};String[ ] introduces= {"学院主要进出口，离公交车站很近，有 102、101、910、930 路等多
路公交车","学校标志性建筑，风景优美","藏书丰富，四个产业学院","10 号实验楼-致远楼，楼高 6 层
","11 号实验楼-精艺楼，楼高 2 层","国防科技展馆-敦学楼，楼高 3 层","13 号实验楼-励学楼，楼高 3
层","砺剑广场，喷泉音乐","教学二楼-格物楼，楼高五层","教学三楼-知行楼，楼高五层","报告厅，
1 层","教学四楼-敏学楼，楼高五层","19 号楼-明德楼:楼高 6 层","大学生活动中心，篮球羽毛球乒乓
球活动","一餐厅，学生餐厅","学生公寓 1，女生宿舍","学生公寓 2，女生宿舍","学生公寓 3，女生
公寓","学生公寓 4-7，男生公寓","二餐厅，学生餐厅及教师餐厅","体育场，足球场地、篮球场地","
综合楼，超市，文印室"};
    for(int i=0;i<this.vexNum;i++)                //依次设置图的各顶点信息
    {
        this.vexs[i] = new Vexsinfo(i,names[i],introduces[i]);
    }
    for(int i=0;i<this.vexNum ;i++)               //先初始化图的邻接矩阵
        for(int j=0;j<this.vexNum ;j++)
            this.arcs[i][j] = 10000;              //10000 表示无边
    this.arcs[0][1]=185;this.arcs[0][11]=171;this.arcs[1][2]=100;
    this.arcs[1][3]=200;this.arcs[1][6]=290; this.arcs[1][16]=600;
    this.arcs[2][3]=102;this.arcs[2][4]=100;this.arcs[3][5]=100;
    this.arcs[4][5]=100;this.arcs[4][6]=100;this.arcs[4][16]=450;
    this.arcs[5][6]=101;this.arcs[6][7]=302;this.arcs[6][8]=220;
    this.arcs[6][9]=246;this.arcs[7][8]=100;this.arcs[7][9]=100;
    this.arcs[9][10]=103;this.arcs[10][11]=102;this.arcs[10][12]=465;
    this.arcs[11][12]=485;this.arcs[11][13]=520;this.arcs[11][14]=580;
    this.arcs[12][14]=220;this.arcs[13][14]=105;this.arcs[14][15]=102;
    this.arcs[16][17]=102;this.arcs[16][20]=408;this.arcs[16][21]=506;
    this.arcs[17][18]=101;this.arcs[18][19]=389;this.arcs[19][20]=268;
    this.arcs[20][21]=285;
    for(int i=0;i<this.vexNum ;i++)               //邻接矩阵是对称矩阵，对称赋值
        for(int j=0;j<this.vexNum ;j++)
            this.arcs[j][i]=this.arcs[i][j];
}
//4. 介绍校园建筑物
public void introduceCompus( )   //1.校园图介绍，显示各地点的编号、名称和简介
```

```
{
    System.out.print(" \n\n 编号\t 建筑物名称 \t\t\t 简介\n");
    System.out.print("_____ \n\n");
    for(int i=0;i<this.vexNum ;i++)
        System.out.println(this.vexs[i].ID+"\t"+this.vexs[i].name+"\0\0\0\0\t"+this.vexs[i].introduction);
    System.out.print("_____ \n\n");
}
//5. 查看建筑物路线
public void browsePath( )
// 查看游览路线，显示从给定地点出发，到其他地点的最短路径
{
    // 迪杰斯特拉算法，求从顶点 v0 到其余顶点的最短路径 p[ ]及其带权长度 d[v] (最短路径的距离)。
    // p[ ][ ]数组用于存放两顶点间是否有道路标志。若 p[v][w]==1，则 w 是从 v0 到 v 的最短路径上
的顶点。
    int min, t = 0, v0;                          //v0 为起始建筑物的编号
    int d[ ] = new int[35];
    int p[ ][ ] = new int[35][35];
    System.out.print("\n 请输入一个起始建筑物的编号：");
    Scanner scan = new Scanner(System.in);
    v0 = scan.nextInt( );
    System.out.print("\n\n");
    while (v0 < 0 || v0 > this.vexNum) {
        System.out.print("\n 你所输入的建筑物编号不存在\n");
        System.out.print("请重新输入：");
        v0 = scan.nextInt( );
    }
    scan.close( );
    for (int v = 0; v < this.vexNum; v++) {
        this.vexs[v].isVisited = false;    // 初始化各顶点访问标志
        d[v] = this.arcs[v0][v];           // v0 到各顶点 v 的权值赋值给 d[v]
                                           //初始化 p[ ][ ]数组，各顶点间的路径全部设置为空路径 0
        for (int w = 0; w < this.vexNum; w++)
            p[v][w] = 0;
        if (d[v] < 1000)                   // v0 到 v 有边相连，修改 p[v][v0]的值为 1
        {
            p[v][v0] = 1;
            p[v][v] = 1;            //各顶点自己到自己要连通
        }
    }
```

```
d[v0] = 0;                        // 自己到自己的权值设为 0
this.vexs[v0].isVisited = true;   //v0 的访问标志设为 true，v 属于 s 集
                                  // 对其余 vexNum-1 个顶点 w，依次求 v 到 w 的最短路径
for (int i = 1; i < this.vexNum; i++) {
    min = 1000;
    // 在未被访问的顶点中，查找与 v0 最近的顶点 v
    for (int w = 0; w < this.vexNum; w++)
        if (!this.vexs[w].isVisited && d[w] < min)     // v0 到 w(有边)的权值<min
        {
            t = w;
            min = d[w];
        }
    this.vexs[t].isVisited = true;   // v 的访问标志设置为 1，v 属于 s 集
                                     // 修改 v0 到其余各顶点 w 的最短路径权值 d[w]
    for (int w = 0; w < this.vexNum; w++)
    // 若 w 不属于 s，且 v 到 w 有边相连
    if (!this.vexs[w].isVisited && (min + this.arcs[t][w] < d[w])) {
        d[w] = min + this.arcs[t][w];      // 修改 v0 到 w 的权值 d[w]
                                           // 所有 v0 到 v 的最短路径上的顶点 x，都是 v0 到 w 的
        for (int x = 0; x < this.vexNum; x++)
            p[w][x] = p[t][x];        // 最短路径上的顶点
        p[w][w] = 1;
    }
}
for (int v = 0; v < this.vexNum; v++)      //输出 v0 到其他顶点 v 的最短路径
{
    if (v != v0)
        System.out.print(this.vexs[v0].name+"--->");
        // 输出建筑物 v0 的建筑物名
        // 对图中每个顶点 w，试探 w 是否 v0 到 v 的最短路径上的顶点
        for (int w = 0; w < this.vexNum; w++) {
            // 若 w 是且 w 不等于 v0，则输出该建筑物
            if (p[v][w] == 1 && w != v0 && w != v)
                System.out.print(this.vexs[w].name+"--->");
        }
    System.out.print(this.vexs[v].name);
    System.out.print("\t 总路线长为" + d[v] + "米\n\n");
}
}
```

```java
//6. 查询建筑物间最短距离
public void showShortestPath( )
{
    // 用 floyd 算法，求各对顶点 v 和 w 间的最短路径 p[ ][ ][ ]及其带权长度 d[v][w]
    // 若 p[v][w][u]==1；则 u 是 v 到 w 的当前求得的最短路径上的顶点
    int j, k;
    int[ ][ ] d = new int[22][22];
    int[ ][ ][ ] p= new int[22][22][22];
    //初始化各对顶点 v，w 之间的起始距离 d[v][w] 及路径 p[v][w][ ]数组
    for(int v=0;v<this.vexNum;v++)
    {
        for(int w=0; w<this.vexNum ;w++)
        {
            d[v][w]=this.arcs[v][w];        //d[v][w] 中存放 v 至 w 的初始权值
                                            //初始化最短路径 p[v][w][ ] 数组，第 3 分量全部清 0
            for(int u=0;u<this.vexNum ;u++) p[v][w][u]=0;
                if(d[v][w]<1000)            //如果 v 至 w 间有边相连
                {
                    p[v][w][v]=1;           // v 是 v 至 w 最短路径上的顶点
                    p[v][w][w]=1;           //w 是 v 至 w 最短路径上的顶点
                }
        }
    }
    //求 v 至 w 的最短路径及距离
    for(int u=0; u<this.vexNum; u++)
        //对任意顶点 u，试探其是否为 v 至 w 最短路径上的顶点
        for(int v=0;v<this.vexNum ;v++)
            for(int w=0;w<this.vexNum ;w++)
                //从 v 经 u 到 w 的一条路径更短
                if(d[v][u]+d[u][w]<d[v][w])
                {   //修改 v 至 w 的最短路径长度
                    d[v][w]=d[v][u]+d[u][w];
                    //修改 v 至 w 的最短路径数组
                    for(int i=0;i<this.vexNum ;i++)
                    //若 i 是 v 至 u 的最短路径上的顶点，或 i 是 u 至 w 的最短路径上的顶点，
                    //则 i 是 v 至 w 的最短路径上的顶点
                    p[v][w][i] = (p[v][u][i]==1 || p[u][w][i]==1)?1:0;
                }
    System.out.print ("\n 请输入出发点和目的地编号：");
```

```java
        Scanner scan = new Scanner(System.in);
        k=scan.nextInt( );
        j=scan.nextInt( );
        System.out.print("\n\n");
        while(k<0 || k>this.vexNum || j<0 || j>this.vexNum)
        {
            System.out.print("\n 你所输入的建筑物编号不存在！ ");
            System.out.print("\n 请重新输入出发点和目的地编号： \n");
            k=scan.nextInt( );
            j=scan.nextInt( );
            System.out.print("\n");
        }
        scan.close( );
        System.out.print(this.vexs[k].name+"--->" );        //输出出发建筑物名称
        for(int u=0; u<this.vexNum ;u++)
            if(p[k][j][u]==1 && k!=u && j!=u)                //输出最短路径上中间建筑物名称
                System.out.print(this.vexs[u].name+"--->");
        System.out.print(this.vexs[j].name );               //输出目的地建筑物名称
        System.out.print("\n\n\n 总长为"+d[k][j]+"米\n\n\n");
}
//7. 查询建筑物信息
public void showVexsinfo( )
{
    System.out.print("\n 请输入要查询的建筑物编号： ");
    Scanner scan = new Scanner(System.in);
    int k = scan.nextInt( );
    while(k<0 || k>this.vexNum)
    {
        System.out.print("\n 你所输入的建筑物编号不存在！ ");
        System.out.print("\n 请重新输入： ");
        k = scan.nextInt( );
    }
    scan.close( );
    System.out.println("\n\n 编号： "+this.vexs[k].ID);
    System.out.println("\n\n 建筑物名称： "+this.vexs[k].name);
    System.out.println("\n\n 介绍： "+this.vexs[k].introduction);
}
//8. 修改建筑物信息
public int changeGraph( )          //更改图信息，可以对地点信息进行修改
```

```java
{
    int    yourChoice;
    Scanner scan = new Scanner(System.in);
    do    {
        yourChoice=0;
        System.out.print("\n--------------------欢迎使用校园导航程序----------------\n");
        System.out.print("\n 请选择要完成的操作 :                              \n");
        System.out.print("\n     菜 单 选 择:                              \n\n");
        System.out.print(" 1. 再次建图                   2. 删除建筑物        \n");
        System.out.print(" 3. 删除建筑物间的路径          4. 增加建筑物        \n");
        System.out.print(" 5. 增加建筑物间的路径          6. 更新建筑物信息     \n");
        System.out.print(" 7. 打印邻接矩阵                8. 返回上一级        \n");
        System.out.print("\n----------------------------------------------------------\n");
        System.out.print("\n 请输入你的选择: ");
        yourChoice = scan.nextInt( );
        switch(yourChoice)
        {
            case 1: recreate( ); break;          //重建图，调用(11)
            case 2: delVex( );break;             //删除顶点，调用(12)
            case 3: delArc( );break;             //删除边，调用(13)
            case 4: addVex( );break;             //增加顶点，调用(14)
            case 5: addArc( );break;             //增加边，调用(15)
            case 6: modify( );break;             //更新图的信息，调用(16)
            case 7: printMatrix( );break;        //输出邻接矩阵，调用(7)
            case 8: return 1;                    //返回主菜单
            default: System.out.print("输入选择不明确，请重新输入\n");break;
        }
    }while(yourChoice!=8);
    scan.close( );
    return 1;
}
//9. 打印学校建筑物邻接矩阵
public void printMatrix( )                        //打印学校地图的邻接矩阵
{
    for(int i=0; i<this.vexNum ;i++)
    {
        System.out.print("\n");
        for(int j=0; j<this.vexNum; j++)
        {
```

```
                if (this.arcs[i][j]==1000)
                    System.out.print("\0*    ");
            else
                    System.out.print(this.arcs[i][j]+"\0");
        }
    }
    System.out.print("\n");
}
//10. 在图中查找建筑物的编号
public int locateVex(int v)              //在图中查找地点的序号
{
    for (int i=0;i<this.vexNum ;i++)
        if (v==this.vexs[i].ID)
            return i;                    //找到，返回顶点序号
        return -1;                       //否则，返回 -1
}
//11. 重新构建图
public int recreate( ) //重建图，以图的邻接矩阵存储图
{
    int    m, n, v0,v1,distance;
    System.out.print("请输入图的顶点数和边数: \n");
    Scanner scan = new Scanner(System.in);
    this.vexNum = scan.nextInt( );
    this.arcNum = scan.nextInt( );
    System.out.print("下面请输入建筑物的信息：\n");
    for(int i=0; i<this.vexNum; i++)     //构造顶点向量(数组)
    {
        System.out.print("请输入建筑物的编号：");
        this.vexs[i].ID = scan.nextInt( );
        System.out.print("\n 请输入建筑物的名称：");
        this.vexs[i].name = scan.nextLine( );
        System.out.print("\n 请输入建筑物的简介：");
        this.vexs[i].introduction = scan.nextLine( );
    }
    for(int i=0;i<this.arcNum ;i++)          //初始化邻接矩阵
        for(int j=0;j<this.arcNum;j++)
            this.arcs[i][j]=1000;
    System.out.print("下面请输入图的边的信息：\n");
    for(int i=1;i<=this.arcNum;i++)/*构造邻接矩阵*/
```

```java
    {   //输入一条边的起点、终点及权值
        System.out.print("第"+i+"条边的起点 终点 长度为: ");
        v0 = scan.nextInt( );
        v1 = scan.nextInt( );
        distance = scan.nextInt( );
        m=locateVex(v0);
        n=locateVex(v1);
        if(m>=0 && n>=0)
        {
            this.arcs[m][n] = distance;
            this.arcs[n][m] =this.arcs[m][n];
        }
    }
    scan.close( );
    return 1;
}
//12. 删除顶点
public int delVex( )              //删除地点(顶点)
{
    if (this.vexNum<=0)
    {
        System.out.print("图中已无顶点");
        return 1;
    }
    System.out.print("\n 下面请输入你要删除的建筑物编号: ");
    Scanner scan = new Scanner(System.in);
    int v = scan.nextInt( );
    while(v<0 || v>this.vexNum)
    {
        System.out.print("\n 输入错误! 请重新输入");
        v = scan.nextInt( );
    }
    int m=locateVex(v);
    if(m<0)
    {
        System.out.print("顶点"+v+"不存在! ");
        scan.close( );
        return 1;
    }
```

```
//对顶点信息所在顺序表进行删除 m 点的操作
for(int i=m;i<this.vexNum;i++)
{
    this.vexs[i].ID=this.vexs[i+1].ID;
    this.vexs[i].name = this.vexs [i+1].name;
    this.vexs[i].introduction = this.vexs [i+1].introduction;
}
//对原邻接矩阵，删除该顶点到其余顶点的邻接关系，分别删除相应的行和列
for(int i=m;i<this.vexNum-1 ;i++)                //行
    for(int j=0;j<this.vexNum ;j++)              //列
        //二维数组，从第 m+1 行开始依次往前移一行，即删除第 m 行
        this.arcs [i][j]=this.arcs [i+1][j];
for(int i=m;i<this.vexNum-1 ;i++)
    for(int j=0;j<this.vexNum;j++)
        //二维数组，从第 m+1 列开始依次往前移一列，即删除第 m 列
        this.arcs [j][i]=this.arcs [j][i+1];
this.vexNum- -;
System.out.print("顶点"+m+"删除成功！");
scan.close( );
return 1;
}
//13. 删除边
public int delArc( )                             //删除边
{
    if(this.arcNum <=0)
    {
        System.out.print("图中已无边，无法删除。");
        return 1;
    }
    System.out.print("\n 下面请输入你要删除的边的起点和终点编号：");
    Scanner scan = new Scanner(System.in);
    int v0 = scan.nextInt( );
    int v1 = scan.nextInt( );
    scan.close( );
    int m= locateVex(v0);
    if(m<0){
        System.out.print(" 顶点"+v0+"不存在！");
        return 1;
    }
```

```java
        int n=locateVex(v1);
        if(n<0)
        {
            System.out.print("顶点"+v1+"不存在！");
            return 1;
        }
        this.arcs[m][n]=1000; //修改邻接矩阵对应的权值
        this.arcs[n][m] =1000;
        this.arcNum --;
        System.out.print("边 (" + v0 + "," + v1 + ")删除成功！");
        return 1;
    }
//14. 增加顶点
public int addVex(  )          //添加建筑物(顶点)
    {
        System.out.print("请输入你要增加结点的信息：");
        System.out.print("\n 编号：");
        Scanner scan = new Scanner(System.in);
        this.vexs[this.vexNum].ID = scan.nextInt( );
        System.out.print("\n 名称：");
        this.vexs[this.vexNum].name = scan.nextLine( );
        System.out.print("简介：");
        this.vexs[this.vexNum].introduction = scan.nextLine( );
        this.vexNum++;
        scan.close( );
        //对原邻接矩阵新增加的一行及一列进行初始化
        for(int i=0;i<this.vexNum;i++)
        {
            this.arcs[this.vexNum-1][i]=1000;   //最后一行(新增的一行)
            this.arcs[i][this.vexNum-1]=1000;   //最后一列(新增的一列)
        }
        return 1;
    }
//15. 增加边
public int addArc( ) //添加边
    {
        int   m, n, distance;
        System.out.print("\n 请输入边的起点和终点编号,权值：");
        Scanner scan = new Scanner(System.in);
```

```java
    m = scan.nextInt( );
    n = scan.nextInt( );
    distance = scan.nextInt( );
    while(m<0 || m> this.vexNum || n<0 || n>this.vexNum)
    {
        System.out.print("输入错误，请重新输入：");
        m = scan.nextInt( );
        n = scan.nextInt( );
    }
    scan.close( );
    if(locateVex(m)<0)
    {
        System.out.print("此顶点"+m+"不存在");
        return 1;
    }
    if(locateVex(n)<0)
    {
        System.out.print("此顶点"+n+"不存在：");
        return 1;
    }
    this.arcs[m][n] = distance;
    this.arcs[n][m] = this.arcs[m][n];        //对称赋值
    System.out.print("边（"+m+","+n+"）添加成功！");
    return 1;

}
//16. 更新操作
public int modify( )
{
    System.out.print("\n 下面请输入你要修改的建筑物的个数：\n");
    Scanner scan = new Scanner(System.in);
    int changenum = scan.nextInt( );
    while(changenum<0 || changenum>this.vexNum)
    {
        System.out.print("\n 输入错误！请重新输入");
        changenum = scan.nextInt( );
    }
    for(int i=0;i<changenum;i++)
    {
        System.out.print("\n 请输入建筑物的编号：");
```

```
            int m = scan.nextInt( );
            int t= locateVex(m);
            System.out.print("\n 请输入建筑物的名称：");
            this.vexs[t].name = scan.nextLine( );
            System.out.print("\n 请输入建筑物的简介：");
            this.vexs[t].introduction = scan.nextLine( );
        }
        System.out.print("\n 下面请输入你要更新的边数");
        changenum= scan.nextInt( );
        while(changenum<0 || changenum>this.arcNum )
        {
            System.out.print("\n 输入错误！请重新输入");
            changenum = scan.nextInt( );
        }
        System.out.print("\n 下面请输入更新边的信息：\n");
        for(int i=1; i<=changenum; i++)
        {
            System.out.print("\n 修改的第"+i+"条边的起点 终点 长度为：");
            int v0 = scan.nextInt( );
            int v1 = scan.nextInt( );
            int distance = scan.nextInt( );
            int m=locateVex(v0);
            int n=locateVex(v1);
            if(m>=0 && n>=0)
            {
                this.arcs[m][n] = distance;
                this.arcs[n][m] = this.arcs[m][n] ;
            }
        }
        scan.close( );
        System.out.print("图信息更新成功! ");
        return 1;
}
```

(2) 主程序：

```
import java.util.Scanner;
public class Test {
    public static void main(String[ ] args)
    {
        int yourChoice;
```

```java
String iSExit="n";
MGraph campus=new MGraph(22,22);
Scanner scan = new Scanner(System.in);
do{
    yourChoice=0;
    System.out.print("\n--------------------欢迎使用校园导航程序------------------------\n");
    System.out.print("\n        欢迎来到某职业技术学院!                    \n");
    System.out.print("\n            菜 单 选 择:        \n\n");
    System.out.print("       1. 介绍学校建筑物             2. 查看导航路线    \n");
    System.out.print("       3. 查询建筑物间最短路径        4. 查询建筑物信息  \n");
    System.out.print("       5. 修改建筑物的信息           6. 打印建筑物邻接矩阵 \n");
    System.out.print("       7. 退出 \n");
    System.out.print("\n-------------------------------------------------------\n");
    System.out.print("\n 请输入你的选择: ");
    yourChoice= scan.nextInt( );
    switch(yourChoice)
    {
        case 1: campus.introduceCompus( ); break;
        case 2: campus.browsePath( ); break;
        case 3: campus.showShortestPath( ); break;
        case 4: campus.showVexsinfo( ); break;
        case 5: campus.changeGraph( ); break;
        case 6: campus.printMatrix( ); break;
        case 7:
            System.out.print("您确定要退出系统吗?(Y/N):");
            iSExit= scan.nextLine( );
            if(iSExit=="Y" || iSExit=="y")
                System.exit(0);
            else
                iSExit="n";
            break;
        default:
            System.out.print("输入选择不明确,请重新输入\n");
        break;
    }
}while(yourChoice!=7 || iSExit=="n");
scan.close( );

    }
}
```

典型工作任务 8.4　图软件测试执行

在 Eclipse 工具中执行校园导航程序后显示菜单信息如图 8-25 所示，图中有欢迎信息和 7 个菜单选择项，使用"----"将菜单和输入数据间隔。

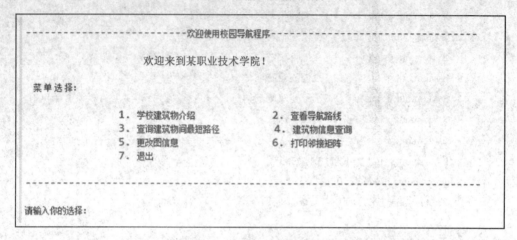

图 8-25　校园导航菜单选择图

选择菜单中的"1"后显示校园中的 22 个建筑物的编码、名称及简介，如图 8-26 所示。其中学校东门为第一个建筑物，综合楼为最后一个建筑物。

```
请输入你的选择：1

编号   建筑物名称              简介

0      学校东门                学院主要进出口，离公交车站很近，有102、101、910、930路等多路公交车
1      飞天广场                学校标志性建筑，风景优美
2      图书馆                  藏书丰富，四个产业学院
3      10号实验楼              10号实验楼 - 致远楼，楼高6层
4      11号实验楼              11号实验楼 - 精艺楼，楼高2层
5      国防科技展馆            国防科技展馆 - 敦学楼，楼高3层
6      13号实验楼              13号实验楼 - 励学楼，楼高3层
7      砺剑广场                砺剑广场，喷泉音乐
8      教学二楼                教学二楼 - 格物楼，楼高五层
9      教学三楼                教学三楼 - 知行楼，楼高五层
10     报告厅                  报告厅，1层
11     教学四楼                教学四楼 - 敬学楼，楼高五层
12     19号楼                  19号楼 - 明德楼：楼高6层
13     大学生活动中心          大学生活动中心，篮球羽毛球乒乓球活动
14     一餐厅                  一餐厅，学生餐厅
15     学.生公寓1              学生公寓1，女生宿舍
16     学生公寓2              学生公寓2，女生宿舍
17     学生公寓3              学生公寓3，女生公寓
18     学生公寓4-7            学生公寓4-7，男生公寓
19     二餐厅                  二餐厅，学生餐厅及教师餐厅
20     运动场                  体育场，足球场地、篮球场地
21     综合楼                  综合楼，超市，文印室
```

图 8-26　菜单选择"1"后的学校建筑物介绍运行图

选择菜单中的"2"后可查看导航路线如图 8-27 所示。例如，输入起始建筑物的编号"7"砺剑广场，则显示从砺剑广场到其他建筑物的路线及总长。

```
请输入你的选择：2

请输入一个起始建筑物的编号：7


砺剑广场---->教学三楼---->报告厅---->教学四楼---->学校东门        总路线长为476米

砺剑广场---->13号实验楼---->飞天广场        总路线长为592米

砺剑广场---->11号实验楼---->13号实验楼---->图书馆        总路线长为502米

砺剑广场---->国防科技展馆---->13号实验楼---->10号实验楼        总路线长为503米

砺剑广场---->13号实验楼---->11号实验楼        总路线长为402米

砺剑广场---->13号实验楼---->国防科技展馆        总路线长为403米

砺剑广场---->13号实验楼        总路线长为302米

砺剑广场        总路线长为0米

砺剑广场---->教学二楼        总路线长为100米

砺剑广场---->教学三楼        总路线长为100米

砺剑广场---->教学三楼---->报告厅        总路线长为203米

砺剑广场---->教学三楼---->报告厅---->教学四楼        总路线长为305米

砺剑广场---->教学三楼---->报告厅---->19号楼        总路线长为668米
```

图 8-27 菜单选择"2"后的查看导航路线运行图

　　选择菜单中的"3"后可查询建筑物间的最短路径如图 8-28 所示。例如，输入出发点的编号"7"和目的地的编号"11"，可查询到砺剑广场到教学四楼两建筑物间的最短路径为 305 米。

```
请输入你的选择：3

请输入出发点和目的地编号：7  11


砺剑广场---->教学三楼---->报告厅---->教学四楼


总长为305米
```

图 8-28 菜单选择"3"后的查看建筑物间最短距离运行图

　　选择菜单"4"后可查询建筑物信息，如图 8-29 所示。例如，输入要查询的建筑物编号"7"，则显示建筑物名称"砺剑广场"，并介绍砺剑广场的信息。

```
请输入你的选择：4

请输入要查询的建筑物编号：7


编号：7


建筑物名称：砺剑广场


介绍：砺剑广场，喷泉音乐
```

图 8-29 菜单选择"4"后的建筑物砺剑广场查询运行图

选择菜单"4"后可查询建筑物信息，如图 8-30 所示。例如，输入要查询的建筑物编号"0"，则显示建筑物名称"学校东门"，并介绍学校东门的信息。

```
请输入你的选择：4

请输入要查询的建筑物编号：0


编号：0



建筑物名称：学校东门


介绍：学院主要进出口，离公交车站很近，有102、101、910、930路等多路公交车
```

图 8-30　菜单选择"4"后的建筑物学校东门查询运行图

选择菜单"6"后可打印校园导航中建筑物的邻接矩阵，如图 8-31 所示。如果两个建筑物间有路径则显示两者之间的距离，若两个建筑物间无路径则用"*"表示距离。

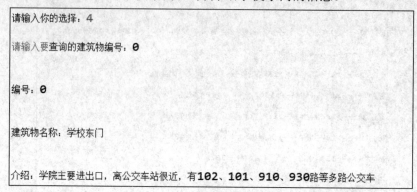

图 8-31　菜单选择"6"后的打印邻接矩阵运行图

典型工作任务 8.5　图软件文档编写

为了更好地掌握图的存储结构和操作算法，充分理解某职业技术学院校园导航项目的需求分析、结构设计以及功能测试，养成良好的编程习惯和测试能力，下面将主要从软件规范及模块测试的角度来编写文档。

8.5.1　存储建筑物及路径信息模块测试

在校园导航系统中，存储建筑物及路径信息的模块实现了对院校中的建筑物编号、名

称等信息定义，其模块中可能会出现未定义建筑物编号、定义的建筑物名称数据类型不正确、定义的访问标志数据类型不是布尔类型等缺陷或错误，测试如表 8-2 所示。

表 8-2 存储建筑物及路径信息模块测试表

编号	摘要描述	预期结果	处理结果
t-cs-01	未定义建筑物编号	程序报错	增加代码： public int ID;
t-cs-02	定义的建筑物名称数据类型不正确	程序报错	修改代码： public String name;
t-cs-03	定义的访问标志数据类型不是布尔类型	程序报错	修改代码： public Boolean isVisited;
t-cs-04	未定义获取建筑物信息的方法	程序报错	增加代码： public Vexsinfo(int id, String name,String intro)

t-cs-05	在建筑物信息的方法中未获取建筑物的各项信息	程序报错	增加代码：
			this.ID = id;
			this.name = name;
			this.introduction = intro;
			this.isVisited = false;

8.5.2 用邻接矩阵存储建筑物信息模块测试

在校园导航系统中，用邻接矩阵存储建筑物信息的模块实现了两个建筑物间有路径则给定路径数，其模块中可能会出现未存储顶点信息、邻接矩阵数据类型不正确等缺陷或错误，测试如表 8-3 所示。

表 8-3 邻接矩阵存储建筑物信息模块测试表

编号	摘要描述	预期结果	处理结果
t-jz-01	未存储顶点信息	程序报错	增加代码： public Vexsinfo[ ] vexs;
t-jz-02	邻接矩阵数据类型不正确	程序报错	修改代码： public int[ ][ ] arcs;
t-jz-03	未定义建筑物之间的边数和顶点数	程序报错	增加代码： public int arcNum; public int vexNum;
t-jz-04	输出建筑物信息的格式不正确	输出结果的界面不规范	调整代码中的间隔，使建筑物信息按规范输出

8.5.3 初始化模块测试

在校园导航系统中，初始化模块中可能出现建筑物名称不完整、建筑物介绍不准确等缺陷或错误，测试如表 8-4 所示。

表 8-4　初始化模块测试表

编号	摘要描述	预期结果	处理结果
t-csh-01	22 个建筑物部分名称不完整性	输出结果的界面不规范	核对 22 个建筑物的名称，确保无误
t-csh-02	22 个建筑物的介绍不准确	输出结果的界面有误	调研每个建筑物的属性、特点，确保准确
t-csh-03	初始化矩阵参数不正确	程序报错	修改代码： this.arcs[i][j] = 10000;
t-csh-04	22 个建筑物，34 条线路距离有误	程序报错	可按实际测量距离修改 34 条线路距离，使得两个建筑物间有路可通行

t-csh-05	邻接矩阵图不对称	程序报错	增加代码：
			for(int i=0;i<this.vexNum;i++)
			　for(int j=0;j<this.vexNum ;j++)
			　　this.arcs[j][i]=this.arcs[i][j];

8.5.4　介绍校园建筑物模块测试

在校园导航系统中，介绍校园建筑物模块中可能出现建筑物输出信息的格式不正确、建筑物编号和名称不一致等缺陷或错误，测试如表 8-5 所示。

表 8-5　介绍校园建筑物模块测试表

编号	摘要描述	预期结果	处理结果
t-js-01	输出建筑物信息的格式不正确	输出结果的界面不规范	调整代码中的间隔，使建筑物信息按规范输出
t-js-02	输出建筑物的编号和名称不一致	程序报错	与初始化模块的信息进行核对，并保持一致

8.5.5　查看建筑物路线模块测试

在校园导航系统中，查看建筑物路线模块中可能出现建筑物输出信息的格式不正确、未设置起始建筑物的编号等缺陷或错误，测试如表 8-6 所示。

表 8-6　查看建筑物路线模块测试表

编号	摘要描述	预期结果	处理结果
t-ck-01	输出建筑物信息的格式不正确	输出结果的界面不规范	调整代码中的间隔，使建筑物信息按规范输出
t-ck-02	未设置起始建筑物的编号	程序报错	增加代码：int　v0;
t-ck-03	未输入建筑物编号	程序报错	增加代码：v0 = scan.nextInt( );
t-ck-04	各顶点访问标志未初始化	程序报错	增加代码： this.vexs[v].isVisited = false;
t-ck-05	未统计总路线长	程序报错	增加代码： System.out.print("\t 总路线长为" + d[v] + "米\n\n");

8.5.6 查询建筑物间最短距离

在校园导航系统中，查询建筑物间最短距离模块中可能出现未判断两个顶点之间是否存在边、输入的出发点和目的地编号不存在缺陷或错误，测试如表 8-7 所示。

表 8-7　查询建筑物间最短距离模块测试表

编号	摘要描述	预期结果	处理结果

t-cxjl-01	未判断 v 至 w 间是否右边相连	程序报错	增加代码：
			if(d[v][w]<1000)
			{
			　p[v][w][v]=1;
			　p[v][w][w]=1;
			}

t-cxjl-02	输入的出发点和目的地编号不存在	程序无运行结果	增加代码：
			System.out.print("\n 请重新输入出发点和目的地编号：\n");
			k=scan.nextInt( );
			j=scan.nextInt( );
			System.out.print("\n");

t-cxjl-03	未统计总长	程序无运行结果	增加代码： System.out.print(this.vexs[j].name); System.out.print("\n\n\n 总长为 "+d[k][j]+" 米\n\n\n");

8.5.7 查询建筑物信息模块

在校园导航系统中，查询建筑物模块中可能出现未输入要查询的建筑物编号、未输出查询后的建筑物编号、名称及介绍等缺陷或错误，测试如表 8-8 所示。

表 8-8　查询建筑物信息模块测试表

编号	摘要描述	预期结果	处理结果
t-cxjzw-01	未输入要查询的建筑物编号	程序无运行结果	增加代码： System.out.print("\n 请输入要查询的建筑物编号："); Scanner scan=new Scanner(System.in); int k = scan.nextInt( );
t-cxjzw-02	未输出查询后的建筑物编号、名称及介绍	程序无运行结果	增加代码： System.out.println("\n\n 编号："+this.vexs[k].ID); System.out.println("\n\n 建筑物名称："+this.vexs[k].name); System.out.println("\n\n 介绍："+this.vexs[k].introduction);

8.5.8 修改建筑物信息模块测试

在校园导航系统中，修改建筑物信息模块中可能出现未输入要进行操作的序号的缺陷或错误，测试如表 8-9 所示。

表 8-9　修改建筑物信息模块测试表

编号	摘要描述	预期结果	处理结果
t-xgjzw-01	未输入要进行操作的序号	程序无运行结果	增加代码： System.out.print("\n 请输入你的选择："); yourChoice = scan.nextInt( );

8.5.9 打印学校建筑物邻接矩阵模块测试

在校园导航系统中，打印学校建筑物邻接矩阵模块中可能出现未设置两个建筑物间无路线的数据这个缺陷或错误，测试如表 8-10 所示。

表 8-10　打印学校建筑物邻接矩阵模块测试表

编号	摘要描述	预期结果	处理结果
t-dyjzw-01	未设置两个建筑物间无路线的数据	程序报错	增加代码： if (this.arcs[i][j]==1000) System.out.print("\0* ");

8.5.10 查找建筑物编号模块测试

在校园导航系统中，查找建筑物编号模块中可能出现输入的建筑物编号不存在的缺陷或错误，测试如表 8-11 所示。

表 8-11　查找建筑物编号模块测试表

编号	摘要描述	预期结果	处理结果
t-cxjzw-01	输入的建筑物编号不存在	程序无运行结果	增加代码：return -1;

8.5.11 重新构建图模块测试

在校园导航系统中，重新构建图模块中可能出现未输入图的顶点数和边数、邻接矩阵未初始化等的缺陷或错误，测试如表 8-12 所示。

表 8-12　重新构建图模块测试表

编号	摘要描述	预期结果	处理结果

t-cxgj-01	未输入图的顶点数和边数	程序无运行结果	增加代码：
			Scanner scan = new Scanner(System.in);
			this.vexNum = scan.nextInt( );
			this.arcNum = scan.nextInt( );

t-cxgj-02	对邻接矩阵未初始化	程序报错	增加代码：
			for(int i=0;i<this.arcNum ;i++)
			for(int j=0;j<this.arcNum;j++)
			this.arcs[i][j]=1000;

8.5.12 删除顶点模块测试

在校园导航系统中可对某些顶点进行删除，删除顶点模块中可能出现输入的建筑物编号不存在、未修改顶点数等的缺陷或错误，测试如表 8-13 所示。

表 8-13 删除顶点模块测试表

编号	摘要描述	预期结果	处理结果
t-scdd-01	输入的建筑物编号不存在	程序无运行结果	增加代码： System.out.print("\n 输入错误！请重新输入"); v = scan.nextInt( );
t-scdd-02	未修改顶点数	程序报错	增加代码： this.vexNum--;

8.5.13 删除边模块测试

在校园导航系统中，删除边模块中可能出现未判断图中是否有边存在、未输入待删除边的起点和终点编号等的缺陷或错误，测试如表 8-14 所示。

表 8-14 删除边模块测试表

编号	摘要描述	预期结果	处理结果

t-scb-01	未判断图中是否有边存在	程序报错	增加代码：
			if(this.arcNum <=0)
			{
			    System.out.print("图中已无边，无法删除。");
			    return 1;
			}

t-scb-02	要删除边的起点和终点编号未输入	程序报错	增加代码：
			Scanner scan = new Scanner(System.in);
			    int v0 = scan.nextInt( );
			    int v1 = scan.nextInt( );

t-scb-03	未修改边数	程序运行结果不正确	增加代码： this.arcNum --;

8.5.14 增加顶点模块测试

在校园导航系统中，增加顶点模块中可能出现未输入要增加的建筑物编号、未修改顶点数等的缺陷或错误，测试如表 8-15 所示。

表 8-15 增加顶点模块测试表

编号	摘要描述	预期结果	处理结果
t-zjdd-01	未输入要增加的建筑物编号	程序无运行结果	增加代码： System.out.print("请输入你要增加结点的信息: "); System.out.print("\n 编号: "); Scanner scan = new Scanner(System.in);
t-zjdd-02	未修改顶点数	程序报错	增加代码： this.vexNum++;
t-zjdd-03	未对新增加的一行一列初始化	程序报错	增加代码： for(int i=0;i<this.vexNum;i++) { this.arcs[this.vexNum-1][i]=1000 this.arcs[i][this.vexNum-1]=1000;}

8.5.15 增加边模块测试

在校园导航系统中，增加边模块中可能出现未输入要增加边的起点和终点、未对增加的边对应的图矩阵赋值等的缺陷或错误，测试如表 8-16 所示。

表 8-16 增加边模块测试表

编号	摘要描述	预期结果	处理结果

t-zjb-01	未输入要增加边的起点和终点	程序无运行结果	增加代码：
			Scanner scan =
			new Scanner(System.in);
			m = scan.nextInt( );
			n = scan.nextInt( );

t-zjb-02	未对增加的边对应的图的矩阵进行赋值	程序无运行结果	增加代码： this.arcs[n][m] = this.arcs[m][n];

8.5.16 更新操作模块测试

在校园导航系统中，更新操作模块中可能出现未输入要更新的建筑物编号、未修改边的起点和终点长度等的缺陷或错误，测试如表 8-17 所示。

表 8-17 更新操作模块测试表

编号	摘要描述	预期结果	处理结果

t-gx-01	未输入要更新的建筑物编号	程序无运行结果	增加代码：
			System.out.print("\n 请输入建筑物的编号: ");
			int m = scan.nextInt( );
			int t= locateVex(m);

t-gx-02	未修改边的起点和终点长度	程序无运行结果	增加代码： this.arcs[m][n] = distance; this.arcs[n][m] = this.arcs[m][n] ;

典型工作任务 8.6 图项目验收交付

通过数据结构设计和代码编写，实现了某职业技术学院校园导航项目的功能，在提交给使用者之前，还需要准备本项目交付验收的清单，如表 8-18 所示。

表 8-18 某职业技术学院校园导航项目验收交付表

验收项目		验收标准	验收情况
验收测试	功能	项目主要功能： (1) 设计学校的校园平面图，介绍建筑物； (2) 查看游览线路； (3) 查看两建筑物间的最短距离； (4) 修改建筑物信息； (5) 增加建筑物信息； (6) 删除建筑物信息； (7) 更新建筑物信息； (8) 打印建筑物信息邻接矩阵图	
		数据及界面要求： (1) 建筑物名称、距离准确； (2) 界面有合理的提示，每个功能可设立菜单； (3) 输出界面上信息清晰、完整、正确无误； (4) 算法调用后实现对应的功能	
	性能	运行代码后响应时间小于 3 秒。 (1) 该标准适用于所有功能项； (2) 该标准适用于所有被测数据	
软件设计	需求规范说明	需求符合正确； 功能描述正确； 语言表述准确	
	设计说明	描述方法的定义、功能、参数和返回值	
	数据结构说明	图的存储结构完整、有效； 图的所有建筑物(顶点)信息用数组存储； 各建筑物间的邻接关系用图的邻接矩阵表示； 图的操作算法特性：有穷、确定、可行、输入、输出； 图中涉及的数据完整、有效	

续表

验收项目		验收标准	验收情况
程序	源代码	类、方法的定义与文档相符； 类、方法、变量、数组、指针等命名规范符合"见名知意"的原则； 注释清晰、完整，语言准确、规范； 实参数据有效，无歧义、无重复、无冲突； 代码质量较高，无明显功能缺陷； 冗余代码少	
测试	测试数据	覆盖全部需求及功能项； 测试数据合法、充分、完整测试； 测试数据整体非法和局部非法测试； 测试功能全部实现	
用户使用	使用说明	覆盖全部功能，无遗漏功能项； 运行结果正确，达到预期目标； 建议使用软件 JDK 或者 Eclipse	

项目九 查找——分数查询

项目引导

在非数值运算问题中，数据的存储量一般很大。为了在大量信息中找到某些值，需要用到查找技术，查找数据的处理量占有非常大的比重，故查找的有效性直接影响算法的性能，因而查找是数据结构中重要的处理技术。本项目将介绍查找的基本概念，介绍针对不同数据结构的各种查找算法和技术，主要有基于线性表的顺序查找、基于有序顺序表的折半查找和二叉树查找，并讨论各种查找算法的性能。本项目通过设计开发一个学生成绩查询系统，实现学校人力资源的优化和学生成绩的科学管理。该系统的主要功能为实现学生基本信息和成绩的录入以及查询。其中，查询使用顺序查找方式、折半查找方式和二叉树查找方式来实现。在项目的学习中，学生通过熟悉运用顺序查找、基于有序顺序表的折半查找和二叉树查找等算法，可以掌握各种查找操作，并能够分析掌握不同算法的运用场景和性能效率，同时进一步掌握 Java 编程的基本语言和编程思想，提高编程能力和实践能力。

知识目标

◇ 掌握查找的常用概念和术语。
◇ 掌握基于线性表的查找。
◇ 掌握给定数据结构的查找操作。
◇ 掌握提高查找效率的方法。

技能目标

◇ 能进行项目需求分析。
◇ 会进行查找的算法设计、分析及编程。
◇ 能用查找的算法解决数据结构问题。
◇ 能进行软件测试及项目功能调试。
◇ 能撰写格式规范的软件文档。

思政目标

◇ 培养数据抽象能力，能理论联系实际。
◇ 训练复杂程序的设计能力，培养团结协作、相互学习的能力。

◇ 要求编写的程序结构清楚、易读，养成良好的程序设计能力。
◇ 培养学生发现问题、思考问题、解决问题的能力。

典型工作任务 9.1　查找项目需求分析

在非数值运算问题中，数据存储量一般很大，为了在大量信息中找到某些值，需要使用查找技术处理数据，以提高算法的性能，因而查找是一种重要的处理技术。

学生成绩管理一直是学校管理的主要业务之一，查询成绩是每个学生都会用到的功能，这一功能能够提高成绩管理的效率，方便学生和教师。成绩管理的自动化、现代化和信息化对于学校教育教学管理工作有着极其重要的作用。随着学校办学规模的逐步扩大，学生人数的不断增加，成绩查询业务也在不断增加，较好地解决成绩查询问题已经成为学校管理的迫切需要。图 9-1 是学生分数查询模块图。

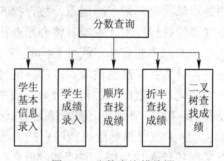

图 9-1　分数查询模块图

某职业技术学院按照相应规则为每个入学的学生分配唯一的学号，每个学生都会获得所学课程的成绩。如表 9-1 所示，当用计算机处理学生考试成绩时，全部考生的成绩可以存储在表中，表中每一行为一个记录，学生的学号为记录的关键字。假设给定值为 14，则通过查找可得学生张三的各科成绩和总分，此时查找成功。若给定值为 20，表中没有相应数据，则查找不成功。

表 9-1　学生成绩表示例

学号	姓名	学生成绩
...	...	...
14	马慧	100
15	张三	65
16	李四	90
17	王宇	80
18	赵六	94
19	孙七	78

为了便于查询成绩，本项目以某职业技术学院学生为例，使用查找方法进行成绩查询，具体需求如下：

(1) 从键盘或者手机端输入学生学号、课程名称和课程成绩；

(2) 通过数组存储学生学号和成绩；

(3) 通过顺序查找和折半查找(二分法)方式完成成绩查询；

(4) 通过使用动态查找(二叉树查找)方式完成成绩查询；

(5) 将满足条件的学号、姓名和学生成绩显示出来；

(6) 程序运行过程中要有必要的提示和说明，以增强人机交互性。

★ 说明

本任务要求输出格式规范并符合要求。

本任务采用顺序存储结构存储学生成绩信息。

本任务要求分别使用满足条件的数据和不满足条件的数据进行程序功能的测试，以保证程序的可靠、稳定和正确。测试用例、测试执行及测试结果均写在测试文档中，作为再次开发和修改的依据。

典型工作任务 9.2　查找数据结构设计

在日常生活中，人们几乎每天都有查找需求。例如，在工作文档中查找需要的工作信息，在手机或者号码簿上查找电话号码。在这里，"工作文档"和"号码簿"就是一张查找表。在软件中，查找表是比较常见的一种结构。

9.2.1　基本概念

1. 数据项

数据项(Data Item)是数据记录中最基本的、不可分的有名数据单位，是具有独立含义的最小标识单位。数据项可以是字母、数字或两者的组合。数据项通过数据类型(逻辑的、数值的、字符的等)及数据长度来描述。数据项用来描述实体的某种属性。数据项的名称有编号、别名、简述、数据项的长度、类型、数据项的取值范围。

2. 数据元素

数据元素(Data Element)是用一组属性描述(定义、标识、表示和允许值)的一个数据单元，它是数据的基本单位。在不同的条件下，数据元素又可称为元素、结点、顶点、记录等。一个数据元素可由若干数据项组成。例如，一本书的书目信息为一个数据元素，而书目信息的每一项(如书名、作者名等)为一个数据项。

3. 关键字

关键字(Key)是数据元素(或记录)中某个数据项的值，它可以识别一个数据元素(或记录)。若此关键字可以唯一地识别一个记录，则称此关键字为主关键字(Primary Key)；若可以识别若干记录，则称为次关键字(Secondary Key)。表 9-1 中，学号为主关键字。

4. 查找

查找(Searching)是指在一个含有众多数据元素(或记录)的查找表中找出目标数据元素(或记录)，又称检索。查找是对查找表进行操作，是在数据集合中寻找满足要求的数据元素。查找有两种结果：一是查找成功，找到目标元素；二是查找失败，遍历完集合仍未找到目标元素。例如，当教师处理期末考试成绩时，需要使用给定的关键字信息进行查找。例如，查询表 9-1 中的成绩，若给定关键字 17，则通过查找可得王宇的成绩为 80，此时查找成功，若给定关键字为 20，则由于表中没有关键字的记录，因此查找不成功。

5. 查找表

用于查找的数据集合叫作查找表(Searching Table)，它由同一类型的数据元素组成。对查找表的操作一般有以下 4 种：

(1) 查找操作：查找某个元素是否在查找表中；

(2) 读取操作：访问目标元素并输出；

(3) 插入操作：向查找表中插入元素；

(4) 删除操作：从查找表中删除元素。

查找表是一种非常灵活方便的数据结构，其数据元素之间仅存在同属于一个集合这样的关系。根据查找过程中操作的不同，将查找表分为静态查找和动态查找。静态查找执行查找操作和读取操作，动态查找执行插入操作和删除操作。

6. 平均查找长度

为确定数据元素在查找表中的位置，需要和给定的值进行比较的关键字个数的期望值称为查找算法在查找成功时的平均查找长度(Average Search Length，ASL)。

对于长度为 n 的查找表，查找成功时的平均查找长度为

$$ASL = P_1C_1 + P_2C_2 + \cdots + P_nC_n = \sum_{i=1}^{n} P_iC_i$$

其中：P_i 为查找表中第 i 个数据元素的概率，C_i 为找到表中第 i 个数据元素时已经进行的关键字的比较次数。

需要注意，这里讨论的平均查找长度是在查找成功的情况下进行的讨论。换句话说，我们认为每次查找都是成功的。前面提到查找可能成功，也可能失败，但是在实际应用中，大多数情况下，查找成功的可能性要比不成功的可能性大得多，特别是查找表中数据元素个数 n 较大时，查找不成功的概率可以忽略不计。由于查找算法的基本运算是关键字之间的比较操作，所以平均查找长度可以用来衡量查找算法的性能。

在一个结构中查找某个数据元素的过程依赖于这个数据元素在结构中所处的位置，因此对表进行查找的方法取决于表中数据元素以何种关系组织在一起，该关系是为了进行查找而人为地加在数据元素上的，因此有基于线性结构的查找，也有基于树结构的查找，这些查找都是基于关键字的比较进行的，都属于比较式查找。此外，还有一类查找法——计算式查找法，也称为 HASH 查找法。

9.2.2 静态查找表

静态查找表是数据元素的线性表，可以是基于数组的顺序存储，也可以用线性链表存储。静态查找表在查找的过程中不改变表的状态，即不插不删，它适合用于不变动或者不常变动的表的查找，如高考成绩表、本单位职工信息表等。下面主要介绍顺序查找和折半查找。

1. 顺序查找

1) 概念

顺序查找(Sequential Searching)又叫线性查找，是最基本的查找技术，它的关键流程为：从表中第一个或最后一个记录开始，逐个对比该记录中的关键词与待查找关键词是否相等，如果某条记录中的关键词与待查找关键词相符，则表示查找成功，返回所查找记录，如果直到最后一条记录其关键词与待查找关键词都不相符，则查找失败。

顺序查找的特点是将所给的关键字与线性表中各元素的关键字逐个进行比较，直到成功或失败。

2) 结构定义

(1) 顺序表的结构定义：

```
public class SequenceList<T> implement Iterable<T>{
    private T[ ] arr;                       //存储元素的数据
    private int N;                          //记录当前顺序表中的元素个数
    public SequenceList(int capacity){      //构造方法
        this.arr = (T[ ]) new Object[capacity];
        This.N=0;
    }
}
```

(2) 顺序查找的结构定义：

```
public int indexof(T t){
    for(int i=0;i<N;i++){
        if(arr[i]==t) return i;
    }
    return -1;
}
```

3) 算法

顺序查找算法的基本思想是：在查找表的一端设置一个称为监视哨的附加单元，用于存放要查找的数据元素关键字，然后从表的另一端开始查找，如果在监视哨位置找到了给定关键字，则表示失败，否则表示成功并返回相应元素的位置。实践证明，在查找表的规模 $n \geq 1000$ 时，进行一次查找所需的平均时间几乎减少一半。

查找表接口定义如下：

```
public interface SearchTable {
    public int getSize( );                  //查询查找表当前的规模
    public boolean isEmpty();               //判断查找表是否为空
    search(Object ele);                     //返回查找表中与元素 ele 关键字相同的元素的位置
                                            //否则返回 null public Node
    public Iterator searchAll(Object ele);  //返回所有关键字与元素 ele 相同的元素的位置
}
```

```
    public void insert(Object ele);            //按关键字插入元素 ele
    public Object remove(Object ele);          //若查找表中存在与元素 ele 关键字相同的元素
                                               //则删除一个并返回，否则返回
}
```

在这里需要注意的是，在查找表接口定义中并没有使用各个数据元素的关键字作为查找或删除的输入，而是以数据元素本身作为输入参数，这是考虑到关键字本身是数据元素的一部分。

顺序查找代码如下：

```
public static int T (int[ ] arr,int q) {       //传入主方法定义好的数组和输入的参数
    int i;
    int num=0;                                 //记录次数，初始化为 0
    System.out.println("进入顺序查找");
    for(i=0;i<arr.length;i++) {                //遍历数组
        num=num+1;
        if(arr[i]==q) {                        //判断
            System.out.println("找到了，下标值为："+i);
            System.out.println("查找成功且比较的次数为："+num);
            return   i;                        //返回下标
        }
    }
    if(i==arr.length){
        System.out.println("没找到");
        System.out.println("查找不成功且比较的次数为："+num);
    }
    return -1;                                 //返回 -1 表示没找到
}
```

4) 分析

我们用平均查找长度(ASL)来分析顺序查找算法的性能。假设查找表的长度为 n，查找每个数据元素的概率相等，均为 $1/n$，并且将监视哨设置在高端，那么查找第 i 个数据元素时需要进行 i 次比较，即 $C_i = i$，则平均查找长度为

$$\text{ASL} = \sum_{i=1}^{n} P_i C_i = \frac{1+2+\cdots+n}{n} = \frac{n+1}{2}$$

顺序查找算法和我们后面将要介绍的其他查找算法相比，其缺点是平均查找长度较大，特别是当 n 较大时，查找效率较低；其优点是算法简单且适应面广，它对查找表的结构没有要求，无论数据元素按关键字来判断是否有序均可适用。

2. 折半查找

1) 概念

折半查找(Binary Searching)又称为二分查找，这种查找方法需要待查的查找表满足

两个条件：首先，查找表必须使用顺序的存储结构；其次，查找表必须按关键字大小有序排列。

2) 结构定义

结构定义如下：

```
public static int C(int[] arr,int a){
    int begin=0;          //数据定义
    int end=arr.length-1;
    int mid = 0;
    while(begin<=end){
        //循环条件比较，即分别与中间值进行比较，返回大于、等于或者小于三种情况
        if(a>arr[mid]){          //查找的数比中间值大，改变 begin
        }
        else if(a<arr[mid])
        {        //查找的数比中间值小，改变 end
        }
        else{                    //相等即找到 a==arr[mid]
        }
}}
```

3) 算法

折半查找算法的基本思想是：将查找表中间位置的数据元素的关键字与给定关键字比较，如果相等则查找成功，否则利用中间位置的数据元素将表一分为二；如果中间位置的数据元素的关键字大于给定关键字，则在前一子表中进行折半查找，否则在后一子表中进行折半查找。重复以上过程，最终找到满足条件的元素，则查找成功；直到子表为空也未找到，则查找不成功。算法代码如下：

```
public static int C(int[ ] arr,int a){
    int begin=0;
    int end=arr.length-1;
    int mid = 0;
    int num=0;                            //记录次数
    System.out.println("进入二分查找");
    while(begin<=end){                    //循环条件是 begin 要小于等于 end
        num++;
        mid=(begin+end)/2;
        if(a>arr[mid]){                   //查找的数比中间值大，改变 begin
            begin=mid+1;
        }
        else if(a<arr[mid]){              //查找的数比中间值小，改变 end
            end=mid-1;
```

```
            }
            else{                               //相等即找到 a==arr[mid]
                System.out.println("找到了,下标值为"+mid);
                System.out.println("查找成功且比较的次数为: "+num);
                return mid;                     //返回下标
            }
        }
        System.out.println("没找到");
        System.out.println("查找不成功且比较的次数为: "+num);
        return -1;                              //返回 -1,表示没找到
}
```

以上是折半查找算法的非递归形式。折半查找算法也可以写成递归形式,并且可以将这一算法扩展到 Object 类型的数据元素。

4) 分析

从折半查找的过程看,以表的中间元素为比较对象,并以中间元素将表分割为两个子表,对定位到的子表继续这种操作。采用折半查找,当查找成功时,最少比较次数为 1 次,最多经过 lb$n$ 次比较,直到查找子表为空或者只剩下一个结点,因此要确定查找表,需要 lb$n$ 或 lb$(n+1)$次比较。折半查找的平均查找长度为

$$\text{ASL}_{bs} = \sum_{i=1}^{n} P_i C_i = \frac{n+1}{n} \cdot \text{lb}(n+1) - 1$$

折半查找的效率比顺序查找的高,但折半查找只适用于有序表,且限于顺序存储结构,插入、删除困难。折半查找的高查找效率是以牺牲排序为代价的,因此折半查找适用于不经常变动且查找频繁的有序表。

9.2.3 动态查找表

动态查找表指在查找的同时插入查找表中不存在的数据元素,或者从查找表中删除已经存在的某个数据元素。动态查找表是表结构在查找过程中动态生成的,即对于给定值 key,若表中存在其关键字等于 key 的记录,则查找成功,否则插入关键字等于 key 的记录。下面介绍二叉查找树。

1. 概念

二叉查找树(Binary Search Tree,BST)可以是一棵空树,也可以是具有以下性质的二叉树:

(1) 若它的左子树不空,则其左子树中所有结点的值不大于根结点的值;

(2) 若它的右子树不空,则其右子树中所有结点的值不小于根结点的值;

(3) 它的左、右子树都是二叉查找树。

在这里并不要求所有结点元素的关键字必须互异。

2. 结构定义

二叉查找树结点的定义如下：

```java
public class BSTree<T extends Comparable<T>> {
    private BSTNode<T> mRoot;                // 根结点
    public class BSTNode<T extends Comparable<T>> {
        T key;                      // 关键字(键值)
        BSTNode<T> left;         // 左孩子
        BSTNode<T> right;        // 右孩子
        BSTNode<T> parent;       // 父结点
        public BSTNode(T key, BSTNode<T> parent, BSTNode<T> left, BSTNode<T> right) {
            this.key = key;
            this.parent = parent;
            this.left = left;
            this.right = right;
        }
    }
}
```

3. 算法

二叉查找树算法的基本思想是：当查找树不为空时，将待查关键字与根结点元素关键字比较，若相等则返回根结点；若不相等则判断待查关键字与根结点关键字的大小。如果待查关键字小，则递归的在查找树的左子树中查找，否则递归的在查找树的右子树中查找。

```java
//本例为查找最大结点：返回 tree 为根结点的二叉树的最大结点
private BSTNode<T> maximum(BSTNode<T> tree)
{
    if (tree == null)
        return null;
    while(tree.right != null)
        tree = tree.right;
    return tree;
}
public T maximum()
{
    BSTNode<T> p = maximum(mRoot);
    if (p != null)
        return p.key;
    return null;
}
```

返回 v 在中序遍历序列中的后续结点的代码如下：

```java
private BinTreeNode getSuccessor (BinTreeNode v){
    if (v==null) return null;
    if (v.hasRChild())    return (BinTreeNode)min(v.getRChild());
    while (v.isRChild())    v = v.getParent();
        return v.getParent();
}
```

确定结点 v 的直接前驱结点的算法思想与确定前驱结点的算法正好对称。

返回 v 在中序遍历序列中的前驱结点的代码如下：

```java
private BinTreeNode getPredecessor(BinTreeNode v){
    if (v==null)                  return null;
    if (v.hasLChild())        return (BinTreeNode)max(v.getLChild());
    while (v.isLChild())        v = v.getParent();
    return v.getParent();
}
```

4. 分析

分析二叉查找树的结构和二叉树的中序遍历方法，我们有以下结论：中序遍历一棵二叉查找树可以得到一个按关键字递增的有序序列。二叉查找树的基本查找方法是从根结点开始，递归地缩小查找范围，直到发现目标元素为止(即查找成功)，或查找范围缩小为空树(即查找失败)。

对于二叉查找树中某个给定结点 v，在某些情况下确定该结点在中序遍历序列中的直接前驱和后续很重要。如果查找树中结点关键字互异，那么其中序遍历序列是一个严格递增的序列，v 的后续是比 v 大的元素中关键字最小的，v 的前驱是比 v 小的元素中关键字最大的。

在二叉查找树中确定某个结点 v 的后续结点的算法思想如下：如果结点 v 有右子树，那么 v 的后续结点是 v 的右子树中关键字最小的；如果结点 v 右子树为空，并且 v 的后续结点存在，那么 v 的后续结点是从 v 到根的路径上第一个作为左孩子结点的父结点。

典型工作任务 9.3 查找软件代码设计

本节的任务是通过编写代码完成并实现查找功能。以学生成绩查询为例，用 Java 语言设计成绩的录入、查询等功能，分别使用顺序查找方式、折半查找方式和二叉查找树方式来实现，可供大家更好地理解这 3 种查找方式。

代码设计思路：

(1) 创建学生信息结构体；

(2) 初始化线性表，存入学生信息；

(3) 根据学号进行顺序查找需要得到的学生信息；

(4) 按学号对学生信息进行排序，通过折半查找从排序后的学号中找到要找的学生信息；

（5）初始化二叉树，以学号为关键字构建二叉树，通过中序遍历二叉树，对学号进行二叉查找树查找，也称为二叉排序树查找，得到相应学生的成绩信息。

学生成绩查询系统代码设计包含 3 个部分，分别是定义学生类、定义结点类以及主程序，主程序调用上述定义的两个类，程序的框图如图 9-2 所示。

图 9-2　分数查询程序框图

第 1 部分程序，定义学生类，定义学生的姓名、学号、分数，并实现设置和获取学生基本信息的功能。代码如下：

```java
class Student {
    private String stuNo;
    private String name;
    private float score;
    public String getStuNo( ) {
        return stuNo;
    }
    public void setStuNo(String stuNo) {
        this.stuNo = stuNo;
    }
    public String getName( ) {
```

```
        return name;
    }
    public void setName(String name) {
        this.name = name;
    }
    public float getScore( ) {
        return score;
    }
    public void setScore(float score) {
        this.score = score;
    }
}
```

第 2 部分程序，定义学生结点类，分别包含数据信息、左结点和右结点。代码如下：

```
class Node {
    Student data;
    Node left;
    Node right;
    Node(Student data) {
        this.data = data;
    }
}
```

第 3 部分主程序，实现查询学生成绩功能。代码如下：

```
public class StudentSystem {
    private static int count = 20;
    private static Student[ ] students = new Student[count]; // 学生数组
    private static int size = 0;
    public static void main(String[ ] args) {
        Scanner scanner = new Scanner(System.in);
        int choice;
        Node root = null;
        do {
            System.out.println("请输入以下指令执行对应的操作：");
            System.out.println("1.添加学生信息");
            System.out.println("2.顺序查找学生信息");
            System.out.println("3.折半查找学生信息");
            System.out.println("4.二叉排序树查找学生信息");
            System.out.println("5.打印全部学生信息");
            System.out.println("0.退出程序");
```

```java
System.out.print("请选择操作：");
choice = scanner.nextInt( );
scanner.nextLine( );                        // 读取换行符
switch (choice) {
    case 1:
        addStudent(scanner);                // 添加学生
        sortByStuNo();                      // 按学号排序
        for (int i = 0; i < size; i++) {    // 构建二叉树
            root = insert(root, students[i]);
        }
        break;
    case 2:
        searchStudentByOrder(scanner);
        break;
    case 3:
        binarySearch(scanner);
        break;
    case 4:
        System.out.print("请输入要查找的学号：");
        String id = scanner.nextLine();
        Student student = searchByTree(root, id);
    if (student == null) {
        System.out.println("未找到该学号的学生信息");
    } else {
        System.out.println("学号\t 姓名\t 成绩");
        System.out.println(student.getStuNo()+"\t"+student.getName()+"\t"+ student.getScore());
    }
    break;
    case 5:
        for (int i = 0; i < size; i++) {
            System.out.println("学号\t 姓名\t 成绩");
            System.out.println(students[i].getStuNo() + "\t" +
                        students[i].getName() + "\t" + students[i].getScore());
        }
        break;
    case 0:
        System.out.println("程序已退出,Bye");
        break;
    default:
```

```java
                System.out.println("无效的操作，请重新选择");
                break;
        }
    } while (choice != 0);
}
//添加学生信息
private static void addStudent(Scanner scanner) {
    if (size >= count) {
        System.out.println("最多只可以添加" + count + "个学生，无法添加");
        return;
    }
    Student student = new Student();
    System.out.print("请输入学号：");
    student.setStuNo(scanner.nextLine());
    System.out.print("请输入姓名：");
    student.setName(scanner.nextLine());
    System.out.print("请输入成绩：");
    student.setScore(scanner.nextFloat());
    scanner.nextLine( );                    //读取换行符
    students[size] = student;
    size++;
    System.out.println("学生信息添加成功");
}
//顺序查找学生信息
private static void searchStudentByOrder(Scanner scanner) {
    System.out.print("请输入要查找的学号：");
    String stuNo = scanner.nextLine();
    for (int i = 0; i < size; i++) {
        if (students[i].getStuNo().equals(stuNo)) {
            System.out.println("学号\t 姓名\t 成绩");
            System.out.println(students[i].getStuNo() + "\t" + students[i].getName() + "\t" +
                    students[i].getScore());
            return;
        }
    }
    System.out.println("未找到该学号的学生信息");
}
//折半查找学生信息
private static void binarySearch(Scanner scanner) {
```

```
            System.out.print("请输入要查找的学号: ");
            String id = scanner.nextLine( );
            int begin = 0;
            int end = size - 1;
            while (begin <= end) {
                int midIndex = (begin + end) / 2;
                if (students[midIndex].getStuNo( ).equals(id)) {
                    System.out.println("学号\t 姓名\t 成绩");
                    System.out.println(students[midIndex].getStuNo( ) + "\t" +
                            students[midIndex].getName( ) + "\t" + students[midIndex].getScore());
                    return;
                } else if (id.compareTo(students[midIndex].getStuNo( )) < 0) {
                    end = midIndex - 1;
                } else {
                    begin = midIndex + 1;
                }
            }
            System.out.println("未找到该学号的学生信息");
    }
    //按学号排序
    private static void sortByStuNo( ) {
        for (int i = 0; i < size - 1; i++)
        {
            for (int j = i + 1; j < size; j++)
            {
                if (students[i].getStuNo().compareTo(students[j].getStuNo()) > 0)
                {
                    Student temp = students[i];
                    students[i] = students[j];
                    students[j] = temp;
                }
            }
        }
    }
    //向二叉排序树中插入结点
    private static Node insert(Node root, Student student) {
        if (root == null) {
            return new Node(student);
        }
```

```
        if (student.getStuNo().compareTo(root.data.getStuNo()) < 0) {
            root.left = insert(root.left, student);
        } else {
            root.right = insert(root.right, student);
        }
        return root;
    }
    //在二叉排序树中查找指定学号的学生信息
    private static Student searchByTree(Node root, String id) {
        if (root == null) {
            return null;
        }
        if (id.equals(root.data.getStuNo( ))) {
            return root.data;
        } else if (id.compareTo(root.data.getStuNo( )) < 0) {
            return searchByTree(root.left, id);
        } else {
            return searchByTree(root.right, id);
        }
    }
}
```

典型工作任务 9.4　查找软件测试执行

在 Eclipse 工具中执行成绩查询代码，选择指令"1"，添加表 9-1 中的学生信息，此操作完成了本项目学生基本信息添加，它主要包含学生的学号、姓名和成绩。建立学生基本信息数据库，便于后续的查询，如图 9-3 至图 9-8 所示。

```
请输入以下指令执行对应的操作：
1.添加学生信息
2.顺序查找学生信息
3.折半查找学生信息
4.二叉排序树查找学生信息
5.打印全部学生信息
0.退出程序
请选择操作：1
请输入学号：14
请输入姓名：马慧
请输入成绩：100
学生信息添加成功
```

图 9-3　添加学生信息 1

```
请输入以下指令执行对应的操作：
1.添加学生信息
2.顺序查找学生信息
3.折半查找学生信息
4.二叉排序树查找学生信息
5.打印全部学生信息
0.退出程序
请选择操作：1
请输入学号：15
请输入姓名：张三
请输入成绩：65
学生信息添加成功
```

图 9-4　添加学生信息 2

```
请输入以下指令执行对应的操作：
1.添加学生信息
2.顺序查找学生信息
3.折半查找学生信息
4.二叉排序树查找学生信息
5.打印全部学生信息
0.退出程序
请选择操作：1
请输入学号：16
请输入姓名：李四
请输入成绩：90
学生信息添加成功
```

图 9-5　添加学生信息 3

```
请输入以下指令执行对应的操作：
1.添加学生信息
2.顺序查找学生信息
3.折半查找学生信息
4.二叉排序树查找学生信息
5.打印全部学生信息
0.退出程序
请选择操作：1
请输入学号：17
请输入姓名：王宇
请输入成绩：80
学生信息添加成功
```

图 9-6　添加学生信息 4

```
请输入以下指令执行对应的操作：
1.添加学生信息
2.顺序查找学生信息
3.折半查找学生信息
4.二叉排序树查找学生信息
5.打印全部学生信息
0.退出程序
请选择操作：1
请输入学号：18
请输入姓名：赵六
请输入成绩：94
学生信息添加成功
```

图 9-7　添加学生信息 5

```
请输入以下指令执行对应的操作:
1.添加学生信息
2.顺序查找学生信息
3.折半查找学生信息
4.二叉排序树查找学生信息
5.打印全部学生信息
0.退出程序
请选择操作:1
请输入学号:19
请输入姓名:孙七
请输入成绩:78
学生信息添加成功
```

图 9-8　添加学生信息 6

选择 "2" 按学号进行顺序查找,此操作是完成本项目中顺序查找学生信息的要求,通过对数据库信息的查询,用算法实现顺序查找学生信息,如图 9-9 所示。

```
请输入以下指令执行对应的操作:
1.添加学生信息
2.顺序查找学生信息
3.折半查找学生信息
4.二叉排序树查找学生信息
5.打印全部学生信息
0.退出程序
请选择操作:2
请输入要查找的学号:16
学号        姓名        成绩
16         李四        90.0
```

图 9-9　顺序查找学生信息

选择 "3" 进行折半查找,此操作通过对数据库信息的查询,完成本项目折半查找学生信息的要求,如图 9-10 所示。

```
请输入以下指令执行对应的操作:
1.添加学生信息
2.顺序查找学生信息
3.折半查找学生信息
4.二叉排序树查找学生信息
5.打印全部学生信息
0.退出程序
请选择操作:3
请输入要查找的学号:15
学号        姓名        成绩
15         张三        65.0
```

图 9-10　折半查找学生信息

选择 "4" 实现二叉树的建立,查找所要找的学号对应的学生信息,此操作通过对数据库信息的查询,完成本项目二叉树查找学生信息的要求,如图 9-11 所示。

```
请输入以下指令执行对应的操作:
1.添加学生信息
2.顺序查找学生信息
3.折半查找学生信息
4.二叉排序树查找学生信息
5.打印全部学生信息
0.退出程序
请选择操作:4
请输入要查找的学号:14
学号        姓名        成绩
14         马慧        100.0
```

图 9-11　二叉树查找学生信息

选择"5"打印学生信息，此操作是完成本项目输出学生信息的要求，算法实现输出 6 名学生的基本信息，如图 9-12 所示。

```
请输入以下指令执行对应的操作:
1.添加学生信息
2.顺序查找学生信息
3.折半查找学生信息
4.二叉排序树查找学生信息
5.打印全部学生信息
0.退出程序
请选择操作: 5
学号      姓名      成绩
14        马慧      100.0
学号      姓名      成绩
15        张三      65.0
学号      姓名      成绩
16        李四      90.0
学号      姓名      成绩
17        王宇      80.0
学号      姓名      成绩
18        赵六      94.0
学号      姓名      成绩
19        孙七      78.0
```

图 9-12　打印学生信息

选择"2"，输入学号"23"，未查询到该学生学号及成绩信息，实现了查询失败情况的处理，如图 9-13 所示。

```
请输入以下指令执行对应的操作:
1.添加学生信息
2.顺序查找学生信息
3.折半查找学生信息
4.二叉排序树查找学生信息
5.打印全部学生信息
0.退出程序
请选择操作: 2
请输入要查找的学号: 23
未找到该学号的学生信息
```

图 9-13　查询失败

选择"0"结束程序，此操作是完成本项目操作后退出程序并输出"程序已退出，Bye"的提示，至此查询结束，如图 9-14 所示。

```
请输入以下指令执行对应的操作:
1.添加学生信息
2.顺序查找学生信息
3.折半查找学生信息
4.二叉排序树查找学生信息
5.打印全部学生信息
0.退出程序
请选择操作: 0
程序已退出,Bye
```

图 9-14　查询结束

典型工作任务 9.5　查找软件文档编写

为了更好地掌握查找算法，充分理解项目的需求分析、结构设计以及功能测试，养成良好的编程习惯和测试能力，下面主要从软件规范及模块测试的角度来编写文档。

9.5.1　添加学生信息算法模块测试

本模块主要测试学生基本信息添加情况，其包含信息是否可以添加成功，如何添加学号、姓名和成绩等信息，添加学生信息算法模块的测试表如表 9-2 所示。

表 9-2　添加学生信息算法模块测试表

编　号	摘要描述	预期结果	正确代码
addStudent	添加信息	可以添加	size >= count
		不可添加	size < count
new Student()	分配空间	分配成功	Student student = new Student()
setStuNo()	输入学号	输入成功	student.setStuNo(scanner.nextLine())
setName()	输入姓名	输入成功	student.setName(scanner.nextLine())
setScore()	输入成绩	输入成功	student.setScore(scanner.nextFloat())

9.5.2　顺序查找学生信息算法模块测试

本模块主要测试顺序查找学生信息，若找到，则返回对应的值；若没找到，则返回查找失败。顺序查找学生信息算法模块的测试表如表 9-3 所示。

表 9-3　顺序查找学生信息算法模块测试表

编　号	摘要描述	预期结果	正确代码

searchStudentByOrder( )	顺序表查找	找到	```for (int i = 0; i < size; i++)
			{
			  if(students[i].getStuNo().equals(stuNo))
			  {
			    System.out.println("学号\t 姓名\t 成绩");
			    System.out.println(students[i].getStuNo() + "\t" + students[i].getName( ) + "\t" + students[i].getScore());
			    return;
			  }
			}```

		未找到	System.out.println("未找到该学号的学生信息")

9.5.3　折半查找学生信息算法模块测试

本模块主要测试折半查找学生信息，若找到，则返回对应的值；若未找到，则返回查找失败。折半查找学生信息算法模块的测试表，如表 9-4 所示。

表 9-4　折半查找学生信息算法模块测试表

编　号	摘要描述	预期结果	正确代码

searchStudentByOrder( )	顺序表查找	找到	for (int i = 0; i < size; i++)
			{
			　if(students[i].getStuNo().equals(stuNo))
			　{
			　　System.out.println("学号\t 姓名\t 成绩");
			　　System.out.println(students[i].getStuNo() + "\t" + students[i].getName() + "\t" + students[i].getScore());
			　　　　　　return;
			　}
			}

		未找到	System.out.println("未找到该学号的学生信息")

9.5.4　学号排序算法模块测试

本模块主要测试对学生信息按照学号进行排序，若排序成功，则返回正确的排序；若排序不成功，则返回排序失败。学号排序算法模块的测试表，如表 9-5 所示。

表 9-5　学号排序算法模块测试表

编　号	摘要描述	预期结果	正确代码

sortByStuNo()	按学号排序	排序成功	Student temp = students[i];
			students[i] = students[j];
			students[j] = temp;

		排序失败	return -1;

9.5.5　向二叉排序树中插入结点算法模块测试

本模块主要测试向二叉排序树中插入结点，若有内存并信息正确，则返回插入成功；若没有内存，则返回插入失败。向二叉排序树中插入结点算法模块的测试如表 9-6 所示。

表 9-6　向二叉排序树中插入结点算法模块测试表

编　号	摘要描述	预期结果	正确代码

insert( )	插入结点	插入成功	if(student.getStuNo().compareTo(root.data.getStuNo()) < 0)
			{
			　root.left = insert(root.left, student);
			}
			else {
			　root.right = insert(root.right, student);
			}

		插入失败	return -1;

9.5.6　二叉排序树中查找指定学号的学生信息算法模块测试

本模块主要测试在二叉排序树中查找指定学号的学生信息，若有对应学号，则返回查找成功；若没有对应学号则返回查找失败。在二叉排序树中查找指定学号的学生信息算法模块的测试表，如表 9-7 所示。

表 9-7　二叉排序树中查找指定学号的学生信息算法模块测试表

编　号	摘要描述	预期结果	正确代码

searchByTree()	查找结点	查找成功	if (id.equals(root.data.getStuNo()))
			{
			　return root.data;
			}
			else if (id.compareTo(root.data.getStuNo()) < 0)
			{
			　return searchByTree(root.left, id);
			}
			else {
			　return searchByTree(root.right, id);
			}

		查找失败	return null

典型工作任务 9.6　查找项目验收交付

经过数据结构设计和代码编写，实现了员工工号管理项目的功能，在提交给使用者之前，还需要准备本项目交付验收的清单，如表 9-8 所示。

表 9-8　学生成绩查询项目验收交付表

验收项目		验收标准	验收情况
验收测试	功能	项目主要功能： (1) 建立数组存储学生学号、课程和成绩； (2) 顺序表查找完成成绩查询； (3) 折半查找完成成绩查询； (4) 二叉排序树完成成绩查询	
		数据及界面要求： (1) 学号、姓名和成绩符合编码要求； (2) 输出界面上信息清晰、完整、正确无误	
	性能	运行代码后响应时间小于 3 秒。 (1) 该标准适用于所有功能项； (2) 该标准适用于所有被测数据	
软件设计	需求规范说明	需求符合正确； 功能描述正确； 语言表述准确	
	设计说明	描述方法的定义、功能、参数和返回值	
	数据结构说明	说明数组存储结构； 操作算法特性：有穷、确定、可行、输入、输出	
程序	源代码	类、方法的定义与文档相符； 类、方法、变量、数组等命名规范符合"见名知意"； 注释清晰、完整，语言准确、规范； 代码质量较高，无明显功能缺陷； 冗余代码少	
测试	测试数据	覆盖全部需求； 测试数据完整； 测试结果功能全部实现	
用户使用	使用说明	覆盖全部功能； 运行结果正确； 建议使用软件 Eclipse 或者 JDK	

项目十　排序——成绩管理

📎 **项目引导**

排序是计算机内经常进行的一种操作，其目的是将一组无序的记录序列调整为有序的记录序列。常见的排序算法有冒泡排序、选择排序、插入排序、希尔排序、快速排序、堆排序等。根据相同键值的记录在排序前后其位置是否改变来确定排序算法是否稳定，通过时间复杂度和空间复杂度计算排序算法的时间和空间效率，以便灵活选择相应的排序算法来解决实际问题。本项目以 3 名学生 4 门课程进行平均分的排序，使用插入排序、希尔排序、冒泡排序和快速排序算法实现平均成绩从高分到低分的排列，遵循软件开发和软件测试规范，让学生熟悉开发和测试岗位能力需求，设计合理的测试数据，对系统中的 Bug 进行更加准确的定位和查找，学习撰写合格的软件文档，全面锻炼学生"数据+程序+文档"的综合素质。

⚙️ **知识目标**

◇ 掌握排序的定义和基本术语。
◇ 掌握各种内部排序方法的基本思想、算法及时间复杂度分析。
◇ 了解稳定排序方法和不稳定排序方法的定义及判断。
◇ 重点掌握冒泡排序、快速排序、选择排序、插入排序和堆排序算法。

💡 **技能目标**

◇ 能进行需求功能分析。
◇ 会进行排序的算法分析及编程。
◇ 能用排序的算法进行数据处理。
◇ 能进行软件测试及功能调试。
◇ 能编写格式规范的软件文档。

思政目标

◇ 树立良好的秩序意识。
◇ 养成节约成本、节省资源的优良品质。
◇ 学以致用养成严谨求实的学习习惯。

典型工作任务 10.1　排序项目需求分析

每学期期末学生都要参加考试以检验对所学课程的学习效果，通过统计考试的总分和平均分为学生排序，作为后期学生评优的重要参考。本项目为 3 名学生 4 门课的平均成绩使用排序算法进行排序和管理，如图 10-1 所示。

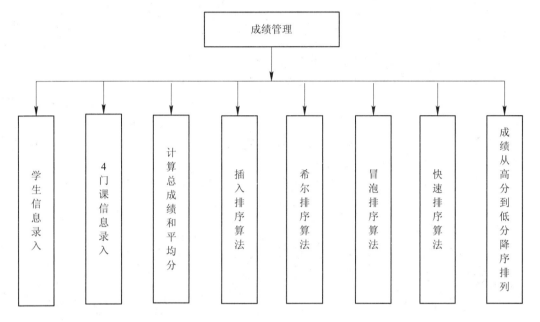

图 10-1　成绩管理功能模块图

由功能模块图知本项目需求如下：

(1) 录入功能：可以录入学生信息，学生信息包括学号、姓名、4 门专业课成绩；

(2) 统计功能：计算出每个学生 4 门课的总成绩、平均成绩；

(3) 排序功能：调用插入排序、希尔排序、冒泡排序、快速排序等算法，按照学生平均成绩由高分到低分排序。

★ 说明

本任务有中文提示，各门课成绩为实型，平均成绩为小数。

界面要求有合理的提示。每个功能可以设立菜单，根据提示可以完成相关的功能要求。

根据系统功能要求设计，使用相应的数据存储结构。

本任务要求分别使用合法数据、整体非法数据和局部非法数据进行程序测试，以保证程序的测试数据及测试结果有记录。

本任务实现了学生成绩管理，每个学生 4 门专业课的成绩，从键盘输入学生的信息(学号、姓名、4 门课成绩)。

本任务包括学号、姓名、4 门课成绩，并计算学生的平均成绩，按照学生平均成绩由高分到低分降序排列。

★ 要求：采用插入排序、希尔排序、冒泡排序、快速排序四种排序算法。

典型工作任务 10.2　排序数据结构设计

10.2.1　排序

排序就是指将一组数据按特定规则调换位置，使数据具有某种顺序关系(递增或递减)。例如，数据库内可针对某一字段进行排序，此字段称为"键"，字段里面的值称为"键值"。

1. 排序的分类

排序可以按照执行时所使用的内存分为以下两种方式。

(1) 内部排序：排序的数据量小，可以完全在内存内进行排序。

(2) 外部排序：排序的数据量无法直接在内存内进行排序，而必须使用辅助存储器(如硬盘)。

常见的内部排序法有：冒泡排序法、选择排序法、插入排序法，合并排序法、快速排序法、堆排序法、希尔排序法、归并排序法等。

常见的外部排序法有：直接合并排序法、k 路合并法、多路合并法等。

在后面将会针对以上方法做进一步的说明。

2. 排序算法分析

排序算法的选择将影响到排序的结果与效率，通常可由以下几点决定。

1) 算法的稳定性

稳定的排序是指数据经过排序后，两个相同键值的记录仍然保持原来的次序，如下所示：

原始数据顺序：$7_左$　2　9　　$7_右$　6

稳定的排序：　2　6　$7_左$　$7_右$　9

不稳定的排序：2　6　$7_右$　$7_左$　9

式中，$7_左$ 的原始位置在 $7_右$ 的左边(所谓 $7_左$ 和 $7_右$ 是指相同键值，一个在左，一个在右)，稳定的排序后 $7_左$ 仍应在 $7_右$ 的左边，不稳定排序后则有可能 $7_左$ 会跑到 7 的右边去。

2) 时间复杂度

当数据量相当大时，排序算法所花费的时间就显得相当重要。排序算法的时间复杂度可分为最好情况、最坏情况及平均情况。最好情况是数据已完成排序，例如，原本数据已经完成升序了，如果再进行一次升序所用的时间复杂度就是最好情况。最坏情况是指每一键值均须重新排列，例如，原本为升序重新排序成为递减，这就是最坏情况，如下所示：

排序前：1　3　5　7　9　11。

排序后：11　9　7　5　3　1。

这种排序的时间复杂度就是最坏情况。

3) 空间复杂度

空间复杂度是指算法在指执行过程中所需付出的额外内存空间。例如，所选择的排序法必须借助递归的方式来进行，那么递归过程中会用到的堆栈就是这个排序必须付出的额外空间。另外，任何排序法都有数据对调的动作，数据对调就会暂时用到一个额外的空间，它也是排序法中空间复杂度要考虑的问题。排序法所用到的额外空间越少，它的空间复杂度就越好。例如，冒泡法在排序过程中仅会用到一个额外的空间，在所有的排序算法中，这样的空间复杂度就是最好的。

10.2.2　内部排序法

各种排序算法是数据结构这门学科的精髓所在。每一种排序算法都有其适用的情况与数据类型。在还没正式介绍之前，我们先将内部排序法按照算法的时间复杂度和键值进行整理，如表 10-1 所示。

表 10-1　各类排序方法比较

名　　称		特　　点
简单排序法	冒泡排序法	稳定排序法 空间复杂度为最佳，只需一个额外空间 $O(1)$
	选择排序法	不稳定排序法 空间复杂度为最佳，只需一个额外空间 $O(1)$
	插入排序法	稳定排序法 空间复杂度为最佳，只需一个额外空间 $O(1)$
	希尔排序法	稳定排序法 空间复杂度为最佳，只需一个额外空间 $O(1)$
高级排序法	快速排序法	不稳定排序法 空间复杂度最差为 $O(n)$，最佳为 $O(\mathrm{lb}n)$
	堆排序法	不稳定排序法 空间复杂度为最佳，只需一个额外空间 $O(1)$
	归并排序法	稳定排序法 空间复杂度为 $O(np)$，n 为原始数据的个数，p 为基底

1. 冒泡排序法

冒泡排序法又称为交换排序法，是通过观察水中冒泡变化而形成的方法。气泡随着水深压力而改变。气泡在水底时，水压最大，气泡最小；当气泡慢慢浮上水面时，气泡由小逐渐变大。

冒泡排序法的比较从第一个元素开始。比较相邻元素的大小，若大小顺序有误，则对调后再进行下一个元素的比较。如此扫描过一次之后就可确保最后一个元素位于正确的顺序。接着逐步进行第二次扫描，直到完成所有元素的排序关系为止。下面通过 24, 19, 18, 16, 17, 12 数列的排序过程可以清楚地知道冒泡排序法的过程。由小到大排序如图 10-2 所示。

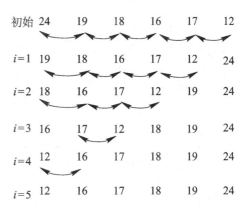

图 10-2　冒泡排序过程图

冒泡排序法分析如下：

(1) 最坏情况及平均情况均需比较$(n-1)+(n-2)+(n-3)+\cdots+3+2+1=n(n-1)/2$次；时间复杂度为$O(n^2)$，最好情况只需完成一次扫描，发现没有进行交换后的操作则表示已经排序完成，所以只做了$n-1$次比较，时间复杂度为$O(n)$。

(2) 由于冒泡排序为相邻两者相互比较对调，并不会更改其原本排列的顺序，所以是稳定排序法。

(3) 只需一个额外的空间，所以空间复杂度为最佳。

(4) 此排序法适用于数据量小或有部分数据已经过排序的情况。

使用 Java 语言编写冒泡排序法的程序，代码如下：

```java
public class Testmp extends Object
{
    int data[ ]=new int[ ]{24,19,18,16,17,12};          //原始数据
    public static void main(String args[ ])
    {
        System.out.print("改良冒泡排序法\n 原始数据为：");
        Testmp test=new Testmp( );
        test.showdata( );
        test.bubble( );
    }
    public void showdata ( )                    //利用循环打印数据
    {
        int i;
        for (i=0;i<6;i++)
        {
            System.out.print(data[i]+"");
        }
        System.out.print("\n");
    }
    public void bubble ( )
    {
        int i,j,tmp,flag;
        for(i=5;i>=0;i--)
        {
            flag=0;                         //flag 用来判断是否有执行交换的动作
            for (j=0;j<i;j++)
            {
                if (data[j+1]<data[j])
                {
                    tmp=data[j];
```

```
                    data[j]=data[j+1];
                    data[j+1]=tmp;
                    flag++;              //如果有执行过交换，则 flag 不为 0
                }
            }
            if (flag==0)
            {
                break;
            }
            //当执行完一次扫描就判断是否做过交换动作，如果没有交换过数据，
            //表示此时数组已完成排序，故可直接跳出循环
            System.out.print("第"+(6-i)+"次排序："");
            for (j=0;j<6;j++)
            {
                System.out.print(data[j]+"");
            }
            System.out.print("\n");
        }
        System.out.print("排序后结果为："");
        showdata ( );
    }
}
```

在 JDK 中调试改良冒泡排序法程序，实现数据从小到大输出，运行结果如图 10-3 所示。对于改良后的冒泡排序法，如果本次排序未调换数据位置则不输出排序结果，仅输出数据交换后的数据序列。

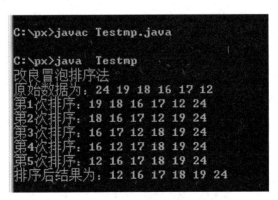

图 10-3　改良后的冒泡排序法运行结果图

2. 选择排序法

选择排序法可使用两种方式排序，在所有的数据中，当由大到小排序时，则将最大值

放入第一位置；当由小至大排序时，则将最大值放入位置末端。例如，当 N 个数据需要由大到小排序时，首先以第一个位置的数据，依次与 2，3，…，N 个位置的数据作比较。如果数据大于或等于其中一个位置，则两个位置的数据不变；如果小于其中一个位置，则两个位置的数据互换。互换后，继续找下一个位置作比较，直到位置最末端，此时第一个位置的数据即为此排序数列的最大值。接下来选择第二个位置数据，依次与 3，4，…，N 个位置的数据作比较，将最大值放入第二个位置。依次循环此方法直到 $N-1$ 个位置最大值找到后，就完成选择排序法由大到小的排列。

以下我们利用 24，19，18，16，17，12，18[*]，5 数列进行由小到大的排序来说明选择排序法的演算流程。由小到大的选择排序如图 10-4 所示。

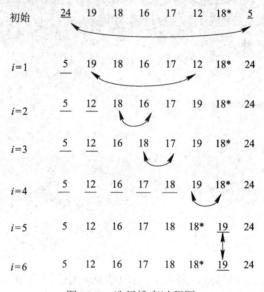

图 10-4　选择排序过程图

选择排序法分析如下：

(1) 无论是最坏情况、最佳情况还是平均情况都需要找到最大值(或最小值)，因此其比较次数为 $(n-1)+(n-2)+(n-3)+\cdots+3+2+1=n(n-1)/2$ 次；时间复杂度为 $O(n^2)$。

(2) 由于选择排序是以最大或最小值直接与最前方未排序的键值交换，数据排列顺序很有可能被改变，故不是稳定排序法。

(3) 只需一个额外的空间，所以空间复杂度为最佳。

(4) 此排序法适用于数据量小或有部分数据已经过排序的情况。

使用 Java 语言编写选择排序法的程序，源代码如下：

```java
public class Testxz extends Object
{
    int data[ ]=new int[ ]{24,19,18,16,17,12};
    public static void main(String args[ ])
    {
```

```java
        System.out.print("原始数据为： ");
        Testxz test=new Testxz( );
        test.showdata ( );
        test.select ( );
    }
    void showdata ( )
    {
        int i;
        for (i=0;i<6;i++)
        {
            System.out.print(data[i]+"");
        }
        System.out.print("\n");
    }
    void select ( )
    {
        int i,j,tmp,k;
        for(i=0;i<5;i++)                //扫描 5 次
        {
            for(j=i+1;j<6;j++)          //由 i+1 比较起，比较 5 次
            {
                if(data[i]>data[j])     //比较第 i 及第 j 个元素
                {
                    tmp=data[i];
                    data[i]=data[j];
                    data[j]=tmp;
                }
            }
            System.out.print("第"+(i+1)+"次排序结果： ");
            for (k=0;k<6;k++)
            {
                System.out.print(data[k]+"");        //打印排序结果
            }
            System.out.print("\n");
        }
        System.out.print("\n");
    }
}
```

在 JDK 中调试选择排序法程序，输出每一次的排序结果，实现数据从小到大排列，运行结果如图 10-5 所示。

图 10-5 选择排序法运行结果图

3. 插入排序法

插入排序法是指将数组中的元素逐一与已排好序的数据作比较，再将该数组元素插入适当的位置。

插入排序法分析如下：

(1) 最坏及平均情况需比较$(n-1)+(n-2)+(n-3)+\cdots+3+2+1=n(n-1)/2$ 次；时间复杂度为 $O(n^2)$，最好情况时间复杂度为 $O(n)$。

(2) 插入排序是稳定排序法。

(3) 只需一个额外的空间，所以空间复杂度为最佳。

(4) 此排序法适用于大部分数据已经过排序或已排序数据库新增数据后进行排序的情况。

(5) 插入排序法会造成数据的大量搬移，所以建议在链表上使用。

以下我们利用 24，19，18，16，17，12，18*，5 数列由小到大的排序过程来说明插入排序法的演算流程。该数列由小到大的插入排序如图 10-6 所示。

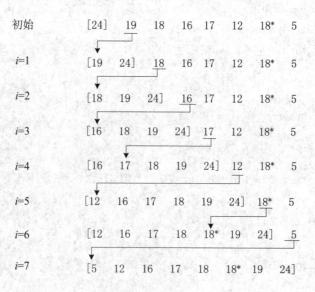

图 10-6 插入排序过程图

使用 Java 语言编写插入排序法的程序，源代码如下：

```java
import   java.io.*;
public class Testcr extends Object
{
    int data[ ]=new int[6];
    int size=6;
    public static void main(String args[ ])
    {
        Testcr test=new Testcr( );
        test.inputarr( );
        System.out.print("您输入的原始数组是：");
        test.showdata( );
        test.insert( );
    }
    void inputarr( )
    {
        int i;
        for (i=0;i<size;i++)                //利用循环输入数组数据
        {
            try{
                System.out.print("请输入第"+(i+1)+"个元素：");
                InputStreamReader isr = new InputStreamReader(System.in);
                BufferedReader br = new BufferedReader(isr);
                data[i]=Integer.parseInt(br.readLine( ));
            }catch(Exception e){}
        }
    }
    void showdata( )
    {
        int i;
        for (i=0;i<size;i++)
        {
            System.out.print(data[i]+"");        //打印数组数据
        }
        System.out.print("\n");
    }
    void insert( )
```

```
{
    int i;                              //i 为扫描次数
    int j;                              //以 j 来定位比较的元素
    int tmp;                            //tmp 用来暂存数据
    for (i=1;i<size;i++)                //扫描循环次数为 size-1
    {
        tmp=data[i];
        j=i-1;
        while (j>=0 && tmp<data[j])      //如果第二元素小于第一元素
        {
            data[j+1]=data[j];           //就把所有元素往后推一个位置
            j--;
        }
        data[j+1]=tmp;                   //最小的元素放到第一个元素
        System.out.print("第"+i+"次扫描：   ");
        showdata( );
    }
}
}
```

在 JDK 中调试程序，随机依次输入 6 个数据并显示输出。通过插入排序法实现对 6 个数据的排序，运行结果如图 10-7 所示。

图 10-7   插入排序法运行结果图

4. 希尔排序法

希尔排序法是 D. L. Shell 在 1959 年 7 月发明的一种排序方法，该排序法直接以发明者命名。其排序法的原理有点像插入排序法，但它可以减少数据搬移的次数。排序的原则是将数据区分成特定间隔的几个小区块，以插入排序法完成块内数据后再渐渐减少间隔的距离。

以下我们利用 24，19，18，20，17，12，5，18[*]数列由小到大的排序过程，来说明希尔排序法的演算流程。该数列由小到大的希尔排序如图 10-8 所示。

第一次排序，设增量d=4

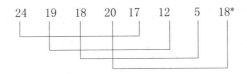

24　19　18　20　17　12　5　18*

第一次排序结果：

17　12　5　18*　24　19　18　20

第二次排序，设增量d=2

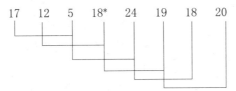

17　12　5　18*　24　19　18　20

第二次排序结果：

5　12　17　18*　18　19　24　20

第三次排序结果：

5　12　17　18*　18　19　20　24

图 10-8　希尔排序过程图

希尔排序法分析如下：

(1) 任何情况下的时间复杂度均为 $O(n^{3/2})$。

(2) 希尔排序法和插入排序法一样，都是稳定排序法。

(3) 只需一个额外的空间，所以空间复杂度为最佳。

(4) 此排序法适用于数据大部分都已排序完成的情况。

使用 Java 语言编写希尔排序法的程序，源代码如下：

```java
import java.io.*;
public class Testxr extends Object
{
    int data[ ]=new int[8];
    int size=8;
    public static void main(String args[ ])
    {
        Testxr test =   new Testxr( );
        test.inputarr( );
        System.out.print("您输入的原始数组是：");
        test.showdata( );
        test.shell( );
```

```java
}
void inputarr( )
{
    int i=0;
    for (i=0;i<size;i++)
    {
        System.out.print("请输入第"+(i+1)+"个元素：");
        try{
            InputStreamReader isr = new InputStreamReader(System.in);
            BufferedReader br = new BufferedReader(isr);
            data[i]=Integer.parseInt(br.readLine( ));
        }catch(Exception e){}
    }
}
void showdata( )
{
    int i=0;
    for (i=0; i<size; i++)
    {
        System.out.print(data[i]+"");
    }
    System.out.print("\n");
}
void shell( )
{
    int i;          //i 为扫描次数
    int j;          //以 j 来定位比较的元素
    int k=1;        //k 打印计数
    int tmp;        //tmp 用来暂存数据
    int jmp;        //设定间隔位移量
    jmp=size/2;
    while (jmp != 0)
    {
        for (i=jmp; i<size; i++)
        {
            tmp=data[i];
            j=i-jmp;
            while(j>=0 && tmp<data[j])
            {
                data[j+jmp] = data[j];
```

```
            j=j-jmp;
        }
    data[jmp+j]=tmp;
    }
    System.out.print("第"+ (k++) +"次排序: ");
    showdata( );
    jmp=jmp/2;              //控制循环数
    }
  }
}
```

在 JDK 中调试程序，依次随机输入 8 个数据元素并显示输出，通过希尔排序法对数据进行排序并显示每次排序结果，运行结果如图 10-9 所示。

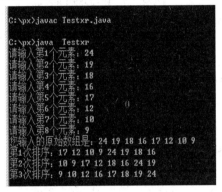

图 10-9　希尔排序运行结果图

5. 快速排序法

快速排序法又称分割交换排序法，是目前公认的最佳排序法。它的原理和冒泡排序法一样都是用交换的方式，不过它会先在数据中找到一个虚拟的中间值，把小于中间值的数据放在左边，把大于中间值的数据放在右边，再以同样的方式分别处理左右两边的数据，直到完成为止。

假设有 n 个记录 R_1, R_2, R_3, …, R_n，其键值为 K_1, K_2, K_3, …, K_n，快速排序法的步骤如下：

步骤 1：取 K 为第一个键值。

步骤 2：由左向右找出一个键值 K_i 使得 $K_i > K$。

步骤 3：由右向左找出一个键值 K_j 使得 $K_j < K$。

步骤 4：若 $i < j$，则 K_i 与 K_j 交换，并从步骤 2 开始继续执行。

步骤 5：若 $i \geqslant j$，则将 K 与 K_j 交换，并以 j 为基准点将数据分为左右两部分，并以递归方式分别为左右两半进行排序，直至完成排序。

以下我们利用 45，39，65，97，06，12，28，45*，56，79 数列由小到大的排序过程来说明快速排序法的演算流程，其中 45*表示其值和 45 相同，但在序列中的位置位于第一个 45 之后。该数列的排序过程如图 10-10 所示，以 45 为基准的第一次划分过程如图 10-11 所示。

初始:	45	39	65	97	06	12	28	45*	56	79
第1次划分:	28	39	12	06	45	97	65	45*	56	79
第2次划分:	06	12	28	39	45	97	65	45*	56	79
第3次划分:	06	12	28	39	45	97	65	45*	56	79
第4次划分:	06	12	28	39	45	79	65	45*	56	97
第5次划分:	06	12	28	39	45	56	65	45*	79	97
第6次划分:	06	12	28	39	45	45*	56	65	79	97

图 10-10　快速排序图

初始:low=0, high=n-1, temp=r[low];

temp	0	1	2	3	4	5	6	7	8	9
45	45	39	65	97	06	12	28	45*	56	79

↑low　　　　　　　　　　　　　　　　↑

(1) 从high向前找一个关键字小于temp的记录,并赋值到位置low

45 | 28　39　65　97　06　12　28　45*　56　79
　　↑low　　　　　　　　　　　↑high

(2) 从low向后找一个关键字大于temp的记录,并赋值到位置high

45 | 28　39　65　97　06　12　65　45*　56　79
　　↑low　　　　　　　　　　　↑high

(3) 重复第(1)步,直到找到关键字小于temp的记录或low≥high

45 | 28　39　12　97　06　12　65　45*　56　79
　　　　　　↑low　　　　　↑high

(4) 重复第(2)步,直到找到关键字大于temp的记录或low≥high

45 | 28　39　12　97　06　97　65　45*　56　79
　　　　　　↑low　　　　↑high

(5) 重复第(1)步,直到找到关键字小于temp的记录或low≥high

45 | 28　39　12　06　06　97　65　45*　56　79
　　　　　　　　↑low ↑high

(6) 重复第(2)步,直到low>=high,r[low]=temp,一次划分结束

45 | 28　39　12　06　45　97　65　45*　56　79
　　　　　　　　↑low ↑high

图 10-11　以 45 为基准的第一次划分过程图

快速排序法分析如下:

(1) 在最快及平均情况下,时间复杂度为 $O(n\mathrm{lb}n)$,最坏情况就是每次挑中的中间值不是最大就是最小,其时间复杂度均为 $O(n^2)$。

(2) 快速排序法不是稳定排序法。

(3) 在最差的情况下，空间复杂度为 $O(n)$，而最佳情况为 $O(\text{lb}n)$。

(4) 快速排序法是平均运行时间最快的排序法。

使用 Java 语言编写快速排序法的程序，源代码如下：

```java
import java.io.*;
import java.util.*;
public class Testks extends Object{
    int process = 0;
    int size;
    int data[ ]=new int[100];
    public static void main(String args[ ]){
        Testks test = new Testks( );
        System.out.print("请输入数组大小(100 以下)：");
        try{
            InputStreamReader isr = new InputStreamReader(System.in);
            BufferedReader br = new BufferedReader(isr);
            test.size=Integer.parseInt(br.readLine( ));
        }catch(Exception e){ }
        test.inputarr ( );
        System.out.print("原始数据是：");
        test.showdata ( );
        test.quick(test.data,test.size,0,test.size-1);
        System.out.print("\n 排序结果：");
        test.showdata( );
    }
    void inputarr( )
    {   //以随机数输入
        Random rand=new Random( );
        int i;
        for (i=0;i<size;i++)
            data[i]=(Math.abs(rand.nextInt(99)))+1;
    }
    void showdata( )
    {
        int i;
        for (i=0;i<size;i++)
            System.out.print(data[i]+"");
        System.out.print("\n");
    }
```

```java
void quick(int d[ ],int size,int lf,int rg)
{
    int i,j,tmp;
    int lf_idx;
    int rg_idx;
    int t;
    //1：第一个键值为 d[lf]
    if(lf<rg)
    {
        lf_idx=lf+1;
        rg_idx=rg;
        //排序
        while(true)
        {
            System.out.print("[处理过程"+(process++)+"]=>");
            for(t=0;t<size;t++)
                System.out.print("["+d[t]+"] ");
            System.out.print("\n");
            for(i=lf+1;i<=rg;i++)   //2：由左向右找出一个键值大于 d[lf]者
            {
                if(d[i]>=d[lf])
                {
                    lf_idx=i;
                    break;
                }
                lf_idx++;
            }
            for(j=rg;j>=lf+1;j--)            //3：由右向左找出一个键值小于 d[lf]者
            {
                if(d[j]<=d[lf])
                {
                    rg_idx=j;
                    break;
                }
                rg_idx--;
            }
            if(lf_idx<rg_idx)                //4：若 lf_idx<rg_idx
            {
                tmp = d[lf_idx];
```

```
                d[lf_idx] = d[rg_idx];              //则 d[lf_idx]和 d[rg_idx]互换
                d[rg_idx] = tmp;                    //然后继续排序
            }
            else{
                break;                              //否则跳出排序过程
            }
        }
        //整理
        if(lf_idx>=rg_idx)                          //5：若 lf_idx 大于等于 rg_idx
        {                                           //则将 d[lf]和 d[rg_idx]互换
            tmp = d[lf];
            d[lf] = d[rg_idx];
            d[rg_idx] = tmp;
            //6：并以 rg_idx 为基准点分成左右两半
            quick(d,size,lf,rg_idx-1);              //以递归方式分别为左右两半进行排序
            quick(d,size,rg_idx+1,rg);              //直至完成排序
        }
    }
}
}
```

在 JDK 中调试程序，先输入待排序数组元素个数 7，再显示数据组中的 7 个数据元素，根据快速排序对数据进行 5 次处理，并显示每次的排序结果，运行结果如图 10-12 所示。

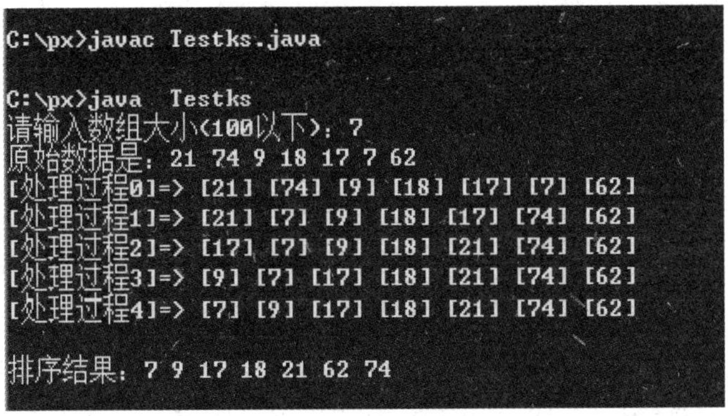

图 10-12　快速排序法运行结果图

6. 堆排序法

堆排序法可以算是选择排序法的改进版，它可以减少在选择排序法中的比较次数，进而减少排序时间。堆排序法用到了二叉树的技巧，它利用堆积树来完成排序。堆是一种特殊的二叉树，可分为最大堆树和最小堆树两种。

最大堆树需满足以下 3 个条件：

(1) 它是一个完全二叉树。

(2) 所有结点的值都大于或等于它左右子结点的值。

(3) 树根是堆积树中最大的。

最小堆积树需具备以下 3 个条件:

(1) 它是一个完全二叉树。

(2) 所有结点的值都小于或等于它左右子结点的值。

(3) 树根是堆积树中最小的。

在图 10-13 中,图(a)是小根堆,图(b)是大根堆,图(c)不是堆。从图中可以看出,在堆中根即第一个元素,它是整个序列的最小值(小根堆)或最大值(大根堆)。

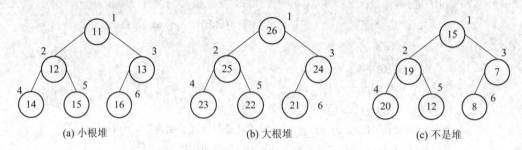

(a) 小根堆　　　　　　　　(b) 大根堆　　　　　　　　(c) 不是堆

图 10-13　堆与非堆

在开始讨论堆排序法前,我们必须先了解如何将二叉树转换成堆积树,下面以实例来进行说明。

假设有 9 个数据 32、17、16、24、35、87、65、4、12,以二叉树表示如图 10-14 所示。

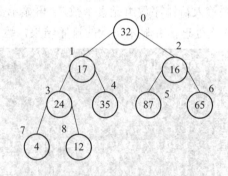

图 10-14　二叉树

如果要将该二叉树转换成堆积树,可以用数组来存储二叉树中所有结点的值,即 $A[0] = 32$,$A[1] = 17$,$A[2] = 16$,$A[3] = 24$,$A[4] = 35$,$A[5] = 87$,$A[6] = 65$,$A[7] = 4$,$A[8] = 12$。

步骤 1:$A[0] = 32$ 为树根,若 $A[1]$ 大于父结点则必须交换,此处 $A[1] = 17 < A[0] = 32$,故不交换。

步骤 2:$A[2] = 16 < A[0]$,故不交换。

步骤 3:$A[3] = 24 > A[1] = 17$,故交换,如图 10-15 所示。

步骤 4:$A[4] = 35 > A[1] = 24$,故交换,再与 $A[0] = 32$ 比较,$A[1] = 35 > A[0] = 32$,故交换,如图 10-16 所示。

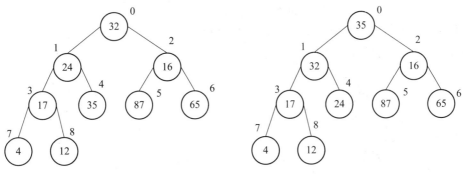

图 10-15　$A[3]$ 与 $A[1]$ 交换　　　　图 10-16　$A[4]$ 与 $A[1]$、$A[1]$ 与 $A[0]$ 交换

步骤 5：$A[5] = 87 > A[2] = 16$，故交换，再与 $A[0] = 35$ 比较，$A[2] = 87 > A[0] = 35$，故交换，如图 10-17 所示。

步骤 6：$A[6] = 65 > A[2] = 35$，故交换，但 $A[2] = 65 < A[0] = 87$，故不交换，如图 10-18 所示。

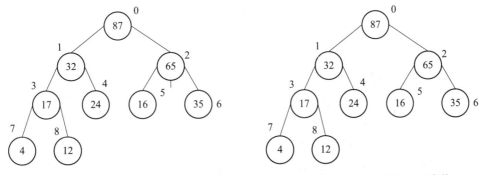

图 10-17　$A[5]$ 与 $A[2]$、$A[2]$ 与 $A[0]$ 交换　　　　图 10-18　$A[6]$ 与 $A[2]$ 交换

步骤 7：$A[7] = 4 < A[3] = 17$，故不交换，$A[8] = 12 < A[3] = 17$，故不交换。由此可得新的堆积树，如图 10-19 所示。

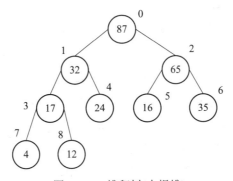

图 10-19　堆积树(大根堆)

上述展示了由二叉树的树根开始由上往下逐一按堆积树的建立原则来改变各结点值，最终得到最大堆积树。大家可以发现堆积树并非唯一的，也可以从数组最后一个元素(如此例中的 $A[8]$)由下往上逐一比较来建立最大堆积树。如果你想由小到大排序，就必须建立最小堆积树，做法和建立最大堆积树类似，此处不再另作说明。下面利用堆积排序法对 34、

19、40、14、57、17、4、43 数列的排序过程进行分析。

步骤 1：按顺序建立完全二叉树，如图 10-20 所示。

步骤 2：建立堆积树，如图 10-21 所示。

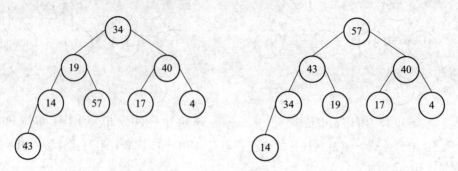

图 10-20　完全二叉树　　　　　　　　　　图 10-21　大根堆

步骤 3：将 57 从树根移除，重新建立堆积树，如图 10-22 所示。

步骤 4：将 43 从树根移除，重新建立堆积树，如图 10-23 所示。

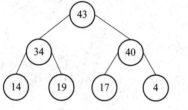 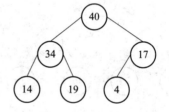

　　　　图 10-22　移除 57　　　　　　　　　图 10-23　移除 43

步骤 5：将 40 从树根移除，重新建立堆积树，如图 10-24 所示。

步骤 6：将 34 从树根移除，重新建立堆积树，如图 10-25 所示。

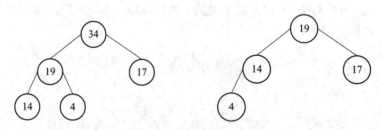

　　　　图 10-24　移除 40　　　　　　　　　图 10-25　移除 34

步骤 7：将 19 从树根移除，重新建立堆积树，如图 10-26 所示。

步骤 8：将 17 从树根移除，重新建立堆积树，如图 10-27 所示。

步骤 9：将 14 从树根移除，重新建立堆积树，如图 10-28 所示。

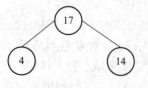

　　图 10-26　移除 19　　　　　图 10-27　移除 17　　　　图 10-28　移除 14

最后将 4 从树根移除，得到的排序结果为 57、43、40、34、19、17、14、4。

堆积排序法分析如下：

(1) 在所有情况下，时间复杂度均为 $O(n \mathrm{lb} n)$。

(2) 堆积排序法不是稳定排序法。

(3) 需要一个额外的空间，空间复杂度为 $O(1)$。

使用 Java 语言编写堆排序法的程序，源代码如下：

```java
import java.io.*;
public    class Testd
{
    public static void main(String args[ ]) throws IOException
    {
        int i,size,data[ ]={0,24,19,18,16,17,12,10,9};        //原始数组内容
        size=9;
        System.out.print("原始数组：");
        for(i=1;i<size;i++)
            System.out.print("["+data[i]+"] ");
        Testd.heap(data,size);                                //建立堆积树
        System.out.print("\n 排序结果：");
        for(i=1;i<size;i++)
            System.out.print("["+data[i]+"] ");
        System.out.print("\n");
    }
    public static void heap(int data[ ] ,int size)
    {
        int i,j,tmp;
        for(i=(size/2);i>0;i--)                               //建立堆积树结点
            Testd.ad_heap(data,i,size-1);
        System.out.print("\n 堆积内容：");
        for(i=1;i<size;i++)                                   //原始堆积树内容
            System.out.print("["+data[i]+"] ");
        System.out.print("\n");
        for(i=size-2;i>0;i--)                                 //堆积排序
        {
            tmp=data[i+1];                                    //头尾结点交换
            data[i+1]=data[1];
            data[1]=tmp;
            Testd.ad_heap(data,1,i);                          //处理剩余结点
            System.out.print("\n 处理过程：");
            for(j=1;j<size;j++)
                System.out.print("["+data[j]+"] ");
```

```
        }
    }
    public static void ad_heap(int data[ ],int i,int size)
    {
        int j,tmp,post;
        j=2*i;
        tmp=data[i];
        post=0;
        while(j<=size && post==0)
        {
            if(j<size)
            {
                if(data[j]<data[j+1])           //找出最大结点
                    j++;
            }
            if(tmp>=data[j])                    //若树根较大，结束比较过程
                post=1;
            else
            {
                data[j/2]=data[j];              //若树根较小，则继续比较
                j=2*j;
            }
        }
        data[j/2]=tmp;                          //指定树根为父结点
    }
}
```

在 JDK 中调试程序，先显示原始数组中的 8 个数据，再显示堆的内容，然后通过堆排序显示每次处理结果，最终数据从小到大排列，程序运行结果如图 10-29 所示。

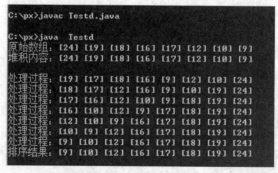

图 10-29　堆排序法运行结果图

7. 归并排序法

归并排序的主要思想是把待排序的记录序列分成若干个子序列，先将每个子序列的记

录排序，再将已排序的子序列合并，得到完全排序的记录序列。归并排序可分为多路归并排序和两路归并排序。

两路归并排序算法的思路是：对任意长度为 n 的序列，首先将其看成是 n 个长度为 1 的有序序列，然后两两归并为 $n/2$ 个有序表；再对 $n/2$ 个有序表两两归并，直到得到一长度为 n 的有序表。

归并排序法分析如下：

(1) 在最好和最差的情况下，归并排序的时间复杂度为 $O(n\mathrm{lb}n)$。

(2) 归并排序法是稳定排序法。

(3) 在最差的情况下，空间复杂度为 $O(n)$。

设有一组关键字的序列为：49，38，65，97，76，13，27，49^*，55，04(这里 $n=10$，49^*表示其值和 49 相同，但在序列中的位置位于第一个 49 之后)，用归并排序算法进行排序，其过程如图 10-30 所示。

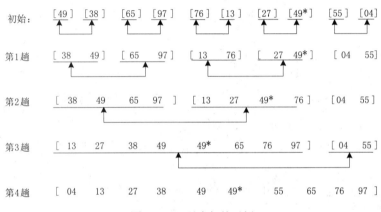

图 10-30 两路归并示例

使用 Java 语言编写两路归并排序法的程序，代码如下：

```java
public class TestMergeSort {
    public static void main(String[ ] args) {
        int[ ] arr=new int[]{49,38,65,97,76,13,27,55,104};
        int[ ] arr1=new int[9];
        System.out.print("归并排序前：");
        for(int i=0;i<arr.length;i++)
            System.out.print("["+arr[i]+"] ");
        int m;
        m=arr.length;
        mergeSort(arr,arr1,m);
        System.out.print("\n 归并排序后：");
        for(int i=0;i<arr.length;i++)
            System.out.print("["+arr[i]+"] ");
    }
```

```java
public static void mergeSort(int[ ] arr,int[ ] arr1, int n){        //对数据进行归并排序
    int len=1;
    while(len<n) {
        MergePass(arr,arr1,len);
        len*=2;
        MergePass(arr1,arr,len);
        len*=2;
    }
}
public static void MergePass(int[ ] arr,int[ ]arr1,int len) {
    int i=0,n=arr.length;
    while(i+2*len-1<=n-1) {
        merge(arr,arr1,i,i+len-1,i+2*len-1);
        i+=2*len;                    //循环两两归并
    }
    if(i+len<=n-1)
        merge(arr,arr1,i,i+len-1,n-1);
    else for(int j=i;j<=n-1;j++)
        arr1[j]=arr[j];
}
public static void merge(int[ ]arr,int[ ]arr1,int left,int mid,int right) {
    int i=left,j=mid+1,k=left;
    while(i<=mid&&j<=right)          //两两比较，将较小的并入
    if(arr[i]<=arr[j])
    {
        arr1[k]=arr[i];
        i++;
        k++;
    }
    else {
        arr1[k]=arr[j];
        j++;
        k++;
    }
    while(i<=mid) {                  //将 mid 前剩余的并入
        arr1[k]=arr[i];    i++;    k++;
    }
    while(j<=right) {                //将 mid 后剩余的并入
```

```
            arr1[k]=arr[j];    j++;    k++;
        }
    }
}
```

　　在 JDK 中调试程序，初始化 9 个待排序数组元素，调用两路归并排序算法，按数值升序显示排序数据，运行结果如图 10-31 所示。

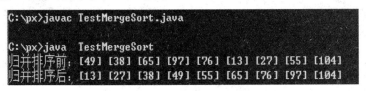

图 10-31　两路归并排序运行结果图

典型工作任务 10.3　排序软件代码设计

　　以 3 名学生 4 门课程按平均分排序的处理为主，使用插入排序、希尔排序、冒泡排序和快速排序的算法实现平均成绩从高分到低分的排列，设计本系统的程序，由 3 部分组成，第 1 部分定义学生信息，第 2 部分定义 4 个排序算法，第 3 部分定义主程序。程序框图如图 10-32 所示。

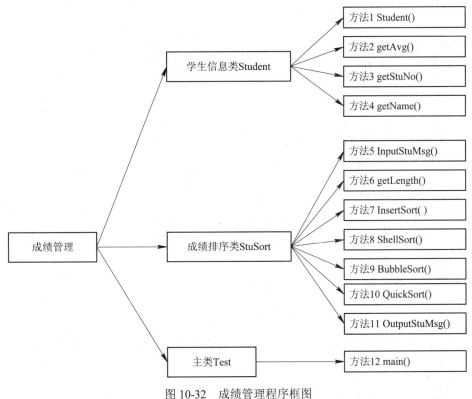

图 10-32　成绩管理程序框图

　　第 1 个 Java 文件为 Student.java，主要用来定义学生信息，它包含定义学生学号、定义

学生姓名、定义第 1 门课至第 4 门课的成绩，获取学生学号、获取学生姓名、获取学生第
1 门课至第 4 门课的成绩，计算 4 门课的平均分，具体代码实现如下：

```java
public class Student {
    private int stuNo;                          //定义学生学号
    private String name;                        //定义学生姓名
    private double score1;                      //定义第 1 门课成绩
    private double score2;                      //定义第 2 门课成绩
    private double score3;                      //定义第 3 门课成绩
    private double score4;                      //定义第 4 门课成绩
    public Student(int stuNo,String name,double s1,double s2,double s3,double s4){
        this.stuNo=stuNo;                       //取得学生学号
        this.name=name;                         //取得姓名
        score1=s1;                              //取得第 1 门课成绩
        score2=s2;                              //取得第 2 门课成绩
        score3=s3;                              //取得第 3 门课成绩
        score4=s4;                              //取得第 4 门课成绩
    }
    public double getAvg( ) {                    //计算 4 门课的平均分
        return (score1+score2+score3+score4)/4;
    }
    public int getStuNo( ) {                     //获取学生学号
        return stuNo;
    }
    public String getName( ) {                   //获取学生姓名
        return name;
    }
}
```

第 2 个 Java 文件为 StuSort.java，它主要定义了插入排序、希尔排序、冒泡排序和快速
排序的算法，并包含定义学生数组。从键盘上输入 n 个学生的学号、姓名，以及数据结构、
Android、数据库、软件工程这 4 门课的成绩，执行相应的排序算法后，输出排序后的学生
信息，并以平均分降序排序，具体代码如下：

```java
import java.util.Scanner;
public class StuSort {
    Student[ ] stus;                            //定义数组
    int stuNum;                                 //定义学生学号
    void InputStuMsg(int n)
    {
        int i;                                  //学生数
        int no;                                 //学号
```

```java
        String name;                      //姓名
        double s1,s2,s3,s4;               //4 门课成绩 s1,s2,s3,s4
        stus=new Student[n];
        for(i=1;i<=n;i++)
        {
            System.out.println("========================================");
            System.out.println("请输入第"+i+"个学生的信息:");
            Scanner sc=new Scanner(System.in);
            System.out.print("学      号: ");no=sc.nextInt( );           //输入学生学号
            System.out.print("姓      名: ");name=sc.next( );            //输入学生姓名
            System.out.print("数据结构: ");s1=sc.nextDouble( );          //输入数据结构成绩
            System.out.print("Android : ");s2=sc.nextDouble( );         //输入 Android 成绩
            System.out.print("数据库    : ");s3=sc.nextDouble( );        //输入数据库成绩
            System.out.print("软件工程: ");s4=sc.nextDouble( );          //输入软件工程成绩
            stus[i-1]=new Student(no, name, s1, s2, s3,s4);
        }
    }
    public int getLength( )
    {
        return stus.length;
    }
    //1. 插入排序
    public void InsertSort( ){
        int i,j;
        Student temp;
        for(i=1; i<stus.length; i++){        //如果第 j-1 个元素大于第 j 个元素，将两者交换
            for(j=i; j>0&&stus[j].getAvg( )>stus[j-1].getAvg( ); j--){
                temp=stus[j-1];
                stus[j-1]=stus[j];
                stus[j]=temp;
            }
        }
    }
    //2. 希尔排序
    public void ShellSort(    ) {
        int i, j, d;
        Student temp;
        for(d=stus.length/2;d>0;d=d/2) {               //初始增量为 n/2，每次缩小增量值为 d/2
            for(i=d; i<stus.length; i++){
                temp=stus[i];
```

```java
        for (j = i; j >= d; j -= d) {              //前后记录位置的增量是 d,而不是 1
            if(temp.getAvg( )>stus[j-d].getAvg( )){
                stus[j]=stus[j-d];
            }else
            break;
        }
        stus[j]=temp;
    }
}
}
//3. 冒泡排序
public void BubbleSort( ){
    int i,j;
    boolean isExchange;                 //交换标志
    Student temp;
    for(i=1; i<stus.length; i++)
    {
        isExchange=false;               //isExchange=false 为未交换
        for(j=0;j<stus.length-i;j++)
        {
            if(stus[j].getAvg( )<stus[j+1].getAvg( ))
            {         //如前者小于后者，交换
                temp=stus[j];
                stus[j]=stus[j+1];
                stus[j+1]=temp;
                isExchange=true;         //isExchange=true 为发生交换
            }
        }
        if(isExchange==false)break;      //未交换，排序结束
    }
}
//4. 快速排序
//对表中的第 low 到第 high 个记录进行一次快速排序的划分
//把关键字小于 elem.get(low).key 的记录放在前端,
//大于 elem.get(low).key 的记录放在后端
protected int Partition(int low,int high){
    Student temp=stus[low];;               // 把 elem.get(low)放在 temp
    while (low<high)                       //用 elem.get(low);进行一趟划分
    {                                      //在 high 端,寻找一个比 temp.key 小的记录放入 low
        while (low<high &&stus[high].getAvg( )<=temp.getAvg( )) --high;
```

```
            stus[low]=stus[high];              //在 low 端，寻找一个比 temp.key 大的记录放入 high
            while (low<high &&stus[low].getAvg( )>=temp.getAvg( ))
                    ++low;
            stus[high]=stus[low];
        }
        stus[low]=temp;
        return low;                            //返回划分后的基准记录的位置
    }
    //对第 low 到第 high 个记录进行快速排序
    public void    QuickSort(int low, int high){
        int loc;
        if   (low<high)
        {                                      //对第 low 到第 high 个记录进行一次快速排序的划分
            loc=Partition(low, high);
            QuickSort(low, loc-1);             //对前半区域进行一次划分
            QuickSort(loc+1, high);            //对后半区域进行一次划分
        }
    }
    //5. 输出排序后的学生信息，以平均分降序排序
    void OutputStuMsg( )
    {
        int i;
        for(i=0; i<stus.length; i++)
        {
            System.out.println("================================");
            System.out.println("第"+(i+1)+"名学生的信息:");           //输出提示
            System.out.print("学号："+stus[i].getStuNo( )+"");        //输出学生学号
            System.out.print("姓名："+stus[i].getName( )+"");         //输出学生姓名
            System.out.print("平均成绩："+stus[i].getAvg( )+"");       //输出学生平均成绩
            System.out.println( );
        }
        System.out.println("================================");
    }
}
```

第 3 个 Java 文件为 Test.java，它主要定义主程序，通过调用 4 种排序方法中的任意一种对学生的 4 门课程平均分进行降序排序，具体代码实现如下：

```
public class Test {
    public static void main(String[ ] args) {
        StuSort s=new StuSort( );
        s.InputStuMsg(3);                      //引用输入 3 个学生成绩的方法
```

```
        s.QuickSort(0,s.getLength( )-1);        //引用快速排序方法
        //s.BubbleSort( );                       //引用冒泡排序方法
        //s.ShellSort( );                        //引用希尔排序方法
        //s.InsertSort( );                       //引用插入排序方法
        s.OutputStuMsg( );                       //引用输出排序结果方法
    }
}
```

典型工作任务 10.4 排序软件测试执行

初学者可以使用 JDK 对学生成绩管理系统的源代码进行编译和运行，首先输入 2 位学号，学生姓名，4 门课(即数据结构、Android、数据库、软件工程)的成绩，在主程序中调用快速排序法，按平均分降序显示排序结果，且每个学生的信息之间使用 "====="间隔，运行结果如图 10-33 所示；调用冒泡排序法运行结果如图 10-34 所示；调用希尔排序法运行结果如图 10-35 所示；调用插入排序法运行结果如图 10-36 所示。

图 10-33　快速排序法成绩排序结果运行图　　　　图 10-34　冒泡排序法成绩排序结果运行图

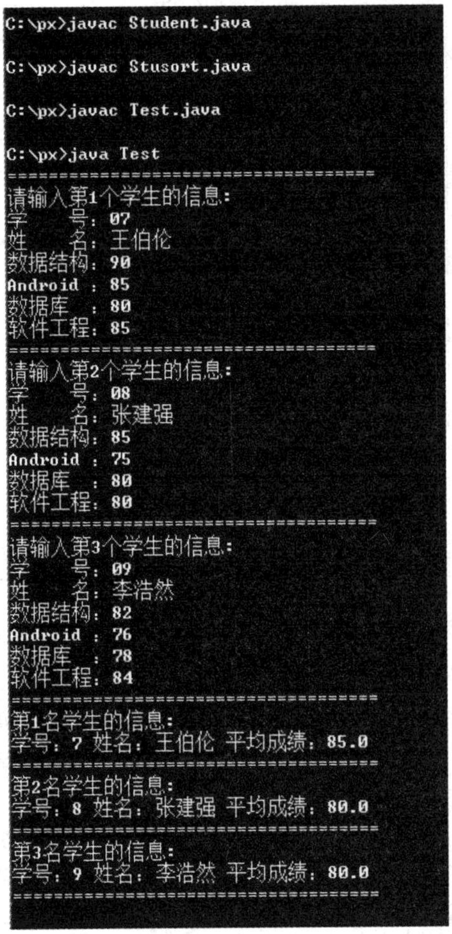

图 10-35 希尔排序法成绩排序结果运行图

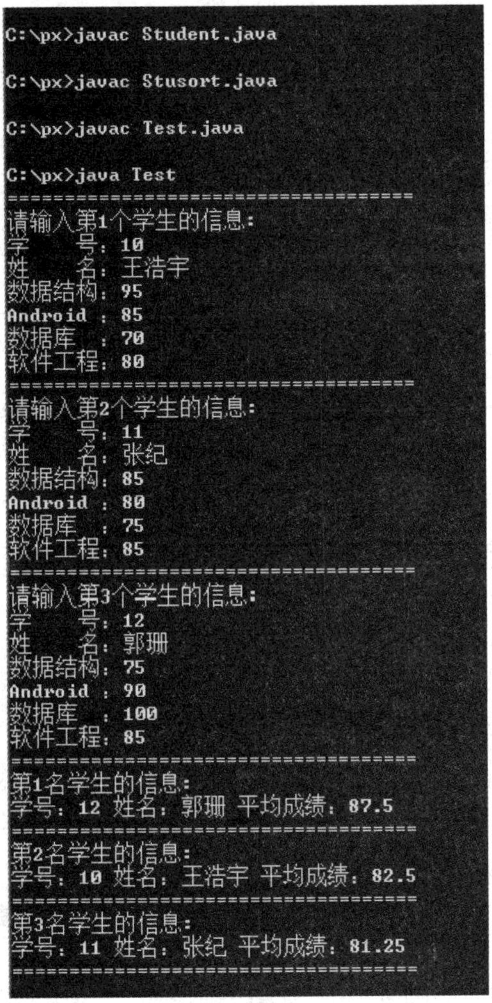

图 10-36 插入排序法成绩排序结果运行图

典型工作任务 10.5 排序软件文档编写

为了更好地掌握排序的基本思想和算法设计，充分理解成绩管理系统的需求分析、结构设计和功能测试，养成良好的编程习惯和测试能力，下面主要从软件规范及模块测试的角度来编写文档。

10.5.1 录入学生信息模块测试

对学生多门课程的平均分排序之前需要先输入学生及课程信息，在本模块中可能出现学生学号、姓名、课程成绩等变量数据类型定义不正确，未计算 4 门课的平均分等错误或缺陷，如表 10-2 所示。

表 10-2　录入学生信息模块测试表

编号	摘要描述	预期结果	处理结果
px-lrxx-01	定义的学生学号数据类型不正确	程序运行结果不正确	修改代码： private int stuNo;
px-lrxx-02	定义的学生姓名数据类型不正确	程序运行结果不正确	修改代码： private String name;
px-lrxx-03	定义的学生 4 门课成绩数据类型不正确	程序运行结果不正确	修改代码： private double score1; private double score2; private double score3; private double score4;
px-lrxx-04	未计算 4 门课的平均分	程序报错	修改代码： return (score1+score2+score3+score4)/4;

10.5.2　计算总成绩和平均分模块测试

计算总成绩和平均分模块实现了对多名学生多门课程平均分的计算，在本模块中可能出现输入学生的学号、姓名、成绩有误，学生信息未存入数组，未统计学生人数等错误或缺陷，如表 10-3 所示。

表 10-3　计算总成绩和平均分模块测试表

编号	摘要描述	预期结果	处理结果
px-js-01	输入学号有误	程序报错	不能输入超过 6 位的学号
px-js-02	输入的姓名有误	程序报错	输入的姓名为 2～4 个汉字，不允许有其他符号
px-js-03	输入的成绩有误	程序报错	输入的成绩必须在 0～100 范围，输入其他数字或字符无效
px-js-04	输入的学生信息未存入数组	无运行结果	增加代码： stus[i-1]=new Student(no, name, s1, s2, s3,s4);
px-js-05	未统计学生人数	程序报错	增加代码： return stus.length;

10.5.3　插入排序模块测试

使用插入排序算法对学生成绩平均分进行降序排序，在本模块中可能出现排序方法返回值类型、外循环次数、内循环次数不正确，未设置中间变量存储交换的数据等错误或缺陷，如表 10-4 所示。

表 10-4 插入排序模块测试表

编号	摘要描述	预期结果	处理结果
px-cr-01	方法返回值类型不正确	程序报错	方法无返回值，定义为 void 即可
px-cr-02	外循环的次数不正确	程序运行结果不正确	外循环次数为学生人数，代码为：for(i=1; i<stus.length;i++)
px-cr-03	内循环的次数不正确	程序运行结果不正确	修改代码：for(j=i;j>0&&stus[j].getAvg( )>stus[j-1].getAvg( );j--)
px-cr-04	未设置中间变量存储交换的数据	程序运行结果不正确	增加代码：Student temp;
px-cr-05	数据交换不正确	程序运行结果不正确	数据交换要借助于中间变量，增加代码：temp=stus[j-1];stus[j-1]=stus[j];stus[j]=temp;

10.5.4 希尔排序模块测试

使用希尔排序算法对学生成绩平均分进行降序排序，在本模块中可能出现排序方法返回值类型、外循环次数、内循环次数不正确等错误或缺陷，如表 10-5 所示。

表 10-5 希尔排序模块测试表

编号	摘要描述	预期结果	处理结果
px-xr-01	方法返回值类型不正确	程序报错	方法无返回值，定义为 void 即可
px-xr-02	外层循环的次数不正确	程序运行结果不正确	外层循环次数按人数每次折半递减 for(d=stus.length/2;d>0;d=d/2)
px-xr-03	内层循环的次数不正确	程序运行结果不正确	内层循环次数根据外层次数变化 for(i=d;i<stus.length;i++)
px-xr-04	前后位置增量不正确	程序运行结果不正确	增加代码：for (j = i; j >= d; j -= d)

10.5.5 冒泡排序模块测试

使用冒泡排序算法对学生成绩平均分进行降序排序，在本模块中可能出现未设置交换标志布尔量、外循环次数、内循环次数不正确、未判断交换标志量等错误或缺陷，如表 10-6 所示。

表 10-6 冒泡排序模块测试表

编号	摘要描述	预期结果	处理结果
px-mp-01	未设置交换标志布尔变量	程序报错	新增变量 isExchange boolean isExchange;
px-mp-02	外层循环控制的次数不正确	程序结果运行有误	外层循环控制的次数为待排序个数-1，即趟数： for(i=1;i<stus.length;i++)
px-mp-03	内层循环控制的次数不正确	程序结果运行有误	内层循环控制的次数为每趟中比较的次数： for(j=0;j<stus.length-i;j++)
px-mp-04	未判断交换标志量	程序运行结果不正确	当一趟比较内无数据交换时，isExchange 赋值为 false，停止排序： if(isExchange==false)break;

10.5.6 快速排序模块测试

使用快速排序算法对学生成绩平均分进行降序排序，在本模块中可能出现返回值类型不正确、未判断高位数据和平均值大小、未判断低位数据和平均值大小等错误或缺陷，如表 10-7 所示。

表 10-7 快速排序模块测试表

编号	摘要描述	预期结果	处理结果
px-ks-01	返回值类型不正确	程序报错	需要返回表中 low 的数值，即起始数据的位置下标，设置返回值为 int： protected int Partition(int low,int high)
px-ks-02	未判断高位数据和平均值大小	程序报错	根据判断结果修改 high 的值，增加代码： while (low<high &&stus[high].getAvg( )<=temp.getAvg( )) --high;
px-ks-03	未判断低位数据和平均值大小	程序报错	根据判断结果修改 low 的值，增加代码： while (low<high &&stus[low].getAvg( )>=temp.getAvg()) ++low;

10.5.7 数据信息模块测试

数据信息模块实现了排序后的学生及名次信息，在本模块中可能出现输出结果中仅有成绩信息而无学生信息、未显示学生名次、未输出学生平均成绩、未将学生信息进行间隔等错误或缺陷，如表 10-8 所示。

表 10-8　数据信息模块测试表

编号	摘要描述	预期结果	处理结果
px-sc-01	输出结果中只有成绩信息，无学生信息	程序运行结果不正确	增加学生信息 stus[i]
px-sc-02	未输出显示学生排名的提示信息	程序界面格式显示不正确	增加代码： System.out.println("第"+(i+1)+"名学生的信息:");
px-sc-03	未输出学生的平均成绩	程序运行结果不正确	增加代码： System.out.print("平均成绩："+stus[i].getAvg( )+"");
px-sc-04	未将输出的学生信息分隔开	程序可读性不强	每位学生信息输出完后使用相应的符号将信息分隔开，提高可读性 增加代码： System.out.println("====================================");

典型工作任务 10.6　　排序项目验收交付

经过数据结构设计和代码编写，实现了学生成绩管理系统的功能，在提交给使用者前还需要准备本项目交付验收的清单，如表 10-9 所示。

表 10-9　成绩管理项目验收交付表

验 收 项 目		验 收 标 准	验收情况
验收测试	功能	项目主要功能： (1) 建立学生信息表含学号姓名； (2) 建立课程信息表含课程名称； (3) 输入 3 名学生信息； (4) 输入 4 门课成绩； (5) 统计 4 门课总成绩及平均分； (6) 插入排序算法； (7) 希尔排序算法； (8) 冒泡排序算法； (9) 快速排序算法； (10) 输出 3 名学生 4 门课平均成绩的排序结果	
		数据及界面要求： (1) 学生学号为整型数据； (2) 学生姓名为字符串型； (3) 输出界面上信息清晰、完整、正确无误； (4) 调用算法实现对平均分的排序	
	性能	运行代码后响应时间小于 3 秒。 (1) 该标准适用于所有功能项； (2) 该标准适用于所有被测数据	

续表

验 收 项 目		验收标准	验收情况
软件设计	需求规范说明	需求符合正确无误； 功能描述正确无误； 语言表述准确无误	
	设计说明	描述方法的定义、功能、参数和返回值	
	数据结构说明	排序的基本思想完整、有效； 排序的操作算法特性：有穷、确定、可行、输入、输出； 排序中涉及的数据完整、有效	
程序	源代码	类、方法的定义与文档相符； 类、方法、变量、数组、指针等命名规范符合"见名知意"的原则； 注释清晰、完整，语言准确、规范； 实参数据有效，无歧义，无重复，无冲突； 代码质量较高，无明显功能缺陷； 冗余代码少	
测试	测试数据	覆盖全部需求及功能项； 测试数据充分、完整； 测试结果功能全部实现	
用户使用	使用说明	覆盖全部功能，无遗漏功能项； 运行结果正确，达到预期目标； 建议使用软件 JDK 或者 Eclipse 进行代码编译与调试	

附录　数据结构考核鉴定习题集

一、单选题

1. 算术表达式采用后缀式表示时不需要使用括号,使用( )就可以方便地进行求值。$a - b * (c + d)$的后缀式为( )。

   A. 队列
   B. 数组
   C. 栈
   D. 广义表

2. 设数组 $a[1\cdots m, 1\cdots n]$ $(m > 1, n > 1)$中的元素按行存放,每个元素占用 1 个存储单元,则数组元素 $a[i, j]$相对于数组首元素的偏移量为( )。

   A. $(i - 1) * m + j - 1$
   B. $(i - 1) * n + j - 1$
   C. $(i - 1) * m + i - 1$
   D. $(j - 1) * n + i - 1$

3. 假设以 S 和 X 分别表示入栈和出栈操作,并且初始和终止时栈都为空,那么( )不是合法的操作序列。

   A. SSXXXSSXSX
   B. SSXXXSSXX
   C. SSXSSXSXXX
   D. SXSXSXSXSX

4. 设有一份电文中共使用了 a、b、c、d、e、f 这 6 个字符,它们的出现频率如表 1 所示,现通过构造哈夫曼树为这些字符编码。那么编码长度最长的两个字符是( )。

表 1　习　题　4

字符	a	b	c	d	e	f
频率	0.19	0.05	0.23	0.13	0.34	0.06

   A. c、e
   B. b、e
   C. b、f
   D. e、f

5. 对二叉树进行后序遍历和中序遍历时,都依照左子树在前,右子树在后的顺序。已知对某二叉树进行后序遍历时结点 M 是最后被访问的结点,而对其进行中序遍历时,M 是第一个被访问的结点,那么该二叉树的树根结点为 M,且( )。

   A. 其左子树和右子树都必定为空
   B. 其左子树和右子树都不为空
   C. 其左子树必定为空
   D. 其右子树必定为空

6. 某图的邻接矩阵如图 1 所示,该图为( );若采用邻接表表示该图,则邻接表中用来表示边(或弧)的表结点总数为( )个。

∞	23	∞	∞	18	∞
∞	∞	7	∞	∞	∞
14	∞	∞	8	16	∞
∞	5	∞	∞	∞	20
∞	∞	∞	∞	∞	12
∞	∞	∞	∞	∞	∞

图 1 习题 6

A. 无向图；9   B. 有向图；18   C. 完全图；21   D. 二部图；49

7. 若关键码序列(47，61，55，39，10，26，90，82)采用散列法进行存储和查找，设散列函数为 H(Key) = Key mod 11 (mod 表示整除取余运算)，拟采用链地址法(拉链法)解决冲突构造散列表。以下关于该散列表的叙述正确的是(   )。

A. 关键码 10 和 90 位于同一个链中   B. 关键码 61 和 82 位于同一个链中

C. 关键码 61 和 139 位于同一个链中   D. 关键码 47、55 和 139 位于同一个链中

8. 用某排序方法对一个关键码序列进行递增排序时，对其中关键码相同的元素，若该方法可保证在排序前后这些元素的相对位置不变，则称该排序方法是稳定的。以下关于排序方法稳定性的叙述正确的是(   )。

A. 冒泡排序和简单选择排序都是稳定的排序方法

B. 冒泡排序是稳定的排序方法，简单选择排序不是

C. 简单选择排序是稳定的排序方法，冒泡排序不是

D. 冒泡排序和简单选择排序都不是稳定的排序方法

9. 算术表达式采用后缀式表示时不需要使用括号，使用_____就可以方便地进行求值。$a-b*(c+d)$ 的后缀式为_____。

A. 队列；$a\,b\,c\,d-*+$ B. 数组；$a\,b\,c\,d*+-$

C. 栈；$a\,b-c*d+$ D. 广义表；$a\,b\,c\,d+*-$

10. 算术表达式 $a+(b-c)\times d$ 的后缀式是(   )(−, +, *)表示算术的减、加、乘运算，运算符的优先级和结合性遵循惯例。

A. $abcd+-*$ B. $abc-d*+$

C. $abc-+d*$ D. $ab-cd*+$

11. 含有 n 个元素的线性表采用顺序存储，等概率删除其中任一个元素平均需要移动(   )个元素。

A. n B. lb$n$ C. $(n-1)/2$ D. $(n+2)/2$

12. 对于顺序栈和链栈，(   )不是两者共有的运算特征。

A. 元素后进先出   B. 入栈时需要判断是否栈满

C. 出栈时需要判断是否栈空   D. 每次只能访问栈顶元素

13. 若元素 a、b、c、d、e、f 依次进栈，允许进栈、出栈操作交替进行。但不允许连续次进行出栈工作，则不可能得到的出栈序列是(   )。

A. dcebfa   B. cbdaef   C. bcaefd   D. afedcb

14. 在一个线性表上可以进行二分查找(折半查找)的充分必要条件是(   )。

A. 线性表采用顺序存储且元素有序排列

B. 线性表采用顺序存储且元素无序排列

C. 线性表采用单链表存储且元素有序排列

D. 线性表采用单链表存储且元素无序排列

15. 根据枢轴元素(或基准元素)划分序列并进行排序的是(　　)。

A. 快速排序　　　　　　　　　　　　B. 冒泡排序

C. 简单选择排序　　　　　　　　　　D. 直接插入排序

16. 序列(　　)可能是第一趟冒泡排序后的结果。

A. 40 10 20 30 70 50 60　　　　　　B. 20 30 10 40 70 50 60

C. 30 10 40 20 70 60 50　　　　　　D. 20 30 10 40 60 50 70

17. 从①地开车到⑥地，按图 2 标明的道路和行驶方向，共有(　　)种路线。

A. 6　　　　　　B. 7　　　　　　C. 8　　　　　　D. 9

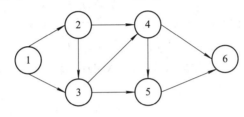

图 2　习题 17

18. 以下关于字符串的叙述正确的是(　　)。

A. 字符串属于线性的数据结构

B. 长度为 0 字符串称为空白串

C. 串的模式匹配算法是用于求出给定串的所有子串

D. 两个字符串比较时，较长的串比较短的串大

19. 按照逻辑关系的不同可将数据结构分为(　　)。

A. 顺序结构和链式结构　　　　　　　B. 顺序结构和散列结构

C. 线性结构和非线性结构　　　　　　D. 散列结构和索引结构

20. 若栈采用链式存储且仅设头指针，则(　　)时入栈和出栈操作最方便。

A. 采用不含头结点的单链表且栈顶元素放在表尾结点

B. 采用不含头结点的单链表且栈顶元素放在表头结点

C. 采用含头结点的单循环链表且栈顶元素随机存放在链表的任意结点

D. 采用含头结点的双向链表且栈顶元素放在表尾结点

21. 三个互异的元素 a、b、c 依次经过一个初始为空的栈后，可以得到(　　)种出栈序列。

A. 6　　　　　　B. 5　　　　　　C. 3　　　　　　D. 1

22. 某有向图 G 及其邻接矩阵如图 3 所示。以下关于图的邻接矩阵存储的叙述中，错误的是(　　)。

A. 有向图的邻接矩阵可以是对称矩阵

B. 第 i 行的非零元素个数为顶点 i 的出度

C. 第 i 行的非零元素个数为顶点 i 的入度

D. 有向图的邻接矩阵中非零元素个数为图中弧的数目

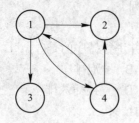 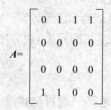

$$A=\begin{bmatrix} 0 & 1 & 1 & 1 \\ 0 & 0 & 0 & 0 \\ 0 & 0 & 0 & 0 \\ 1 & 1 & 0 & 0 \end{bmatrix}$$

图 3　习题 22

23. 若待排序记录按关键字基本有序，则宜采用的排序方法是(　　)。

A. 直接插入排序　　　　　　　　　　B. 堆排序

C. 快速排序　　　　　　　　　　　　D. 简单选择排序

24. 在待排序的一组关键码序列 $k_1, k_2, \cdots, k_n$ 中，若 k_i 和 k_j 相同，且在排序前 k_i 领先于 k_j，那么排序后，如果 k_i 和 k_j 的相对次序保持不变，k_i 仍领先于 k_j，则称此类排序为稳定的。若在排序后的序列中有可能出现 k_j 领先于 k_i 的情形，则称此类排序为不稳定的。(　　)是稳定的排序方法。

A. 快速排序　　　　　　　　　　　　B. 简单选择排序

C. 堆排序　　　　　　　　　　　　　D. 冒泡排序线性表采用单

25. 链表存储时的特点是(　　)。

A. 插入、删除不需要移动元素　　　　B. 可随机访问表中的任一元素

C. 必须事先估计存储空间需求量　　　D. 结点占用地址连续的存储空间

26. 以下关于栈和队列的叙述中，错误的是(　　)。

A. 栈和队列都是线性的数据结构

B. 栈和队列都不允许在非端口位置插入和删除元素

C. 一个序列经过一个初始为空的栈后，元素的排列次序一定不变

D. 一个序列经过一个初始为空的队列后，元素的排列次序不变

27. 设有字符串 S 和 P，串的模式匹配是指确定(　　)。

A. P 在 S 中首次出现的位置

B. S 和 P 是否能连接起来

C. S 和 P 能否互换

D. S 和 P 是否相同

28. 特殊矩阵是非零元素有规律分布的矩阵，以下关于特殊矩阵的叙述中，正确的是(　　)。

A. 特殊矩阵适合采用双向链表进行压缩存储

B. 特殊矩阵适合采用单向循环链表进行压缩存储

C. 特殊矩阵的所有非零元素可以压缩存储在一维数组中

D. 特殊矩阵的所有零元素可以压缩存储在一维数组中

29. 完全二叉树的特点是叶子结点分布在最后两层，且除最后一层之外，其他层的结

点数都达到最大值,那么 25 个结点的完全二叉树的高度(即层数)为(　　)。

A. 3　　　　　　B. 4　　　　　　C. 5　　　　　　D. 6

30. 某二叉排序树如图 4 所示,新的元素 45 应作为(　　)插入到该二叉树中。

A. 11 的左子树　　　　　　　　　B. 17 的右子树

C. 61 的左子树　　　　　　　　　D. 27 的右子树

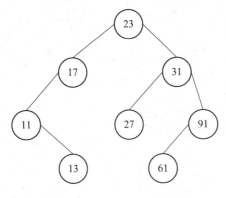

图 4　习题 30

二、阅读题

1. 阅读以下说明和 C 代码,填写程序中的(1)~(5)。

★ 说明

直接插入排序是一种简单的排序方法,具体做法是:在插入第 i 个关键码时,$k_1, k_2, \cdots,$ k_{i-1} 已经排好序,这时将关键码 k_i 依次与关键码 k_{i-1},k_{i-2},$\cdots$,进行比较,找到 k_i 应该插入的位置时停下来,将插入位置及其后的关键码依次向后移动,然后插入 k_i。

例如,对 $\{17,392,68,36\}$ 按升序作直接插入排序时,过程如下:

第 1 次:将 $392(i=1)$ 插入到有序子序列 $\{17\}$,得到 $\{17,392\}$;

第 2 次:将 $68(i=2)$ 插入到有序子序列 $\{17,392\}$,得到 $\{17,68,392\}$;

第 3 次:将 $36(i=3)$ 插入到有序子序列 $\{17,68,392\}$,得到 $\{17,36,68,392\}$,完成排序。

下面函数 insertSort()用直接插入排序对整数序列进行升序排列,在 main 函数中调用 insertSort()并输出排序结果。

★ C 代码

```
/*用直接插入排序法将 data[0]~data[n-1]中的 n 个整数进行升序排列*/
void insert Sort(int data[ ],int n)
{
    int i, j;
    int tmp;
    for(i=1; i<n;i++){
        if(data[i]<data[i-1]){          //将 data[i]插入有序子序列 data[0]~data[i-1]
            tmp=data[i];                 //备份待插入的元素
```

```
            data[i]=(1);
            for(j=i-2;j>=0 && data[j] > tmp;j--)      //查找插入位置并将元素后移
                (2);
                (3)=tmp;                               //插入正确位置
        }/*if*/
    }/*for*/
}/*insertSort*/
int main( )
{
    int *bp,*ep;
    int n,arr[ ]={17,392,68,36,291,776,843,255};
    n = sizeof(arr) / sizeof(int);
    insertSort(arr,n);
    bp=(4); ep = arr+n;
    for(;bp<ep; bp++)                         //按升序输出数组元素
        printf("%d\t",(5));
    return 0;
}
```

2. 阅读以下说明和代码，填补代码中的空缺。

★ 说明

下面的程序利用快速排序中划分的思想在整数序列中找出第 k 小的元素(即将元素从小到大排序后，取第 k 个元素)。对一个整数序列进行快速排序的方法是：在待排序的整数序列中取第一个数作为基准值，然后根据基准值进行划分，从而将待排序的序列划分为不大于基准值者(称为左子序列)和大于基准值者(称为右子序列)，然后再对左子序列和右子序列分别进行快速排序，最终得到非递减的有序序列。

例如，整数序列 19，12，30，11，7，53，78，25 的第 3 小元素为 12。整数序列 19，12，7，30，11，11，7，53，78，25，7 的第 3 小元素为 7。

函数 partition(int a[ ], int low, int high)以 $a[low]$ 的值为基准，对 $a[low]$，$a[low+1]$，…，$a[high]$进行划分，最后将该基准值放入 $a[i]$ (low$\leq i \leq$high)，并使得 $a[low]$，$a[low+1]$，…，$a[i-1]$都小于或等于 $a[i]$，而 $a[i+1]$，$a[i+2]$，…，$a[high]$都大于 $a[i]$。

函数 findkthElem(int a[ ], int startIdx, int endIdx, int k)在 $a[startIdx]$，$a[startIdx+1]$，…，$a[endIdx]$中找出第 k 小的元素。

★ 代码

```
#include <stdio.h>
#include <stdlib.h>
int partition(int a [ ], int low, int high)
{                //对 a[low..high]进行划分，使得 a[low..i]中的元素都不大于 a[i+1..high]中的元素。
    int   pivot=a[low];                      //pivot 表示基准元素
```

```
    int  i=low, j=high;
    while((_1_)){
        while(i<j&&a[j]>pivot)--j;
            A [i]=a[j];
        while(i<j&&a[i]>pivot)++i;
            a[j]=a[i] ;
    }
     (2);                                        //基准元素定位
    return I;
}
int  find  kthElem(int a[ ], int  startIdx, int  endIdx, int  k)
{                             //整数序列存储在 a[startIdx..endIdx]中，查找并返回第 k 小的元素
    if (startIdxe<0 || endIdx<0 || startIdx>endIdx || k<1 || k-1>endIdx || k-1<startIdx)
        return -1;                              //参数错误
    if(startIdx<endIdx){
        intloc=partition(a, startIdx, endIdx);  //进行划分，确定基准元素的位置
        if (loc==k-1)                           //找到第 k 小的元素
            return (3);
        if(k-l <loc)                            //继续在基准元素之前查找
            return findkthElem(a, (4), k);
            else                                //继续在基准元素之后查找
                return findkthElem(a, (5), k);
    }
    return a[startIdx];
}
int    main( )
{   int   i, k;
    int   n;
    int a[ ] = {19, 12, 7, 30, 11, 11, 7, 53, 78, 25, 7};
    n= sizeof(a)/sizeof(int);                    //计算序列中的元素个数
    for (k=1; k<n+1; k++){
        for(i=0; i<n; i++){
            printf("%d/t", a[i]);
        }
        printf("\n");
        printf("elem %d=%d\n", k, findkthElem(a, 0, n-1, k));   //输出序列中第 k 小的元素
    }
    return 0;
}
```

3. 阅读下列说明和 C 函数，填补 C 函数中的空缺，将解答填入答案纸的对应栏目内。

★ 说明

字符串是程序中常见的一种处理对象，在字符串中进行子串的定位、插入和删除是常见的运算。

设存储字符串时不设置结束标志而是另行说明串的长度，因此串类型定义如下：

```
Typedef   struct{
    char *str;          //字符串存储空间的起始地址
    int lehgth;         //字符串长
    int capacity;       //存储空间的容量
}SString;
```

★ 函数 1 说明

函数 indexStr(S，T，pos)的功能是在 S 所表示的字符串中，从下标 pos 开始查找 T 所表示字符串首次出现的位置。方法是：第一趟从 S 中下标为 pos、T 中下标为 0 的字符开始，从左往右逐个对于来比较 S 和 T 的字符，直到遇到不同的字符或者到达 T 的末尾。若到达 T 的末尾，则本趟匹配的起始下标 pos 为 T 出现的位置，结束查找；若遇到了不同的字符，则本趟匹配失效。下一趟从 S 中下标 pos+1 处的字符开始，重复以上过程。若在 S 中找到 T，则返回其首次出现的位置，否则返回 -1。

例如，若 S 中的字符串为"students ents"，T 中的字符串为"ent"，pos=0，则 T 在 S 中首次出现的位置为 4。

★ C 函数 1

```
int index Str(SString S, SString T, int pos)
{
    int i,j:
    if(S.length<1 || S.length<pos+T.length-1)
        return -1;
    for(i=pos,j=0;i<S.length &&j<T.length;)
    {
        if(S.str[i]==T.str[j])
        {
            i++; j++;
        }
        else{
            i=( 1 ); j=0
        }
    }
    if ( 2 ) return i-T.length;
        return -1;
}
```

★ 函数 2 说明

函数 eraseStr(S，T)的功能是删除字符串 S 中所有与 T 相同的子串，其处理过程为：首先从字符串 S 的第一个字符(下标为 0)开始查找子串 T，若找到(得到子串 T 在 S 中的起始位置)，则将串 S 中子串 T 之后的所有字符向前移动，将子串 T 覆盖，从而将其删除，然后重新开始查找下一个子串 T，若找到就用后面的字符序列进行覆盖，重复上述过程，直到将 S 中所有的子串 T 删除。

例如，若字符串 S 为"12ab345abab678"，T 为"ab"。第一次找到"ab"时(位置为2)，将"345abab678"前移，S 中的串改为"12345abab678"；第二次找到"ab"时(位置为5)，将"ab678"前移，S 中的串改为"12345ab678"；第三次找到"ab"时(位置为5)；将"678"前移，S 中的串改为"12345678"。

★ C 函数 2

```
void eraseStr(SString *S, SString *T)
{
    int i;
    int   pos;
    if(S->length< || T.length<1 || S->length<T.length)
        return;
    pos=0;
    for( 3 ); ( 4 ); ( 51 )
    for( ;   ;){                      //调用 indexStr 在 S 所表示串的 pos 开始查找 T 的位置
        pos=indexStr( 6 );
        if(pos == -1)                 //S 所表示串中不存在子串 T
            return;
        for(i=pos+T.length;i<S->length;i++)     //通过覆盖来删除子串 T
            S->str[( 7 )]=S->str[i];
        S->length=( 8 );              //更新 S 所表示串的长度
    }
}
```